石取りゲームの数学

ゲームと代数の不思議な関係

佐藤文広 著

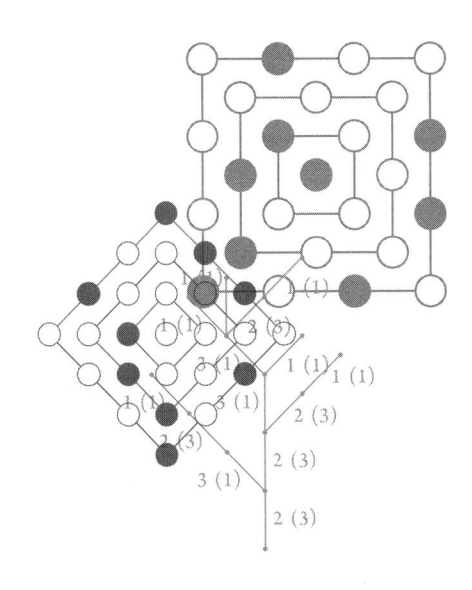

数学書房

まえがき

　この本では，石取りゲームなど，必勝法を数学的に研究できる2人遊びゲームについて，お話していきます．ゲームの世界に潜む数学的構造の美しさ・深さをお伝えしたいと思っています．

　石とりゲームの見本ともいうべきゲームは，「ニム」とか「三山くずし」とか言われるゲームです．石を (といっても本当に小石でもいいですが，ピーナッツでもコインでもかまいません) 何個かずつ3つの山にまとめておいて，2人で交互にどれか1つの山から好きな個数だけ石を取っていきます．最後の石を取った方が勝ちというゲームです (最後に取ってしまった方が負けという遊び方もあり，勝ちの方を正規形，負けの方を逆形のゲームといって区別します)．ご存知の方も少なくないと思いますが，このゲームは，はじめに並べた石の個数によって先手必勝か後手必勝かが決まっていて，代数的な必勝法があります．この「三山くずし」やその変形など，数学的な必勝法を持つゲームの研究がこの本のテーマです．

　もう少し詳しく言うと，この本で取り扱う2人遊びゲームは，

(1)　サイコロやルーレットのような偶然性に依存しない

(2)　相手の持ち手が隠されたりせず情報が完全にオープンである

という特徴を持つものです．このようなゲームは**組合せゲーム**と言われています．そして，

(3)　2人のプレーヤーには同一の指し手が許されている

(4)　有限回の指し手で必ずゲームが終了する

という条件も要請します．

　このようなゲームは，じつはゲームの開始局面ですでに先手必勝か，後手必勝かが決まってしまい，その意味ではゲームの中では単純な部類に属するといえるかもしれません．しかし，神ならぬ人間の身には十分複雑なゲームがいくらでもあり，その上，調べれば調べるほどゲームと代数の間の不思議な関係が浮か

び上がってきて，深い数学が展開できる対象なのです．その面白さをお伝えすることがこの本の目的です．読むにあたっては，説明を見る前に，ぜひ，実際にゲームをやってみて下さい．その上で，数学的説明を読むとぐんと理解しやすくなるでしょう．

読み進んでいくと，ゲームの分析を通じて，多くの基本的な数学的，特に代数的な概念に出会います．例えば，半順序集合 (ポセット)，半群，群，標数 2 の体などですが，それらが登場する章の章末に補足として，簡単な説明を加えました．しかし，特に代数的色彩の強い節 (第 7.4 節，第 12.2 節) 以外では，集合論のごく基礎的な用語の他にはさほど予備知識を仮定していません．むしろ，普通の教科書だと抽象的に説明されてしまうこれらの概念に，ゲームを通してなじんでもらえるのではないかと期待しています．

本書で取り上げるゲームを少し変形してみると，いくらでも新しいゲームが作り出せます．それを自分で調べていけば，数学を手作りしていく感覚が得られるでしょう．これも，読者にぜひお勧めしたいことです．そのために必要な基礎知識は，本書で十分に得られるはずです．

では，各章の内容について簡単に説明しておきます．

第 1 章では，三山くずしを調べます．三山くずしの数学的構造は自然数の 2 進整数表示と関係がある「ニム和」という演算で解明されます．これは天下り的にやれば短い説明を与えることもできますが，この章では，答えを手探りしていく発見的方法で解答に接近していくことにします．

第 2 章では，上に説明した (1) ～ (4) の特徴を持つゲームに対し，集合の言葉を用いて数学的モデルを与えます．第 3 章では，その数学的モデルに基づいて，ゲームの必勝法を解明するための強力な基準となるグランディ数と，ゲームの和について調べます．ここで，ゲームの理論におけるニム和の深い意味が明らかになるでしょう．この第 2 章，第 3 章は，後の章での考察すべての基礎となります．

第 4 章では，三山くずしを n 個の石の山に一般化した n 山くずし (ニム) という 1 つのゲームが，様々な異なるゲームに形を変えていく様子を調べます．数学がみかけに惑わされずに本質をつかみだす力を持っていることがよく分かると思います．

第 5 章は取れる石の個数に制限を加えたニムが，第 6 章はさらに山を複数の小山に分割することも許したニムが主題です．

J. H. Conway は，ニム和に対して「ニム積」という積も考え，非負整数の集合に特殊な四則 (加減乗除) を導入し，そのゲームへの応用も与えました．第 7 章は，Conway の理論の紹介です．後に Lenstra は，半順序集合上のコイン裏返しゲームとゲームの積の概念を考案し，ニム積がゲームの積とうまく対応していることを示しました．この理論を第 8 章で紹介します．代数の教科書で体の理論を学ぶと，有限体や標数 2 の体に出会います．この 2 つの章で，標数 2 の体という一見抽象的な存在が，ゲームの中に具体的存在として生きていることが見えてくるでしょう．

第 9 章では，チャヌシッチとかワイトホフの二山くずしとよばれるゲームを調べます．このゲームは，後手必勝形の決定が黄金比と関係するために興味をひかれよく紹介されていますが，グランディ数もまだ決定されておらず，完全に解明され切ったとは言えない，なかなかに難しいゲームです．まだまだ，研究が続いていることを知っていただくために，グランディ数の加法的周期性という比較的最近の結果も紹介してみました．

第 10 章では，佐藤幹夫氏によるマヤゲームの理論を詳しく紹介しました．マヤゲームの理論は有名で，その概要はよく紹介されます (例えば，山田裕史『組合せ論プロムナード』第 8 講)．しかし，完全な紹介は容易に入手できる形にはなっていません．他を参照せずに読めるようにまとめてあります．

第 11 章では，ハッケンブッシュという図形を素材にしたゲームを紹介しました．数学はこんなものも取り扱えるのかと，驚きすら感じられるのではないかと思います．証明の細かいところでは，一部，第 10 章の結果を使うところがありますが，大体は独立して読めるでしょう．

冒頭で述べましたが，同じルールのゲームでも，最後に手詰まりになって手が指せなくなったプレイヤーを負けとする正規形の遊び方と，最後に手を指してしまったプレイヤーを負けとする逆形の遊び方があります．じつは，逆形の遊び方をすると，第 3 章に説明した基礎理論が破たんし，ゲームの必勝法の解明は極めて難しくなることが知られています．そのため，この本でも，第 4.2 節を除いて，ここまで正規形の遊び方のみを考えてきました．締めくくりとして，

第 12 章では，逆形のゲームを取り上げます．ここでは，第 4,5,6,9,10 章で扱ったゲームの逆形版について適用できる山﨑洋平氏の結果に加え，ゲームの理論において最近ホットな話題となった「逆形商」について紹介します．この分野では，先端の研究も意外に近いところにあるのです．

　以上の説明でもわかると思いますが，第 4 章から先は，かなり独立に読むことができます．次に各章の間の論理的なつながりを図示しておきますから，これを参考にしながら，興味を持った章から読んでいけばよいでしょう．ただし，点線は，前の章で扱ったゲームが例として出てくる，または，前の章の結果が一部の議論で利用されるといった，弱いつながりを意味しています．

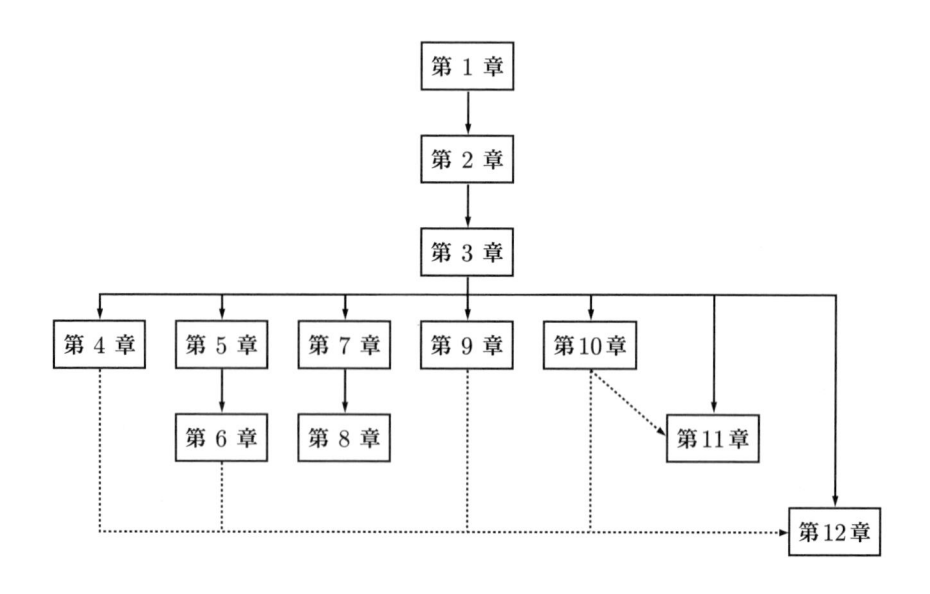

```
        第 1 章
          ↓
        第 2 章
          ↓
        第 3 章
  ┌───┬───┬───┬───┬───┬─────────┐
第4章 第5章 第7章 第9章 第10章
        ↓     ↓         ↓
      第6章 第8章      第11章
                          ↓
                        第12章
```

　参考文献表は，巻末にあります．その文献表にある本への参照は [2], [21] のように番号で行ないます．上で引いた山田裕史氏の本でしたら [18] となります．
　それでは，ゲームの数理の世界を堪能してください．

佐藤　文広

目 次

まえがき ... i

第1章 三山くずし ... 1
1.1 もっとも簡単な場合からはじめる ... 2
1.2 次に簡単な場合 ... 4
1.3 三山くずしに挑戦 ... 6
1.4 三山くずしの数学的構造 ... 10
1.5 三山くずしの必勝法 ... 12
補足1 非負整数の2進整数表示 ... 14
補足2 群とニム和 ... 16

第2章 三山くずしを一般化する ... 20
2.1 三山くずしから n 山くずしへ ... 20
2.2 石取りゲームの特徴 ... 21
2.3 ゲームの数学的モデル ... 22
2.4 勝敗はすでに決まっている ... 26
2.5 n 山くずしに戻る ... 27
補足3 集合論の用語 ... 30

第3章 ゲームの和とニム和 ... 34
3.1 グランディ数 ... 34
3.2 グランディ数の例 ... 36
3.3 ゲームの和とグランディ数 ... 39
3.4 Mex の性質からニム和の性質を導く ... 43

第4章 ニム変奏曲 ... 46
4.1 仮面をかぶったニム ... 46
4.2 逆形のニム ... 53

第5章 制限ニムとグランディ数列 ... 57
5.1 制限ニムをさらに一般化する ... 57

v

5.2	グランディ数の周期性	62
5.3	グランディ数を変えずに除去可能数を増やす	64
5.4	加法的周期性	65
5.5	周期性をもたない制限ニム	70

第 6 章　山の分割を許すニム　　　　　　　　　　　　　73

6.1	分割型制限ニム	73
6.2	分割型制限ニムのコードネーム	74
6.3	グランディ数の周期性	76
6.4	分割型制限ニムの m 倍	82
6.5	分割型制限ニムのいとこ	86
6.6	山の分け方に条件をつける	88
6.7	輪作りゲームと分割型制限ニム	89

第 7 章　ニム積とゲーム　　　　　　　　　　　　　　　91

7.1	ニム和の見直し	91
7.2	ニム積の導入	92
7.3	グランディ数がニム積で計算されるゲーム	96
7.4	ニム積の性質の証明	103
	補足 4　体論の基本事項	110

第 8 章　ポセット上のコイン裏返しゲームとその積　　113

8.1	コイン裏返しゲームの一般化	113
8.2	ポセット	115
8.3	ポセットの上のコイン裏返しゲーム	116
8.4	$\mathcal{T}$-ゲームのグランディ数	119
8.5	グランディ数の計算例	121
8.6	ゲームの積	125
	補足 5　ポセットにおける帰納法	130

第 9 章　チャヌシッチ (ワイトホフの二山くずし)　　132

9.1	じつはチャヌシッチは難しい	132
9.2	チャヌシッチの後手必勝形と黄金比	133
9.3	グランディ数の加法的周期性	141

第10章 マヤゲーム　　　　　　　　　　　　　　　　　146
　10.1　マヤゲームとは 146
　10.2　マヤゲームの別の表現 147
　10.3　コインの個数が少ない場合のマヤゲーム 150
　10.4　ニムからマヤへ 153
　10.5　マヤゲームの基本定理の証明 164
　10.6　グランディ数の計算法 174
　10.7　最善手を求める (拡大マヤトライアングル) 180
　補足 6　コンピュータにおける整数の表現と 2 進数 185

第11章 ハッケンブッシュ　　　　　　　　　　　　　　　187
　11.1　藪を切りひらく 187
　11.2　置き換え原理 192
　11.3　木のグランディ数 194
　11.4　里山のグランディ数 197
　11.5　融合原理 202

第12章 最後は負けるが勝ち　　　　　　　　　　　　　　207
　12.1　先手必勝と後手必勝が入れ替わる特異局面 208
　12.2　逆形商の理論 214

参考文献　　　　　　　　　　　　　　　　　　　　　　　231

おわりに　　　　　　　　　　　　　　　　　　　　　　　235

索　引　　　　　　　　　　　　　　　　　　　　　　　　237

第 1 章

三山くずし

　最初の章のテーマは, 本書で扱うゲームの代表格である「三山くずし」です.「ニム」という別名もあります.「ニム」という名前は, 英語の take にあたるドイツ語 nehmen の命令形 nimm (取れ) から来ているそうです. おはじきや碁石のようなもの (以下, 単に「石」とよびます) を何個かずつまとめて 3 つの山を作り, 2 人で交互に取っていきます. このとき, 1 つの山からは石を何個取ってもかまいませんが, 複数の山から同時に取ることはできません. パスもできません.

　A,B 2 人のプレイヤーが, 石が 5 個, 3 個, 2 個という 3 つの山から A の先手でゲームを始めたとしましょう. この開始局面を $(5,3,2)$ と表します. ゲームは, たとえば,

$$(5,3,2) \xrightarrow{A} (1,3,2) \xrightarrow{B} (1,1,2) \xrightarrow{A} (1,1,0) \xrightarrow{B} (1,0,0) \xrightarrow{A} (0,0,0)$$

のように進行します. 石がすべてなくなった $(0,0,0)$ の状態でゲームは終了します.

　ゲームの勝敗は 2 通りの決め方があります.「最後に石を全部取ってしまった方が勝ち」というやり方 (**正規形のゲームという**) と「最後に石を取らされた方が負け」というやり方 (**逆形のゲームという**) です. 正規形のゲームだったら, 上の例では最後に石を取った A の勝ちです. 逆形のゲームだったら, A に取らせた B の勝ちです. この章では「最後に石を全部取ってしまった方が勝ち」の正規形のゲームを研究します.

　「三山くずし」は, 開始局面の石の個数によって, 先手必勝か後手必勝かが定まっており, 必勝法も分かっています. 読者の中には, ご存知の方もかなりいるのではないでしょうか. 結論を知ってしまうと, なぜそれが必勝法を与えるか

を証明することはそれほど難しくありません.しかし,必勝法を素手で見出そうとしたら,それなりに頭を悩ますことになるでしょう.この章では,結論をすでに知っている人にも忘れてもらって,手探りの状態から始めて必勝法を見つけ出す過程を楽しんでもらおうと思います.

1.1　もっとも簡単な場合からはじめる

数学で解法の手がかりを発見するために有効な方法の 1 つに,

類似のもっとやさしい問題をまず解いてみる

という方法があります.いきなり 42.195 km のフルマラソンに出場するのではなく,5 km レースや 10 km レースで徐々に力をつけていくようなものです.

「三山くずし」の類似でもっとも簡単なのは,石の山が 1 つの「一山くずし」です.最後にとった方が勝ちだとしましょう.必勝法はすぐに分かりますね.

「一山くずし」の必勝法　…　1 山全部をいっぺんに取る (先手必勝)

こんなに簡単すぎでは経験値が蓄積されませんから,一度に全部取ってしまうことができないように,

1 回に取れる石の個数を 3 個まで

と制限することにします (制限一山くずし).

とにかくまずは,遊んでみましょう.たとえば,プレイヤーを A, B とすると,

$$(10) \xrightarrow[3]{A} (7) \xrightarrow[2]{B} (5) \xrightarrow[1]{A} (4) \xrightarrow[2]{B} (2) \xrightarrow[2]{A} (0) \quad (\text{A の勝ち})$$

のようになります.矢印の上側にプレイヤー名,下側に取った石の個数を書きました.

何回か遊んでみると,必勝法に気づくでしょう.しかし,やってみても見当がつかなかったら試してみるとよいのが,

結論から逆向きに考えよ

表 1.1 制限一山くずし勝ちパターン判定表

n	0	1	2	3	4	5	6	7	8	9	10
W/L	W	L	L	L	W	L	L	L	W	L	L

(W =win は勝ちパターン, L=lose は負けパターンを表す.)

という考え方です. これは数学の定石の 1 つです. この考えに従って, 終了局面から遡って考えることにしましょう. あなたが石を取って, 残した石が 0 個ならば勝ちです. 残した石が 1 個だったら, 相手が 1 個の石を取れますから, 負けです. 以下, 残した石の数 n に応じて, それが勝ちパターンなのか, 負けパターンなのか, n の小さい順に調べてみます[1]. 表 1.1 を見てください. この表は次のように作っています.

勝ちパターン判定表の作り方：

- $n = 0$ は勝ちパターン W (当たり前ですね).
- $n = 1, 2, 3$ 個の石を残すと, 相手がその石をすべて取れてしまうから負けパターン L.
- $n - 1$ 個まで勝ち負けの判定がついたとします. そのとき, n 個の石を残すと, 相手は $n - 1$ 個残す, $n - 2$ 個残す, $n - 3$ 個残すという 3 つの手が選べます. $n - 1, n - 2, n - 3$ の中に W があったら, それは相手が勝ちパターンをものにできるということですから, n は負けパターン L です. $n - 1, n - 2, n - 3$ がすべて L だったら, 相手はどうやっても負けパターンにはまるということですから, n は勝ちパターン W と決まります.

こうやって勝ちパターン判定表を作ってみれば, 4 の倍数のときに, W が現れることがすぐ分かります. つまり,

制限一山くずしの必勝法 … つねに 4 の倍数の石を残してやる

---

[1] ここで勝ちパターンと言っているのは**後手必勝形**, つまり, 手番のプレイヤー (先手) は相手 (後手) が間違えない限り決して勝てない局面のことです. また, 負けパターンと言っているのは**先手必勝形**, つまり, 手番のプレイヤーが正しい手をさしていけば必ず勝てる局面のことです. 後手必勝形のことを**良形**ということもあります.

逆に 4 の倍数の個数の石で手を渡されたときには, 相手がミスをするのを待つしかありません. したがって, ゲーム開始時の石の個数を n とするとき,

制限一山くずしの必勝判定 … $\begin{cases} n \text{ が } 4 \text{ の倍数なら, 後手必勝} \\ n \text{ が } 4 \text{ の倍数でないなら, 先手必勝} \end{cases}$

です.

1.2 次に簡単な場合

少し石取りゲームの経験が増えましたから, 次に簡単な「二山くずし」を研究します. これからは, 取れる石の個数に制限を付けず, 何個取ってもよいことにしましょう.

開始局面の石の数が 8 個と 7 個だったとしましょう. ゲームは例えば次のように進行します.

$$(8,7) \xrightarrow[(3,0)]{A} (5,7) \xrightarrow[(1,0)]{B} (4,7) \xrightarrow[(0,6)]{A} (4,1)$$

$$\xrightarrow[(3,0)]{B} (1,1) \xrightarrow[(0,1)]{A} (1,0) \xrightarrow[(1,0)]{B} (0,0) \quad (\text{B の勝ち})$$

必勝法を発見するために, また勝ちパターン判定表 (表 1.2) を作成してみましょう.

勝ちパターン判定表の作り方:

- $(m,n) = (0,0)$ は勝ちパターン W (相手に取る石を残さないのだから当たり前).
- $(m,n) = (m,0), (0,n)$ 個の石を残してしまうと, 相手は 1 山分の石をすべて取れてしまうから負けパターン L.
- 一般に (m,n) 個の石を残すと, 相手は, (k,n) $(0 \leq k \leq m-1)$, または (m,k) $(0 \leq k \leq n-1)$ の手が選べます. この中に勝ちパターン W があれば相手の勝ち, すなわち, (m,n) は負けパターン L となり, そうでないときが勝ちパターン W だということになります. 図示すると, 表 1.3 のようになり, (m,n) の上側と左側とに (二重枠の内部に) W が 1 つでもあれば負けパターン L, W が 1 つもなければ勝ちパターン W です.

表 1.2　二山くずし勝ちパターン判定表 (1)

m\n	0	1	2	3	4	5	⋯
0	W	L	L	L	L	L	
1	L	W	L	L	L	L	
2	L	L	W	L	L	L	
3	L	L	L				
4	L	L	L				
5	L	L	L				
⋮	L	L	L				

表 1.3　二山くずし勝ちパターン判定表 (2)

m\n	0	1	2	3	⋯	n	⋯
0	W	L	L	L	L	L	L
1	L	W	L	L	L	L	L
2	L	L	W	L	L	L	L
3	L	L	L				
⋮	L	L	L				
m	L	L	L			?	
⋮	L	L	L				

勝ちパターン判定表をつくっていくと, 対角線上に W が現れ, 対角線上でない (m, n) $(m \neq n)$ は L と分かります. つまり,

二山くずしの必勝法 ⋯ 2つの山の石の数が同数になるように残す

実際, 同数にして相手に手を渡した後は, 相手が一方の山から a 個の石を取ったら, その真似をしてもう一方の山から同じ a 個の石を取る**真似っこ戦略**を繰り返していけばよいのです. したがって, ゲーム開始のときの2つの山の石の数を m, n とすると

$$\text{二山くずしの必勝判定} \cdots \begin{cases} m = n \text{ なら, 後手必勝} \\ m \neq n \text{ なら, 先手必勝} \end{cases}$$

です.

これまでの議論から学べるポイントは, 次の原理です.

必勝判定の基本原理 与えられた局面から一手で移行できる局面を調べることで, 必勝判定ができる. すなわち,

- 終了局面は勝ちパターン (後手必勝形),
- 勝ちパターン (後手必勝形) から一手で移行できる局面はすべて負けパターン (先手必勝形),
- 負けパターン (先手必勝形) から一手で移行できる局面の中には勝ちパターン (後手必勝形) が必ずある.

後手必勝形の局面では, 手番のプレイヤーがどのような手を打っても相手が勝ってしまう局面 (つまり先手必勝局面) にしか移行できない, 一方, 先手必勝形の局面では相手が決して勝てない局面 (つまり後手必勝局面) に移行する手がある, ということを述べているのが上の原理です. この必勝判定の基本原理は, 今後も繰り返し用いる考え方ですから, よく納得しておいてください.

さて, これまで使ってきた勝ちパターン, 負けパターンという用語はどちらのプレイヤーにとってか不明確になりやすいので, これからは, 後手必勝形, 先手必勝形という用語を基本にすることにします.

1.3 三山くずしに挑戦

いよいよ, 本題の三山くずしです. 3つの山に含まれる石の数を ℓ, m, n と表します. この場合も $(\ell, m, n) = (0, 0, 0)$ は後手必勝形で, そこから出発して勝ちパターン判定表をこしらえるとよさそうですが, 3つの数 ℓ, m, n を自由に動かした表を見やすく作ることは困難です. そこで, m, n が与えられたとき, (ℓ, m, n) が後手必勝形となる ℓ はただ一通りに定まることに注意します. なぜならば, $\ell_1 < \ell_2$ で (ℓ_1, m, n) と (ℓ_2, m, n) が両方とも後手必勝形だとすると, ℓ_2

を ℓ_1 に減らすことにより，後手必勝形から後手必勝形に移行できることになりますが，それは，上で述べた必勝判定の基本原理に矛盾するからです．

では，勝ちパターン判定表の代わりに次のような表を作ってみましょう．

表 1.4 (m,n) に対し (ℓ,m,n) が後手必勝形となる ℓ の表

m\n	0	1	2	3	4	⋯
0	0	1	2	3	4	⋯
1	1	0	3	2		
2	2	3	0	1		
3	3	2	1	0		
4	4				0	
⋮	⋮					⋱

ℓ, m, n のうちの 1 つが 0 だとすると，二山くずしと同じことになるので，残っている 2 山の石の数が等しいときが後手必勝形になります．この二山くずしの経験から得られた知識によって，上の表の第 1 列，第 1 行，そして対角線の値が定まっています．数値の入っているその他のマスは $(3, 2, 1)$ が後手必勝形ということを意味しています．これは，少し試してみると分るでしょう．

一般的には，この表は次のような原理で決めていくことができます．

次ページの表 1.5 を見て下さい．表の ? の部分に ℓ が入るとしましょう．つまり，局面 (ℓ, m, n) が後手必勝形であるとします．このとき，相手は m, n を減らして表 1.5 の $*$ の部分に移行することができます．必勝判定の基本原理により，後手必勝形から後手必勝形には移行できないので，ℓ は $*$ の中に現れてはいけません．じつは，ℓ は $*$ の中に現れない非負整数の中で最小のものとすればよいのです．実際，いま説明したことから，相手が (ℓ, m, n) で m，または，n を減らして後手必勝形に持ち込むことは決してできません．また，相手が ℓ を小さくして k としたとします．このときは，ℓ の最小性より，k は $*$ の中に現れなければいけません．このときは，こちらが m, n のいずれかを減らすことにより後手必勝形に持ち込めます．ですから，相手は ℓ を減らしても勝てません．これで，

表 1.5 (ℓ, m, n) が後手必勝形となる ℓ の決定法

m\n	0	1	2	3	⋯	⋯	⋯	n	⋯
0	0	1	2	3	⋯			*	⋯
1	1	0	3	2				*	
2	2	3	0	1				*	
3	3	2	1	0				*	
⋮	⋮	⋮			⋱			*	
⋮	⋮	⋮				⋱		*	
m	*	*	*	*	*	*	*	?	
⋮	⋮	⋮							

(ℓ, m, n) が後手必勝形 $\iff \ell$ は上図の * の部分に現れない最小の数　　(♯)

であることが分かりました．これを，**最小除外数の原理**とよびましょう．(この考え方の重要性は，第 3 章でより広い文脈において明らかになります．)

この原理を利用すれば，m, n の小さい順に表を埋めていくことができます．

表 1.6 (m, n) に対し (ℓ, m, n) が後手必勝形となる ℓ の表

m\n	0	1	2	3	4	5	6	7
0	0	1	2	3	4	5	6	7
1	1	0	3	2	5	4	7	6
2	2	3	0	1	6	7	4	5
3	3	2	1	0	7	6	5	4
4	4	5	6	7	0	1	2	3
5	5	4	7	6	1	0	3	2
6	6	7	4	5	2	3	0	1
7	7	6	5	4	3	2	1	0

表 1.6 は, $0 \leq m, n \leq 7$ について作った表です. じっくり観察してみてください.

同じパターンの繰り返しが目に入ってきませんか. 命題としてきちんと書いてみると次のようになります. これが $k = 0, 1, 2$ について正しいことは, 表からただちに確認されます.

命題 1.1 任意の非負整数 $k = 0, 1, 2, \ldots$ に対して, 次の性質 (a), (b) が成立する.

(a) 表の $0 \leq m, n \leq 2^k - 1$ の部分を A とおくと, $0 \leq m, n \leq 2^{k+1} - 1$ の部分は

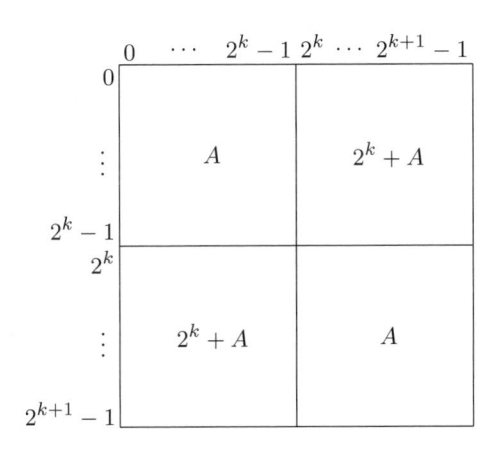

$$
\begin{array}{|c|c|}
\hline
A & 2^k + A \\
\hline
2^k + A & A \\
\hline
\end{array}
$$

の形をしている.

(b) A の各列, 各行には $0, 1, \ldots, 2^k - 1$ がすべてちょうど1回ずつ現れる.

証明 k に関する数学的帰納法で証明する. $k = 0, 1, 2$ については, すでに確かめられている. $k > 2$ とする. 帰納法の仮定により, A の部分について性質 (b) が確かめられているとしてよい. このとき, 左下 (または右上) の正方形内を最小除外数の原理 (♯) で数値を配置することは, $0, 1, \ldots, 2^k - 1$ を除外して, 左上の A の部分の数値の決定法を繰り返すことにほかならない. したがって, この部分は $2^k + A$ となる. 右下の部分は, $0, 1, \ldots, 2^k - 1$ はどれも除外されずに, 最小除外数の原理 (♯) で数値を決めていくのであるから, A が繰り

返される．よって，性質 (a) はつねに成り立つ．また，A の部分の各列，各行に $0, 1, \ldots, 2^k - 1$ がすべてちょうど 1 回ずつ現れるならば，A と $2^k + A$ を並べてできる行列の各行，各列には，$0, 1, \ldots, 2^{k+1} - 1$ がすべてちょうど 1 回ずつ現れることは明らかである．よって，性質 (b) もつねに成り立つ． □

性質 (a), (b) を利用すれば，(ℓ, m, n) が後手必勝形となる ℓ の表は効率的に作成できますが，そればかりでなく，この性質は三山くずしの背後に潜む数学的構造を明らかにしているのです．

1.4 三山くずしの数学的構造

すでに注意したように，(ℓ, m, n) が後手必勝形であるような ℓ は m, n から一意的に定まります．そこで，以下，このような ℓ を $m \stackrel{*}{+} n$ と記し，m, n のニム和とよびましょう．ニム和は，普通の加法にちょっと似た性質を持つので，$+$ によく似た $\stackrel{*}{+}$ という記号を使うことにしました．

命題 1.2 ニム和について，次の性質が成り立つ．

(i) $m \stackrel{*}{+} n = n \stackrel{*}{+} m$.
(ii) $m \stackrel{*}{+} 0 = m$. $m \stackrel{*}{+} m = 0$.
(iii) $m, n < 2^k$ のとき，$m \stackrel{*}{+} n < 2^k$.
(iv) $m, n < 2^k$ のとき，
$$(2^k + m) \stackrel{*}{+} n = 2^k + (m \stackrel{*}{+} n),$$
$$(2^k + m) \stackrel{*}{+} (2^k + n) = m \stackrel{*}{+} n.$$

証明 (i) の等式は，第 2 の山と第 3 の山とを入れ替えても同等のゲームであることから明らかである．(ii) の等式は，二山くずしの結果としてすでに説明した性質にほかならない．(iii) の等式は，上の性質 (b) から従う．(iv) のはじめの等式は，性質 (a) で左下（または右上）のブロックが $2^k + A$ であることの言い換えであり，(iv) の 2 番目の等式は，性質 (a) で右下のブロックが A であることの言い換えである． □

非負整数 m, n に対するニム和 $m \stackrel{*}{+} n$ の計算には,命題 1.2 の性質 (iv) と m, n の 2 進整数表示を利用するのが便利です.(2 進整数表示については p. 14 の補足 1 に簡単な説明があります.) 例えば,5, 7 を 2 のべきの和で表すと,

$$5 = 2^2 + 1, \quad 7 = 2^2 + 2 + 1$$

となりますから,

$$5 = (101)_2, \quad 7 = (111)_2$$

と 2 進整数表示されます.( )$_2$ は,10 進整数表示と間違わないようにつけていますが,勘違いする危険のないときには,101, 111 のように省略しましょう.

さて,命題 1.2 の (iv) を利用すると,$7 \stackrel{*}{+} 5$ は 2 べき和表示から

$$7 \stackrel{*}{+} 5 = (2^2 + 2 + 1) \stackrel{*}{+} (2^2 + 1)$$
$$= (2 + 1) \stackrel{*}{+} 1 = 2 + (1 \stackrel{*}{+} 1) = 2 + 0 = 2$$

と計算することができます.この計算で,5 と 7 に共通に含まれる 2 のべきは消えて,一方にのみ含まれる 2 のべきだけがニム和に残ることが分かります.したがって,2 進整数表示を用いると,

$$\begin{array}{r} 111 \quad \cdots \quad 7 \\ \stackrel{*}{+)} \ 101 \quad \cdots \quad 5 \\ \hline 10 \quad \cdots \quad 2 \end{array}$$

という計算もできます.同じ桁が 0,0,または 1,1 で一致しているときニム和のその桁は 0 となり,0,1,または 1,0 で一致していないときには 1 とすればよいのです.この計算は,**繰り上がりなしの 2 進和**とか,**排他的論理和**とかよばれることもあります.特に,ニム和について結合法則も成り立つことが分かります:

$$(m \stackrel{*}{+} n) \stackrel{*}{+} r = m \stackrel{*}{+} (n \stackrel{*}{+} r).$$

定理 1.3 (三山くずしの必勝判定)

(ⅰ) (ℓ, m, n) が後手必勝形となる必要十分条件は,

$$\ell \stackrel{*}{+} m \stackrel{*}{+} n = 0$$

である.

(ii) $\ell \stackrel{*}{+} m \stackrel{*}{+} n \neq 0$ の場合は先手必勝形で, (ℓ, m, n) のうちのどれかを変えて, 後手必勝形に持ち込むことができる.

証明（ i ） (ℓ, m, n) が後手必勝形 $\iff \ell = m \stackrel{*}{+} n \iff \ell \stackrel{*}{+} m \stackrel{*}{+} n = 0$ である. ここで最後の同値では, 両辺に ℓ を加え, $\ell \stackrel{*}{+} \ell = 0$ を用いている.

(ii) $k = \ell \stackrel{*}{+} m \stackrel{*}{+} n$ とおき, $k \neq 0$ だとする. k の 2 進整数表示において 1 が現れる最高の 2 ベキが 2^r だとする. すなわち, $2^r \leq k < 2^{r+1}$ だとする. このとき, ℓ, m, n の 2 進整数表示のどれかの 2^r に対応する桁に 1 が現れている. その数に k をニム和の意味で加えてやればよい. 例えば, m の 2 進整数表示で 2^r の桁が 1 ならば $m \stackrel{*}{+} k < m$ であり, m を $m \stackrel{*}{+} k$ に減らしてやればよい. □

三山くずしとニム和との関係は, 1902 年の C.L.Bouton の論文 [20] で明らかにされました. この論文は, 今日, もっともレベルの高い数学論文誌と評価されている "Annals of Mathematics" に発表されています.

● 群論とニム和

群論を少しご存知の方のためのコメントです. $\mathbb{N}$ で 0 以上の整数の全体[2]を表します. ニム和 $\stackrel{*}{+}$ の性質 (命題 1.2 の (i), (ii) と結合法則) は, $\mathbb{N}$ がニム和に関してアーベル群 (単位元は 0, m の逆元は m 自身) をなすことを意味しています. 前節で作った $\ell = m \stackrel{*}{+} n$ の表は, この群の群表 (乗積表) にほかなりません. $\mathbb{N}$ は通常の加法については群となりませんが, ニム和については群をなし, 三山くずしの秘密を明かす数学的構造を与えるのです. (群をご存知ない方のために, p.16 でもう少し詳しく説明します.)

1.5 三山くずしの必勝法

定理 1.3 により, 石の個数のニム和を 0 にする手を指し続けていけば, 三山くずしに必ず勝つことができます. 例えば, 山に含まれる石の個数が $(17, 29, 6)$

---

[2] $\mathbb{N}$ には 0 を含めず, 正整数の全体を表わすことにしている本も多数ありますから, 注意してください.

だったとします. このとき, ニム和 $17 \stackrel{*}{+} 29 \stackrel{*}{+} 6$ は

$$
\begin{array}{r}
10001 \quad \cdots \quad 17 \\
11101 \quad \cdots \quad 29 \\
\stackrel{*}{+})\quad 110 \quad \cdots \quad 6 \\
\hline
1010 \quad \cdots \quad 10
\end{array}
$$

です. この局面で, ニム和を 0 にする手を指せばよいのですが, その手の求め方は定理 1.3 (ii) の証明に与えられています. ニム和 10 の 2 進整数表示で一番左の桁が最高の 2 ベキに対応しています. この桁に 1 が現れているのは 29 ですから, 29 を $29 \stackrel{*}{+} 10 = 23$ に置き換えればよいのです.

$$
\begin{array}{r}
11101 \quad \cdots \quad 29 \\
\stackrel{*}{+})\quad 1010 \quad \cdots \quad 10 \\
\hline
10111 \quad \cdots \quad 23
\end{array}
$$

実際には, 29 の 2 進整数表示で 10 の 2 進整数表示に現れる 1 に対応する桁について 1 と 0 を交換するだけです. よって, $(17, 29, 6) \to (11, 23, 6)$ とすれば, 後手必勝形に持ち込めたことになります.

29 でなく, 17 や 6 を $17 \stackrel{*}{+} 10$ や $6 \stackrel{*}{+} 10$ に変えても, 全体のニム和を 0 にできますが, それぞれ $17 \stackrel{*}{+} 10 = 27$ や $6 \stackrel{*}{+} 10 = 12$ で石の個数を増やすことになってしまうので, 許された指し手にはなりません.

—————— 補足 1 ——————
非負整数の 2 進整数表示

非負整数 n は, 2 のベキ $2^0 = 1, 2^1, 2^2, \ldots$ の和として

$$n = a_d \times 2^d + a_{d-1} \times 2^{d-1} + \cdots + a_2 \times 2^2 + a_1 \times 1 + a_0,$$

$$a_0, a_1, a_2, \ldots, a_{d-1}, a_d = 0, 1$$

のように表すことができます. これを n の 2 **進展開**といいます. n の 2 **進整数表示**とは, この 2 進展開の係数を

$$n = (a_d \ a_{d-1} \ \ldots \ a_2 \ a_1 \ a_0)_2$$

のように書き並べて n を表すことです. ここで, $(\quad)_2$ は 2 進整数表示であることをはっきりさせる書き方です.

では, 2 進整数表示で表された数を普通の 10 進整数表示に書き直してみましょう. 例えば,

$$(1001011)_2 = 1 \times 2^6 + 1 \times 2^3 + 1 \times 2 + 1 = 64 + 8 + 2 + 1 = 73$$

となります.

逆に 10 進整数表示を 2 進整数表示に変換することは, 次のように考えると簡単にできます. 例えば, 2 進整数表示で 6 桁となる自然数

$$(a_5 \ a_4 \ a_3 \ a_2 \ a_1 \ a_0)_2 = a_5 \times 2^5 + a_4 \times 2^4 + a_3 \times 2^3 + a_2 \times 2^2 + a_1 \times 2^1 + a_0$$

が与えられたとしましょう. この右辺を 2 で割ると

$$余り = a_0, \quad 商 = a_5 \times 2^4 + a_4 \times 2^3 + a_3 \times 2^2 + a_2 \times 2^1 + a_1$$

この商を 2 で割ると

$$余り = a_1, \quad 商 = a_5 \times 2^3 + a_4 \times 2^2 + a_3 \times 2 + a_2$$

となり, 2 で次々に割って余りを取るというやり方で, 2 進整数表示の係数 a_i が定まることが分かります. 具体的には, 次のように実行するのが簡単です.

$$
\begin{array}{r|r}
2) & 529 \\ \hline
2) & 264 \\ \hline
2) & 132 \\ \hline
2) & 66 \\ \hline
2) & 33 \\ \hline
2) & 16 \\ \hline
2) & 8 \\ \hline
2) & 4 \\ \hline
2) & 2 \\ \hline
2) & 1 \\ \hline
 & 0
\end{array}
\quad
\begin{array}{l}
\\ \cdots\ 1 \\ \cdots\ 0 \\ \cdots\ 0 \\ \cdots\ 0 \\ \cdots\ 1 \\ \cdots\ 0 \\ \cdots\ 0 \\ \cdots\ 0 \\ \cdots\ 0 \\ \cdots\ 1
\end{array}
\Bigg\}
\text{この余りを下から順に並べて,}\quad 529 = (1000010001)_2.
$$

2 進整数表示であることが明らかで, 10 進整数表示を混同されないときには, (　)$_2$ を省略して 1000010001 と書いてしまう方が普通です. ◇

補足 2
群とニム和

　整数には通常の加法が定義されていますが，三山くずしの考察から，非負整数と非負整数のニム和という新しい演算が導入されました．代数学では，このような状況を一般的に取り扱うために**群**という概念を用います．この本を読むのに群論の知識は（一部の箇所を除いて）必要ではありませんが，知っていると知識が整理しやすいでしょう．

二項演算：集合 G の任意の 2 つの元に対して，G に属す第 3 の元を定めるルールのことを**二項演算**という．例えば，$\mathbb{N}$ で非負整数の全体を表すと，$m, n \in \mathbb{N}$ に対して，通常の加法 $m + n$，および，ニム和 $m \stackrel{*}{+} n$ として第 3 の元が定まるので，加法もニム和も $\mathbb{N}$ における二項演算である．

半群：集合 G に二項演算が与えられているとする．$g, h \in G$ から定まる第 3 の元のことを，gh と記して g, h の**積**とよぶ[3]．ここで，

$$結合法則：(gh)k = g(hk)$$

がつねに成り立つとき，G は**半群**であるという．

$$交換法則：gh = hg$$

がつねに成り立つとき，G は**可換**半群であるという．可換の場合には，積といわず，和といって，演算の結果を $g + h$ のように書くことが多い．

単位元：半群 G の元 e は，任意の $g \in G$ について $ge = eg = g$ を満たすとき，G の**単位元**といわれる．半群の単位元は，存在すればただ 1 つに定まる．

　$\mathbb{N}$ において，加法 $+$ もニム和 $\stackrel{*}{+}$ もともに結合法則を満たすので，$\mathbb{N}$ は半群です．これらは可換半群ですから，和の記号 $+, \stackrel{*}{+}$ を使うのが適当です．ここで，同じ集合でも考えている二項演算が異なれば異なる半群と考えるので，どんな二項演算を考えているのかをはっきりさせたいときには，$(\mathbb{N}, +), (\mathbb{N}, \stackrel{*}{+})$ のように表します．$(\mathbb{N}, +)$

---

[3] 積とよんでも，普通の掛け算のことではありません．考えている二項演算のことを積とよぶのが群論の習わしなのです．

と $(\mathbb{N}, \overset{*}{+})$ とは異なる半群です．この 2 つの半群において，どちらの場合も 0 が単位元です．

半群の準同型写像，同型写像：半群 G から半群 G' への写像 $f: G \to G'$ が $f(gh) = f(g)f(h)$ を満たすとき，f を**準同型写像**という．準同型写像 $f: G \to G'$ は全単射のとき，**同型写像**といわれる．同型写像 $f: G \to G'$ が存在するとき，半群 G と G' は**同型**といわれる．

半群は，次に説明する群に比べると，応用される場面が多くはありません．しかし，第 12.2 節で説明する逆形商の理論では，逆形ゲームの解析に半群と半群の間の準同型写像が本質的な役割を果たします．

群：単位元 e を持つ半群 G は

逆元の存在：G の任意の元 g に対して，ある $h \in G$ が存在して $gh = hg = e$ を満たす（このとき，h を g の**逆元**といい，g^{-1} と表す）

という性質を持つとき，**群**といわれる．積が可換で，$g + h$ と加法的な記号で表されているときには，g の逆元を $-g$ と書く．

$(\mathbb{N}, \overset{*}{+})$ において，$m \overset{*}{+} m = 0$ なので m の逆元は存在して m そのものです．したがって，$(\mathbb{N}, \overset{*}{+})$ は群になります．一方，$(\mathbb{N}, +)$ では $m + (-m) = 0$ ですから，$m \neq 0$ のとき逆元 $-m$ は $\mathbb{N}$ に含まれず，$(\mathbb{N}, +)$ は群ではありません．しかし，負の整数も含めた整数の全体 $\mathbb{Z}$ を考えれば，$(\mathbb{Z}, +)$ は群になります．

もう 1 つ例をあげましょう．$M(2, \mathbb{R})$ で 2 行 2 列の実行列の全体を表し，$M(2, \mathbb{R})$ の二項演算として行列の積を考えます．行列の積は結合法則を満たすので，$M(2, \mathbb{R})$ は半群となります．単位元は単位行列 $\begin{pmatrix} 1 & 0 \\ 0 & 1 \end{pmatrix}$ です．このとき逆元は逆行列ですが，すべての行列が逆行列を持つわけではありませんから，$M(2, \mathbb{R})$ は群ではありません．$GL(2, \mathbb{R})$ で行列式が 0 でない 2 行 2 列の実行列の全体を表すと，$GL(2, \mathbb{R})$ に属すすべての元は逆元を持つことになり，群となります．

2 つの行列 A, B の積について，AB と BA は一致するとは限りませんから，群 $GL(2, \mathbb{R})$ の積について交換法則が成り立ちません．積が交換法則を満たす群は**可換群**ですが，**アーベル群**という言い方が，普通となっています．

群 G から群 G' への写像 $f: G \to G'$ は半群としての準同型写像，すなわち，

$f(gh) = f(g)f(h)$ を満たすとき、やはり**準同型写像**といわれ、全単射のとき、**同型写像**といわれます。同型写像 $f: G \to G'$ が存在するとき、群 G と G' とは**同型**ということも半群の場合と同様です。G と G' が同型とは、仮に見かけが違っても、本質的には同じ構造を持った群だということを意味しています。

部分群: 群 G の部分集合 H が, $g, h \in H$ ならば $gh \in H$, かつ, $g^{-1} \in H$ という条件を満たすならば, H も群になる. このとき, H は G の**部分群**であるといわれる.

群の位数: 群 G に含まれる元の個数を G の**位数**といい、位数が有限の群を**有限群**, 位数が無限の群を**無限群**という.

群 $(\mathbb{N}, \overset{*}{+})$ において, $H_k = \{0, 1, \ldots, 2^k - 1\}$ を考えると, 命題 1.2 (iii) により, $m, n \in H_k$ ならば $m \overset{*}{+} n \in H_k$ であり, 逆元も $-m = m \in H_k$ ですから, H_k は部分群となり, その位数は 2^k です.

群表: 群 G の位数が小さくて, その元を $\{g_1, g_2, \ldots, g_n\}$ と書き上げられたとしよう. このとき,

	g_1	g_2	$\cdots$	g_n
g_1	$g_1 g_1$	$g_1 g_2$	$\cdots$	$g_1 g_n$
g_2	$g_2 g_1$	$g_2 g_2$	$\cdots$	$g_2 g_n$
$\vdots$	$\vdots$	$\vdots$	$\ddots$	$\vdots$
g_n	$g_n g_1$	$g_n g_2$	$\cdots$	$g_n g_n$

と各元の積を書き込んだ表が作れれば, この群の演算は完全にわかったことになる. このような表を**群表** (または**乗積表**) という.

表 1.6 は, 上で説明した $(\mathbb{N}, \overset{*}{+})$ の部分群 $H_3 = \{0, 1, \ldots, 7\}$ の群表になっています.

ニム和の群論的構造: 群 $\mathbb{Z}/2\mathbb{Z}$ を $0, 1$ という 2 つの元からなり, 加法を

$$0 + 0 = 0, \quad 1 + 0 = 1, \quad 0 + 1 = 1, \quad 1 + 1 = 0 \tag{1.1}$$

と定めて得られるアーベル群だとする. 次に, G を数列 $\{a_n\}_{n=0}^{\infty}$ ですべての n について $a_n = 0, 1$ であり, かつ, $a_n = 1$ となる項は有限個しかなく残りはすべて 0 というものの全体だとする. ここで, $\{a_n\}, \{b_n\} \in G$ に対して, その和を $\{a_n\} + \{b_n\} = \{a_n + b_n\}$ と各成分ごとに和を取って定義する. ここで, $a_n + b_n$ は a_n, b_n を $\mathbb{Z}/2\mathbb{Z}$ と思って, (1.1) のルールに従って和をとるのである. G は $\mathbb{Z}/2\mathbb{Z}$ の可算無限個の直和とよばれる群である. $\mathbb{N}$ にニム和で演算を定義したものは,

$$G \ni \{a_n\}_0^{\infty} \longmapsto \sum_{n=0}^{\infty} 2^n a_n \in \mathbb{N}$$

の対応で, G と同型な群になっている. ◇

第 2 章

三山くずしを一般化する

第 1 章では，一山くずし，二山くずしと進んで，三山くずしまで調べてみました．第 1 章の結果を，山の数を任意の正整数 n $(n \geq 1)$ とした n 山くずしの場合に拡張してみましょう．以下では，n 山くずしのことを一般に**ニム**といい，山の個数 n を明示したいときには，n 山くずし，または，n 山ニムということにします．

数学の得意技は抽象化・一般化することです．三山くずしの一般化を通じてより広いゲームの世界への扉を開かれることでしょう．

2.1　三山くずしから n 山くずしへ

第 1 章では，三山くずしを**ニム和** $\overset{*}{+}$ という新しい演算を用いて研究しました．その成果は，

一山くずし：石の個数が m のとき

$$m = 0 \iff 後手必勝,$$
$$m \neq 0 \iff 先手必勝,$$

二山くずし：石の個数が (m_1, m_2) のとき

$$m_1 \overset{*}{+} m_2 = 0 \iff 後手必勝,$$
$$m_1 \overset{*}{+} m_2 \neq 0 \iff 先手必勝,$$

三山くずし：石の個数が (m_1, m_2, m_3) のとき

$$m_1 \overset{*}{+} m_2 \overset{*}{+} m_3 = 0 \iff 後手必勝,$$
$$m_1 \overset{*}{+} m_2 \overset{*}{+} m_3 \neq 0 \iff 先手必勝,$$

でした. ただし, 二山くずしの場合に第 1.2 節で与えた条件は,

$$m_1 = m_2 \iff 後手必勝,$$
$$m_1 \neq m_2 \iff 先手必勝,$$

の形でしたが, ニム和では $m_1 = m_2$ と $m_1 \stackrel{*}{+} m_2 = 0$ とが同値になるという命題 1.2 (ii) からすぐ分かる事実を用いて書きなおしました.

これを見ると, 一般に山の数が n のときのニム (n 山くずし) では, 次のようになると想像されます.

定理 2.1 (n 山くずしの必勝判定) 石の個数が $(m_1, m_2, \ldots, m_n)$ のとき

$$m_1 \stackrel{*}{+} m_2 \stackrel{*}{+} \cdots \stackrel{*}{+} m_n = 0 \iff 後手必勝,$$
$$m_1 \stackrel{*}{+} m_2 \stackrel{*}{+} \cdots \stackrel{*}{+} m_n \neq 0 \iff 先手必勝,$$

が成り立つ.

この定理の証明を与える前に, 石取りゲームの特徴を抽出して, ゲームの数学的モデルを研究しておきましょう. こうしておくと, もっと多くのゲームについても適用できる理論に発展させることができるからです.

2.2 石取りゲームの特徴

私たちが今考えているゲームは, 2 人で交互に手を指すゲームであって,

特徴 1：偶然的要素を含まない (確定性)

特徴 2：隠された情報はない (完全情報性)

特徴 3：同一局面では 2 人のプレイヤーの取れる指し手に違いはない (対称性)

といった特徴を持つものです. もう 1 つ, 次の条件も加えておきましょう.

特徴 4：有限回の手順で必ず勝敗が決まる (有限性)

これらの特徴を他のゲームと比較してみます．双六やルーレットは，特徴1が成り立ちません．トランプのように，自分の手のうちを相手に見せなかったり，隠れた札があると，特徴2が成り立たなくなります．将棋は特徴1,2を備えていますが，2人のプレイヤーで動かせる駒が違いますから，特徴3は持っていません．さらに将棋では，駒の動き方の規則だけからは同じ動きを無限に繰り返すことが可能であり，特徴4を持っていないので，千日手や持将棋のルールが設けられています．

特徴1,2を持つゲームは一般に**組合せゲーム** (combinatorial game) とよばれています．さらに特徴3も持つゲームは**不偏ゲーム** (impartial game) とよばれます．これから研究するゲームはすべて，上の4つの特徴を合わせ持つゲーム，すなわち，**有限型の不偏ゲーム**で将棋や囲碁に比べてかなり単純なゲームに見えます．しかし，そのために，非常に明快な数学的理論ができるのです．また，単純とはいっても，十二分な複雑さを持つゲームがいくらでもあり，数学的な面白さも尽きません．

2.3　ゲームの数学的モデル

では，このようなゲームの数学的モデルを作りましょう．そのためには，簡単な集合論の用語[1]を使うのが便利です．

ゲームとは，すべての可能な局面からなる集合 $\mathcal{P}$ とルール $\mathcal{R}$ の組 $(\mathcal{P},\mathcal{R})$ のことと考えましょう．ここで，ルール $\mathcal{R}$ とは，局面 $P \in \mathcal{P}$ に対し P から一手で移行できる局面の集合 $N(P)$ を定めるものです．$N(P)$ は，もちろん，$\mathcal{P}$ の部分集合です．集合論的に言い換えると，$\mathcal{R}$ とは，$\mathcal{P}$ から「$\mathcal{P}$ のすべての部分集合からなる集合」($\mathcal{P}$ のベキ集合) への写像のことです．局面 P から局面 P' へ一手で移れるとき，P' を P の**後続局面**といい，記号では $P \to P'$ と表すことにします．

実際のゲームは，開始局面 $P_0 \in \mathcal{P}$ を選んでスタートし，2人のプレイヤー A, B が

---

[1] 補足3 (p,30) で簡単に説明しておきました．集合論の用語にあまり慣れていない読者は，参照してください．

$$P_0 \xrightarrow{A} P_1 \xrightarrow{B} P_2 \xrightarrow{A} P_3 \xrightarrow{B} \cdots$$

のように, 交互に, 後続局面の中から1つを選ぶことで進行します. このように, 次々と後続局面を選んでいって得られる列のことを**ゲーム列**ということにしましょう.

ここで, 有限回の手順でゲームが終了すること (特徴4の有限性) を保証するために, 次の条件が満たされているとします.

有限性条件: 任意の局面 $P \in \mathcal{P}$ に対して, P から始まるゲーム列

$$P = P_0 \to P_1 \to \cdots \to P_\ell$$

の長さ ℓ は有界である.

ゲーム列の長さとは, 要するに, 指し手の回数のことです. P から始まるゲーム列の長さの最大値を $\ell(P)$ と表わし, $\ell(P)$ を**局面 P の長さ**といいます. 有限性条件は, $\ell(P) < \infty$ であることを主張しています. このことから, P を開始局面とするゲームは, 多くとも $\ell(P)$ 回の指し手の後に後続局面が存在しない局面 (**終了局面**といいます) に到達して終了します. 以下では, 終了局面の全体を $\mathcal{E}$ と表わします:

$$\mathcal{E} = \{P \in \mathcal{P} \mid N(P) = \varnothing\}.$$

終了局面はただ1つとは限らないことに注意しておきます.

勝敗の判定には2つのタイプがあります. 1つは, 最後の指し手 $P \longrightarrow E$ ($E \in \mathcal{E}$) を指したプレイヤーが勝ちとなるタイプ, これを**正規形のゲーム**といいます. これに対して, 負けとなるタイプ, これを**逆形のゲーム**といいます. 逆形のゲームの解析は難しく, 本書では一部 (第4.2節, 第12章) を除いて正規形のゲームだけを扱います.

有限性条件からすぐに分かることを, 補題としてまとめておきます.

補題 2.2 (i) ゲームはループを含まない. すなわち,

$$P = P_1 \to P_2 \to \cdots \to P_{n-1} \to P_n = P$$

と循環する手順を含まない.

(ii) $P \to Q$, すなわち, Q が P の後続局面ならば $\ell(P) > \ell(Q)$ であり, とくに $\ell(P) = \ell(Q) + 1$ を満たす P の後続局面 Q が存在する.

では，この数学的モデルで理解できる有限型不偏ゲームの具体例をいくつかあげましょう．

● ニム (n 山くずし)

$\mathbb{N}$ で非負整数の全体を表します ($0 \in \mathbb{N}$ に注意)．このとき，n 山くずしで可能な局面の全体は

$$\mathcal{P} = \{(m_1, \ldots, m_n) \mid m_1, \ldots, m_n \in \mathbb{N}\}$$

で与えられます．集合論の言葉を使うと，$\mathcal{P}$ は $\mathbb{N}$ の n 個の直積 $\mathbb{N}^n = \overbrace{\mathbb{N} \times \cdots \times \mathbb{N}}^{n}$ です．局面 $P = (m_1, \ldots, m_n)$ について，P の後続局面の集合 $N(P)$ は

$$N(P) = \left\{ (m'_1, \ldots, m'_n) \in \mathcal{P} \;\middle|\; \begin{array}{l} \text{ある } i \text{ があり,} \\ 0 \leq m'_i < m_i, \\ m'_j = m_j \; (j \neq i) \end{array} \right\}$$

です．また，このとき，終了局面の集合が $\mathcal{E} = \{(0, \ldots, 0)\}$ となることは明らかでしょう．局面 $P = (m_1, \ldots, m_n)$ を開始局面とするゲームで，もっとも指し手が多くかかるのは，石を 1 個ずつ取った場合ですから，$\ell(P) = m_1 + \cdots + m_n$ となります．

● 制限ニム (制限 n 山くずし)

まず，n 個の正整数 $k_1, \ldots, k_n$ を定めておきます．そして，n 山くずしで，i 番目の山からは k_i 個以下の石しか取ってはいけないとしたゲームを，**制限 n 山くずし**とよぶことにしましょう．山の個数を明示しなくてよいときには，一般に**制限ニム**とよびます．

n 山くずしと同じく，可能な局面の全体は

$$\mathcal{P} = \{(m_1, \ldots, m_n) \mid m_1, \ldots, m_n \in \mathbb{N}\} = \mathbb{N}^n$$

です．また，局面 $P = (m_1, \ldots, m_n)$ について，P の後続局面の集合 $N(P)$ は

$$N(P) = \left\{ (m'_1, \ldots, m'_n) \in \mathcal{P} \;\middle|\; \begin{array}{l} \text{ある } i \text{ があり,} \\ m_i - k_i \leq m'_i < m_i, \\ m'_j = m_j \; (j \neq i) \end{array} \right\}$$

となります. 終了局面の集合 $\mathcal{E}$ や, $\ell(P)$ は n 山くずしの場合と同じです.

石取りゲームとはちょっと見かけの変わった次のようなゲームもあります.

● コインずらしゲーム

このゲームは下図のような右に延びた帯の上に何個かのコインを置き, そのコインを一定のルールに従って横滑りさせて遊ぶゲームです. ルールによって, 難しいゲームにもやさしいゲームにもなります.

| 0 | 1 | 2 | 3 | 4 | ● | 6 | 7 | ● | 9 | ● | ● | 12 | 13 | ⋯ |

たとえば, 許される指し手は一個のコインだけを左に移動させることで, コインを重ねてはいけないというルールを採用すると, **マヤゲーム** (佐藤 (幹夫) のゲーム, ウェルターのゲームとも言われる) とよばれるゲームになります. 手詰まりとなる終了局面は, コインが左詰めになった状態です. これはなかなか難しいゲームで, 佐藤幹夫氏による必勝判定の理論を第 10 章で解説します.

図のように 4 個のコインで遊ぶとすると, 可能な局面の全体は

$$\mathcal{P} = \{ (m_1, m_2, m_3, m_4) \in \mathbb{N}^4 \mid m_1 < m_2 < m_3 < m_4 \}$$

で, 上図の局面は $(5, 8, 10, 11)$ と表わされます. 終了局面は $\mathcal{E} = \{(0, 1, 2, 3)\}$ です. 局面 $P = (m_1, m_2, m_3, m_4)$ の長さは $\ell(P) = m_1 + m_2 + m_3 + m_4 - 6$ となります. $N(m_1, m_2, m_3, m_4)$ の記述はみなさんにおまかせしましょう.

● コイン裏返しゲーム

コインを並べておいて, 一定のルールで裏返していくゲームです. 例えば,

○ ● ○ ○ ● ● ○
1 2 3 4 5 6 7

のようにコインを並べて,
(1) 表向きのコイン ○ を 1 枚裏返す,
(2) そのコインより左側にあるコインをもう 1 枚 (表向き ○ でも, 裏向き ● でもよい) 裏返してもよい,

というゲームが考えられます．これは，第4章で調べる予定の**ターニング・タートルズ**というゲームです．第8章では，コイン裏返しゲームを一般的に研究します．

コインの個数が7枚だとし，上図のように左から順に番号を付けておくと，このゲームの局面は表向きのコインの番号を指定することで特定されますから，

$$\mathcal{P} = \{P \mid P \subset \{1, 2, \ldots, 7\}\}$$

とモデル化できます．図の局面は $P = \{1, 3, 4, 7\}$ です．表向きのコインが存在しないと手詰まりですから，終了局面は空集合 $\emptyset$ に対応します：$\mathcal{E} = \{\emptyset\}$．$P$ の後続局面の集合 $N(P)$ は

$$N(P) = \{P - \{p\} \mid p \in P\} \cup \{P - \{p, p'\} \mid p, p' \in P\}$$
$$\cup \{(P - \{p\}) \cup \{q\} \mid p \in P, \ q \notin P, \ 1 \leq q < p\}$$

のように与えられます．

2.4 勝敗はすでに決まっている

有限型の不偏ゲームについて，次の定理が証明できます．

定理 2.3 (i) 有限型の不偏ゲームは必ず有限ステップで終了し，勝敗が確定する．
(ii) 各局面 $P \in \mathcal{P}$ は，先手必勝か後手必勝かのいずれかである．

証明 (i) 開始局面 P のゲームが多くとも $\ell(P)$ 回の指し手で必ず終了することは，すでに説明した．
(ii) 局面の長さ $\ell(P)$ に関する数学的帰納法で示す．$\ell(P) = 0$ とすると，P は終了局面であり後手必勝形である．$\ell(P) > 0$ とする．補題 2.2 (ii) により $P' \in N(P)$ ならば $\ell(P') < \ell(P)$ であるから，すべての $P' \in N(P)$ について先手必勝か後手必勝かのどちらかであると仮定してよい．もし，$N(P)$ の中に後手必勝形 P' が存在するなら，P から P' に移行することでそのプレイヤーは必ず勝てるから，P は先手必勝形である．もし，$N(P)$ の中に後手必勝形 P' が存在しない，すなわち，すべて先手必勝形なら，P からどの P' に移行してもその

プレイヤーは勝つことができないから, P は後手必勝形である. □

したがって, この種のゲームは, 開始局面が定まった瞬間に (原理的には) 勝敗は決まっているのです. ゲームの展開をすべて見通せる神様のような人が2人対局していたら, 一手も指すことなく片方が「負けました」というはずです. 能力に限界のある私たちだからこそ, ゲームも楽しめれば, ゲームの理論を研究する意味もあるのです.

さて, 次の補題は, 第1.2節での「必勝判定の基本原理」を整理したものです.

補題 2.4 (必勝判定の基本原理) 局面の集合 $\mathcal{P}$ を直和 $\mathcal{P} = \mathcal{S} \cup \mathcal{G}$ ($\mathcal{S} \cap \mathcal{G} = \emptyset$) に分解し,

(1) $\mathcal{G} \supset \mathcal{E}$,
(2) $P \in \mathcal{S}$ ならば $P \to P'$ となる $P' \in \mathcal{G}$ が存在する,
(3) $P \in \mathcal{G}$ ならば $P \to P'$ となる $P' \in \mathcal{G}$ は存在しない,

の3条件が満たされるならば, $\mathcal{G}$ は後手必勝局面の全体, $\mathcal{S}$ は先手必勝局面の全体に一致する.

証明 この補題が成り立たないとすると, $\mathcal{G}$ に先手必勝局面が含まれているか, または, $\mathcal{S}$ に後手必勝局面が含まれているかのいずれかでなければならない. P をそのような局面のうちで $\ell(P)$ が最小のものとする. 条件 $\mathcal{G} \supset \mathcal{E}$ により, $\ell(P) > 0$ である. $P \to P'$ とすると, $\ell(P') < \ell(P)$ だから, $P' \in \mathcal{G}$ なら P' は後手必勝であり, $P' \in \mathcal{S}$ なら P' は先手必勝である. したがって, 条件 (2) より $P \in \mathcal{S}$ ならば後手必勝の $P' \in N(P)$ が存在し P は先手必勝になる. 一方, 条件 (3) より $P \in \mathcal{G}$ ならば後手必勝の $P' \in N(P)$ は存在しないから P は後手必勝になる. これは P のとり方に矛盾する. □

2.5 n 山くずしに戻る

それでは, 第2.1節で約束した n 山くずしの必勝判定定理を証明しましょう.

定理 2.1 (n 山くずしの必勝判定) 石の個数が $(m_1, m_2, \ldots, m_n)$ のとき

$$m_1 \stackrel{*}{+} m_2 \stackrel{*}{+} \cdots \stackrel{*}{+} m_n = 0 \iff \text{後手必勝},$$
$$m_1 \stackrel{*}{+} m_2 \stackrel{*}{+} \cdots \stackrel{*}{+} m_n \neq 0 \iff \text{先手必勝},$$

が成り立つ.

証明 局面の全体 $\mathcal{P} = \mathbb{N}^n$ の直和への分解 $\mathcal{P} = \mathcal{S} \cup \mathcal{G}$ を
$$\mathcal{S} = \left\{ (m_1, m_2, \ldots, m_n) \in \mathbb{N}^n \mid m_1 \stackrel{*}{+} m_2 \stackrel{*}{+} \cdots \stackrel{*}{+} m_n \neq 0 \right\},$$
$$\mathcal{G} = \left\{ (m_1, m_2, \ldots, m_n) \in \mathbb{N}^n \mid m_1 \stackrel{*}{+} m_2 \stackrel{*}{+} \cdots \stackrel{*}{+} m_n = 0 \right\}$$

によって定義したとき, 補題 2.4 の 3 条件を満たすことを確かめればよい. 終了局面は $(0, 0, \ldots, 0)$ だけで $\mathcal{E} = \{(0, 0, \ldots, 0)\}$ だから, $\mathcal{G} \supset \mathcal{E}$ は明らかである (補題 2.4, 条件 (1)). 次に, $P = (m_1, m_2, \ldots, m_n) \in \mathcal{S}$ とする. このとき, $k = m_1 \stackrel{*}{+} m_2 \stackrel{*}{+} \cdots \stackrel{*}{+} m_n$ とおくと, $k \neq 0$ である. r を $2^r \leq k < 2^{r+1}$ となるように選ぶ. すなわち, k の 2 進整数表示で 1 が現れる最高の桁が 2^r に対応する桁だとする. このとき, $m_1, \ldots, m_n$ の 2 進整数表示のうちに, 同じ 2^r に対応する桁が 1 であるものが必ず存在する. それを m_i とし, $m_i' = m_i \stackrel{*}{+} k$ とおくと, m_i の 2^r に対応する桁が 1 から 0 になり, それより上の桁は変化しない. したがって, $m_i' < m_i$ であり,

$$m_1 \stackrel{*}{+} \cdots \stackrel{*}{+} m_{i-1} \stackrel{*}{+} m_i' \stackrel{*}{+} m_{i+1} \stackrel{*}{+} \cdots \stackrel{*}{+} m_n$$
$$= m_1 \stackrel{*}{+} \cdots \stackrel{*}{+} m_{i-1} \stackrel{*}{+} (m_i \stackrel{*}{+} k) \stackrel{*}{+} m_{i+1} \stackrel{*}{+} \cdots \stackrel{*}{+} m_n$$
$$= (m_1 \stackrel{*}{+} m_2 \stackrel{*}{+} \cdots \stackrel{*}{+} m_n) \stackrel{*}{+} k$$
$$= k \stackrel{*}{+} k = 0$$

となる. したがって, P において, m_i を m_i' に減らした局面を P' とすれば, $P' \in \mathcal{G}$ である (補題 2.4, 条件 (2)). 最後に, $P = (m_1, m_2, \ldots, m_n) \in \mathcal{G}$ とする. このとき, $m_1 \stackrel{*}{+} m_2 \stackrel{*}{+} \cdots \stackrel{*}{+} m_n = 0$ である. P において, m_i を m_i' に減らして得られる局面を P' とする. すなわち, $P' = (m_1, \ldots, m_{i-1}, m_i', m_{i+1}, \ldots, m_n)$ $(0 \leq m_i' < m_i)$ である. $a \stackrel{*}{+} b = 0 \Leftrightarrow a = b$ であることを用いると,

$$m_1 \stackrel{*}{+} \cdots \stackrel{*}{+} m_{i-1} \stackrel{*}{+} m_i' \stackrel{*}{+} m_{i+1} \stackrel{*}{+} \cdots \stackrel{*}{+} m_n$$
$$= m_1 \stackrel{*}{+} \cdots \stackrel{*}{+} m_{i-1} \stackrel{*}{+} m_i' \stackrel{*}{+} m_{i+1} \stackrel{*}{+} \cdots \stackrel{*}{+} m_n$$

$$+ (m_1 \overset{*}{+} \cdots \overset{*}{+} m_{i-1} \overset{*}{+} m_i \overset{*}{+} m_{i+1} \overset{*}{+} \cdots \overset{*}{+} m_n)$$
$$= m_i' \overset{*}{+} m_i \neq 0$$

となる. したがって, $P' \in \mathcal{S}$ である (補題 2.4, 条件 (3)). □

例として, 石の数が $(27, 18, 13, 9, 7)$ の 5 山くずしを考えてみましょう. 2 進整数表示を用いてニム和を計算すると

$$\begin{array}{r}
11011 \quad \cdots \quad 27 \\
10010 \quad \cdots \quad 18 \\
1101 \quad \cdots \quad 13 \\
1001 \quad \cdots \quad 9 \\
\overset{*}{+}) \quad 111 \quad \cdots \quad 7 \\
\hline
1010 \quad \cdots \quad 10
\end{array}$$

となって, 0 ではありませんから, 先手必勝形です. 今, 自分の手番だと, 指すべき手はなんでしょうか. ニム和 10 の一番左の桁と同じ桁が 1 となるのは, 27, 13, 9 と 3 通りあります. したがって, 後手必勝形を作り出す最善手には

$$\begin{array}{rcl}
27 & \longrightarrow & 27 \overset{*}{+} 10 = 17, \\
13 & \longrightarrow & 13 \overset{*}{+} 10 = 7, \\
9 & \longrightarrow & 9 \overset{*}{+} 10 = 3
\end{array}$$

の 3 通りの手があります.

n 山くずしは解決しましたが, 制限 n 山くずしではどうなるでしょうか. たとえば, 数値を具体的にして $n = 3, k_1 = 3, k_2 = 5, k_3 = 7$ とすると,

制限三山くずし：三山くずしで, 第 1 の山からは 3 個以下, 第 2 の山からは 5 個以下, 第 3 の山からは 7 個以下の石しかとってはいけない, という制限を加える

というゲームになりますが, このゲームの必勝判定はどうなるでしょう. 次章では, こんな制限 n 山くずしも一挙に攻略してしまう理論を説明します.

補足 3
集合論の用語

　第 2 章では，集合論の用語や記号を用いて，ゲームを数学的に取り扱うための数学的モデルを考えました．ここでは，必要な用語・記号を簡単にまとめておきます．

　集合とは，ものの集まりのことです．ただ，「もの」といっても「物質」だというわけではなく，「数」であったり，「順列」のように「ものの並び方」であったり，「記号」であったりしてもよい，もちろん，あるゲームの「局面」であってもよい，そういう広い意味での「もの」の集まりのことを**集合**といいます．また，数学では

　　<u>その集合に属すメンバーの範囲がはっきりと確定しているものだけを集合</u>

と考えます．たとえば，

- 素数の全体
- 1 より大きく 5 より小さい実数の全体
- 2013 年度の立教大学理学部数学科の入学者
- 三山くずしの局面の全体

などは集合ですが，

- ラーメンの大好きな東京都民の全体

というと，大好きだとはっきり言う人もいるでしょうが，好きだけれども大好きかというとなんとも言えないという人もいるでしょう．このように，メンバーとなる基準が明確でない場合には，数学では集合として扱いません．

集合の元：集合のメンバーのことを**元**という．a が集合 A の元であることを，$a \in A$ と表す．a が集合 A の元でないときは，$a \notin A$ と表す．

集合の相等：2 つの集合 A, B について，それぞれの定義の仕方が違っていても，それに属している元がまったく同じならば，

　　集合 A と集合 B は**等しい** といい，$A = B$ と記す．

集合を表すには，

a. その集合に属す元をすべて列挙する (外延的表現)
b. その集合に属すかどうかの判断の基準となる性質を述べる (内包的表現)

という 2 つのやり方があります．具体的には，

外延的表現：{ と } の間にすべての元を並べて書く．

$\{a_1, a_2, \ldots, a_n\}$, $\{1, 2, 3, 4\}$ のように．

内包的表現：{ 元を表す記号 | 所属の判定の基準となる性質 } のように書く．

$\{x \mid 0 < x < 4\}$, $\{p \mid p$ は素数 $\}$, $\{2n \mid n$ は整数 $\}$ のように．

与えられた集合 A の要素の中で，ある性質を満たすものの全体，というような場合には，$\{a \in A \mid a$ の満たす性質 $\}$ のように書きます．例えば，$\mathbb{R}$ を実数の集合，$\mathbb{Z}$ を整数の集合として，

$$\{x \in \mathbb{R} \mid x^2 < 2\}, \quad \{n \in \mathbb{Z} \mid -6 \leq n \leq 10\}.$$

この内包的表現は第 2.3 節で局面の集合などを表すために，大いに活用しました．

空集合：所属する元が 1 つもないからっぽの集まりも数学では集合の仲間に入れる．これを**空集合**といい，記号では $\emptyset$ と表す．0 も数だと考えることに似ている．

部分集合：集合 A の要素がすべて集合 B に含まれているとき，A は B の**部分集合**であるという．または A は B **に含まれる**，B は A **を含む**ともいう．記号では，$A \subset B$, または，$B \supset A$．

部分集合の例を挙げましょう．例えば，$A = \{1, 2, 3, 4\}$ として，A の部分集合をすべて挙げてみると，

$A = \{1, 2, 3, 4\}$：（注意！）

$\{1, 2, 3\}, \{1, 2, 4\}, \{1, 3, 4\}, \{2, 3, 4\}$：3 個の元からなる部分集合．

$\{1, 2\}, \{1, 3\}, \{1, 4\}, \{2, 3\}, \{2, 4\}, \{3, 4\}$：2 個の元からなる部分集合．

$\{1\}, \{2\}, \{3\}, \{4\}$：1 個の元からなる部分集合．

$\emptyset$：空集合はどんな集合にも含まれていると考える（注意！）．

この例から分かるように A そのものも A の部分集合と考えます．A の要素はすべて A に含まれているから，部分集合の定義によれば，$A \subset A$ なのです．日常の「部分」という言葉のニュアンスとは違う気がしますが，A 自身も A の部分集合と考え

た方が，数学的議論としてはすっきりするのです．A 自身ではなく本当に A より小さい部分集合であることを強調したいときには，**真部分集合**といいます．また，A 自身と空集合 $\emptyset$ とは，集合 A が何であってもつねに部分集合なので，これらのことを**自明な**部分集合，A 自身でも空集合 $\emptyset$ でもない部分集合のことを**非自明な**部分集合ということがあります．以上のように $A \subset B$ と書いたら $A = B$ という可能性も含まれるので，$A = B$ という可能性が含まれているのかいないのかをはっきりさせた記号として，

$$A \subset B, \quad A \subseteq B, \quad A \subseteqq B : A = B \text{ という可能性あり}$$
$$A \subsetneq B, \quad A \subsetneqq B : A = B \text{ という可能性なし}$$

という記号もよく用いられます．上の段の 3 つ，下の段の 2 つの記号はそれぞれ同じ意味になります．

ベキ集合：集合 A に対して，A のすべての部分集合を集めてできる集合を A の**ベキ集合**といい，$P(A)$ または 2^A と記す．

例えば，上の例 $A = \{1, 2, 3, 4\}$ のときには，ベキ集合 $P(A)$ は次のようになります：

$P(A) = \{\{1,2,3,4\}, \{1,2,3\}, \{1,2,4\}, \{1,3,4\}, \{2,3,4\},$
$\{1,2\}, \{1,3\}, \{1,4\}, \{2,3\}, \{2,4\}, \{3,4\}, \{1\}, \{2\}, \{3\}, \{4\}, \emptyset\}.$

和集合，共通部分：集合 A, B に対して，A の元と B の元をすべて合わせてできる集合を A, B の**和集合**（または**合併**）といい，$A \cup B$ と記す．また，A と B の両方に属している元の全体を A, B の**共通部分**といい，$A \cap B$ と記す．

直和：集合 C が部分集合 A, B の和集合で A, B の共通部分が空集合のとき，すなわち，$C = A \cup B$ で $A \cap B = \emptyset$ のとき，C は A, B の**直和**といわれる．

差集合：2 つの集合 A, B に対して，A に属していて B には属さない元の全体を A と B の**差集合**といい，$A - B$ と記す．

直積：2 つの集合 A, B が与えられたとき，A の元 a と B の元 b との (順番も考慮に入れた) 組 (a, b) のことを，A の元と B の元の**順序対**という．(順番も考慮に入れるというのは，$a \neq b$ のとき，(a, b) と (b, a) は違うものと考えるということ．) A の元 a と B の元 b とのすべての組合せからできる順序対の全体を A と B の**直積**といい，$A \times B$ と記す：

$$A \times B = \{(a, b) \mid a \in A, \, b \in B\}.$$

より一般に，複数の集合 $A_1, A_2, \ldots, A_n$ の直積 $A_1 \times A_2 \times \cdots \times A_n$ も考えられます．集合 $A_1, \ldots, A_n$ から1つずつ元をとって並べた

$$(a_1, a_2, \ldots, a_n) \quad (a_1 \in A_1, a_2 \in A_2, \ldots, a_n \in A_n)$$

の全体を $A_1, A_2, \ldots, A_n$ の直積といいます．$A_1 = A_2 = \cdots = A_n = A$ のときは，$A \times A \times \cdots \times A$ の代わりに A^n と記します．すでに第 2 章では，n 山崩しの局面の集合として，$\mathbb{N}^n$ を用いました．

写像：集合 A の各元 a に対して，集合 B の元 $b = f(a)$ を (1つだけ) 対応させる規則 f のことを，**集合 A から集合 B への写像**という．記号では，$f : A \longrightarrow B$ と記す．A を写像 f の **定義域** (または，**始集合**)，B を **値域** (または，**終集合**) という．

全射，単射，全単射：集合 A から集合 B への写像 $f : A \longrightarrow B$ について，

- B の任意の元 b に対して，$f(a) = b$ となる $a \in A$ が存在するとき，f は **全射** であるという．
- A の元 a, a' について $a \neq a'$ ならば，$f(a) \neq f(a')$ となる，すなわち，A の相異なる元は f によって B の相異なる元に写されるとき，f は **単射** であるという．
- 写像 $f : A \longrightarrow B$ が全射であり，かつ，単射でもあるときに，f は **全単射** であるという．

f が全単射であるとは，A の元と B の元が写像 f によって完全にもれなく 1 対 1 に対応していることを意味しています．全射であることがもれなく対応することを，単射であることが対応が 1 対 1 であることを表します．

合成写像：$f : A \longrightarrow B$, $g : B \longrightarrow C$ と 2 つの写像 が与えられ，f の値域と g の定義域が一致しているならば，$a \longmapsto f(a) \longmapsto g(f(a))$ と f, g を引き続いて働かせて，A から C への写像ができる．これを f と g の **合成写像** といい，$g \circ f : A \longrightarrow C$ と記す．

◇

第 3 章

ゲームの和とニム和

第 2 章で, 有限型不偏ゲームという, 必ず先手必勝か後手必勝のどちらかであるようなゲームのクラスを導入しました. 与えられた有限型不偏ゲームの局面が, 先手必勝か後手必勝かを数値的に判定する素晴らしいアイディアが, この章のテーマの**グランディ数**です. 複数の簡単なゲームからより複雑なゲームを作り出すゲームの和という考えとグランディ数とを結びつけることで, 難しそうに見える多くのゲームの必勝判定が可能になります.

3.1 グランディ数

$\mathcal{A} = (\mathcal{P}, \mathcal{R})$ を有限型不偏ゲームとします. $\mathcal{P}$ がゲーム $\mathcal{A}$ で許された局面の全体で, $\mathcal{R}$ がゲームのルールでした. 今は, ルールの詳細を気にすることはありません. $\mathcal{E}$ で終了局面の集合を表します.

さて, ゲーム $\mathcal{A}$ の各局面 $P \in \mathcal{P}$ に対して, そのグランディ数 $g_{\mathcal{A}}(P)$ を
(1) 終了局面 $E \in \mathcal{E}$ については $g_{\mathcal{A}}(E) = 0$
(2) $P \in \mathcal{P}$ が終了局面でないときには, P の後続局面の全体 $P'_1, \ldots, P'_s$ を考え,

$$g_{\mathcal{A}}(P) = g_{\mathcal{A}}(P'_1), \ldots, g_{\mathcal{A}}(P'_s) \text{ のどれとも異なる最小の非負整数}$$

と定めます. このとき, グランディ数は, 終了局面から始めて局面の長さ $\ell(P)$ の小さい順に定まっていきます. どのゲームを考えているかがはっきりしているときには, 簡単のために $g_{\mathcal{A}}(P) = g(P)$ と略記しましょう.

ごく簡単な例として, 石の個数が (2,1) から始める二山くずしを考えてみます. このとき, 局面の間の移行関係は次の図の矢印で示される通りです.

```
        (2,0)
       ↗    ↘
   (2,1)    (1,0) ─→ (0,0)
       ↘    ↗
        (1,1)
```

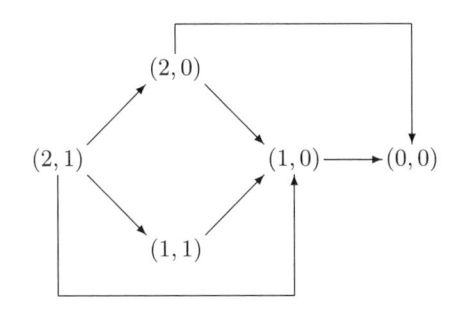

この図を利用し, 定義に従って, 各局面のグランディ数を求めてみましょう. まず, 終了局面 $(0,0)$ に対しては, $g(0,0) = 0$ です. $(0,0)$ にしか移行できない局面 $(1,0)$ については,

$$g(1,0) = g(0,0) \text{ 以外の最小の非負整数} = 1$$

です. $g(2,0)$ は, $g(0,0) = 0$, $g(1,0) = 1$ 以外で最小の非負整数なので, 2 となります. $g(1,1)$ は, $g(1,0) = 1$ 以外で最小の非負整数なので, 0 となります. 最後に, $g(2,1)$ は, $g(1,0) = 1$, $g(1,1) = 0$, $g(2,0) = 2$ 以外で最小の非負整数なので, 3 となります.

グランディ数を扱うためには, **最小除外数** "mex" (<u>m</u>inimal <u>ex</u>cluded number) の概念が便利です. 非負整数の集合 $\mathbb{N}$ の真部分集合 T に対し, T の最小除外数 $\text{mex}(T)$ とは,

$$\text{mex}(T) = \min(\mathbb{N} - T)$$

のことと定義します. ここで $\mathbb{N} - T = \{n \in \mathbb{N} \mid n \notin T\}$ で, $\mathbb{N}$ と T の差集合を表します. したがって, $\text{mex}(T)$ とは, T に属さない最小の非負整数のことです. すると, グランディ数 $g(P)$ は

$$g(P) = \text{mex}(g(N(P))), \quad g(N(P)) := \{g(P') \mid P' \in N(P)\}$$

と表すことができます. ここで, $N(P)$ は (前章と同じく) P から一手で移行できる後続局面の全体です.

さて, グランディ数と必勝戦略との関係を明らかにするのは, 次の定理です.

定理 3.1 局面の全体 $\mathcal{P}$ を

$$\mathcal{S} = \{P \in \mathcal{P} \mid g(P) \neq 0\},$$

$$\mathcal{G} = \{P \in \mathcal{P} \mid g(P) = 0\}$$

の 2 つに分けると，$\mathcal{S}$ は先手必勝局面の全体であり，$\mathcal{G}$ は後手必勝局面の全体である．

証明 補題 2.4 の条件 (1), (2), (3) を確かめればよい．まず，$\mathcal{E} \subset \mathcal{G}$ はグランディ数の定義から明らかである (補題 2.4 条件 (1))．$g(P) \neq 0$ だとすると，$g(P') = 0$ となる $P' \in N(P)$ が存在しなければならない．すなわち，$P \in \mathcal{S}$ ならば $P \to P'$ で $P' \in \mathcal{G}$ となるものが存在する (補題 2.4 条件 (2))．$g(P) = 0$ だとすると，$g(P') = 0$ となる $P' \in N(P)$ は存在しない．すなわち，$P \in \mathcal{G}$ ならば $P \to P'$ で $P' \in \mathcal{G}$ となるものは存在しない (補題 2.4 条件 (3))． □

3.2 グランディ数の例

基本的な場合にグランディ数を求めておきましょう．

一山くずし：n 個の石からなる一山くずし (取れる石の個数に制限のない) のグランディ数 $g(n)$ は

n	0	1	2	3	4	5	6	7	$\cdots$	n	$\cdots$
$g(n)$	0	1	2	3	4	5	6	7	$\cdots$	n	$\cdots$

です．実際，$\mathcal{E} = \{0\}$ で，$g(0) = 0$ です．$n \geq 1$ として，$n > k \geq 0$ に対して $g(k) = k$ だとすると，$N(n) = \{0, 1, 2, \ldots, n-1\}$ ですから，

$$g(n) = \mathrm{mex}(N(n)) = \mathrm{mex}(\{0, 1, 2, \ldots, n-1\})$$
$$= \min(\mathbb{N} - \{0, 1, 2, \ldots, n-1\}) = \min(\{n, n+1, \ldots\}) = n$$

となります．

制限一山くずし：一回の指し手で k 個以下の石しか取れない制限一山くずしを考えます．例えば，$k = 3$ の場合，n 個の石からなる制限一山くずしのグランディ数 $g(n)$ は

n	0	1	2	3	4	5	6	7	$\cdots$	n	$\cdots$
$g(n)$	0	1	2	3	0	1	2	3	$\cdots$	$n \pmod 4$	$\cdots$

となります. $n \pmod 4$ は n を 4 で割った余りを表しています. 始めのいくつかは試してみればすぐ分かります. 大きい n についても, $N(n) = \{n-3, n-2, n-1\}$ で,

$$g(n) = \mathrm{mex}(g(n-3), g(n-2), g(n-1))$$

となりますから, 下図を見ると明らかでしょう.

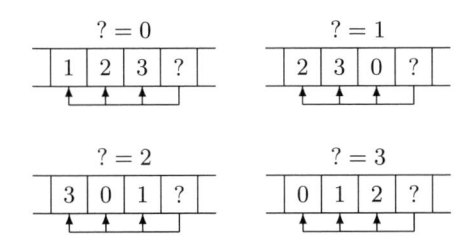

一般の k については, $n \pmod{k+1}$ で n を $k+1$ で割った余りを表すことにすると,

$$g(n) = n \pmod{k+1}$$

となります.

定理 3.1 によって $g(P) \geq 1$ となる局面 P はすべて先手必勝局面で, $g(P) = 0$ となる局面 P はすべて後手必勝局面です. そこで, $k = 3$ の制限一山くずしに対する上の表で 0 のところに W (後手必勝形), 0 と異なるところに L (先手必勝形) と記入すると, これは第 1 章で考えた勝ちパターン判定表になります. すなわち, グランディ数の表は, 先手必勝形をもっと細かく分類して勝ちパターン判定表を精密化したものと見ることができるのです.

では, グランディ数によって先手必勝局面を数値的に細かく区別することの意味はどこにあるのでしょう. これに答えるのが, 次節のゲームの和定理 (定理 3.4) です. その話題に入る前に, 後の準備を兼ねて, mex の性質をもう少し述べておきましょう.

まず, 第 1 章で与えた「ニム和」を定める「最小除外数原理」は "mex" を用いると, 次のように表現できます.

定義 (ニム和の "mex" による定義)

$$a \stackrel{*}{+} b = \mathrm{mex}\left\{ a' \stackrel{*}{+} b,\ a \stackrel{*}{+} b' \ \middle|\ 0 \le a' < a,\ 0 \le b' < b \right\}.$$

上の式をニム和の性質ではなく定義というのは,次のような理由です.まず,$a = b = 0$ のとき $a' < a,\ b' < b$ となる a', b' は存在しないので,集合 $\left\{ a' \stackrel{*}{+} b,\ a \stackrel{*}{+} b' \ \middle|\ 0 \le a' < a,\ 0 \le b' < b \right\}$ は空集合 $\varnothing$ となり,$0 \stackrel{*}{+} 0$ は

$$0 \stackrel{*}{+} 0 = \mathrm{mex}\{\varnothing\} = 0$$

と定まります.一般には,上の式を用いると,$0 \stackrel{*}{+} 0 = 0$ から出発して a, b の小さい順に $a \stackrel{*}{+} b$ が決めていくことができます.このような定義の仕方は**帰納的定義**とか**再帰的定義**とかよばれるものです.

さて,次の補題は,mex の定義よりほとんど明らかですが,案外役に立ちます.

補題 3.2 (i) $S_1 \subset S_2 \subsetneq \mathbb{N}$ のとき,$\mathrm{mex}(S_1) \le \mathrm{mex}(S_2)$ である.
(ii) さらに,$\mathrm{mex}(S_1) \notin S_2$ ならば,$\mathrm{mex}(S_1) = \mathrm{mex}(S_2)$ である.

この補題から次が導かれます.

補題 3.3 $a = \mathrm{mex}(S),\ b = \mathrm{mex}(T)$ のとき,

$$a \stackrel{*}{+} b = \mathrm{mex}\left\{ a' \stackrel{*}{+} b,\ a \stackrel{*}{+} b' \ \middle|\ a' \in S,\ b' \in T \right\}$$

が成り立つ.

証明 まず,

$$J = \left\{ a' \stackrel{*}{+} b,\ a \stackrel{*}{+} b' \ \middle|\ a' \in S,\ b' \in T \right\}$$

とおく.また,$S' = \{0, 1, \ldots, a-1\},\ T' = \{0, 1, \ldots, b-1\}$ として,

$$J' = \left\{ a' \stackrel{*}{+} b,\ a \stackrel{*}{+} b' \ \middle|\ a' \in S',\ b' \in T' \right\}$$

とおく.このとき,ニム和の mex による定義から,$a \stackrel{*}{+} b = \mathrm{mex}(J')$ であり,証明すべきことは $\mathrm{mex}(J) = \mathrm{mex}(J')$ である.$\mathrm{mex}(S) = a,\ \mathrm{mex}(T) = b$ より,$S \supset$

$S' , T \supset T'$ であるから,$J \supset J'$ である.よって,補題 3.2 により,$a \stackrel{*}{+} b \notin J$ を示せばよい.もし,$a \stackrel{*}{+} b \in J$ ならば,$a \stackrel{*}{+} b = a' \stackrel{*}{+} b$ となる $a' \in S$ が存在するか,または,$a \stackrel{*}{+} b = a \stackrel{*}{+} b'$ となる $b' \in T$ が存在する.しかし,前者が成り立つとすれば $a = a' \in S$ となり,$\mathrm{mex}(S) = a$ に矛盾する.後者が成り立つとすれば,同様にして $\mathrm{mex}(T) = b$ に矛盾する.よって,$a \stackrel{*}{+} b \notin J$ が示された. □

補題 3.3 を用いれば,より一般に,$a_i = \mathrm{mex}(S_i)$ $(1 \leq i \leq r)$ のとき

$$a_1 \stackrel{*}{+} a_2 \stackrel{*}{+} \cdots \stackrel{*}{+} a_r$$
$$= \mathrm{mex}\left\{ a_1 \stackrel{*}{+} \cdots \stackrel{*}{+} a_{i-1} \stackrel{*}{+} a' \stackrel{*}{+} a_{i+1} \stackrel{*}{+} \cdots \stackrel{*}{+} a_r \ \Big| \ 1 \leq i \leq r,\ a' \in S_i \right\}$$

が成り立つことが,数学的帰納法により簡単に証明されます..

3.3 ゲームの和とグランディ数

簡単なゲームを複合してより複雑なゲームを作り出す方法に,**ゲームの和**があります.グランディ数を考えることが有効であるもっとも大きい理由は,和のゲームのグランディ数がニム和を利用して簡単に計算できることです.

定義 (ゲームの和) 2 つのゲーム $\mathcal{A}_1 = (\mathcal{P}_1, \mathcal{R}_1), \mathcal{A}_2 = (\mathcal{P}_2, \mathcal{R}_2)$ の和 $\mathcal{A}_1 + \mathcal{A}_2$ とは,ゲーム $\mathcal{A}_1, \mathcal{A}_2$ を 2 つ並べて,手番のプレイヤーはどちらでも好きな方を選んで一手を指し,2 つのゲームがどちらも手詰まりになったときが終了局面であるようなゲームである.すなわち,数学的にいうと,

- 局面は $P_1 \in \mathcal{P}_1,\ P_2 \in \mathcal{P}_2$ の組 (P_1, P_2).
  (P_1, P_2) を**局面 P_1 と P_2 の和**といい,$P_1 + P_2$ とも表す.言い換えると,局面の集合 $\mathcal{P}$ は 2 つのゲームの局面の集合 $\mathcal{P}_1$ と $\mathcal{P}_2$ の直積 $\mathcal{P}_1 \times \mathcal{P}_2$,
- $P = (P_1, P_2)$ の後続局面の集合は

$$N(P) = \{(P_1', P_2) \mid P_1' \in N(P_1)\} \cup \{(P_1, P_2') \mid P_2' \in N(P_2)\}$$

- 終了局面 $\mathcal{E}$ は 2 つのゲームの終了局面の集合 $\mathcal{E}_1$ と $\mathcal{E}_2$ の直積 $\mathcal{E}_1 \times \mathcal{E}_2$

で与えられるゲームのことである[1]．

　一般に，n 個のゲームの和 $\mathcal{A}_1 + \cdots + \mathcal{A}_n$ も同様に定義できます．ゲームの和について，結合法則
$$(\mathcal{A}_1 + \mathcal{A}_2) + \mathcal{A}_3 = \mathcal{A}_1 + (\mathcal{A}_2 + \mathcal{A}_3)$$
が成り立つことは，右辺・左辺のどちらも，3つのゲームを並べておいて，プレイヤーはそのうちのどれでも好きなゲームを1つ選択して手を指すことになることから明らかです．

三山くずしは一山くずしの和：三山くずしは，石を集めた山を3つ並べておいて，プレイヤーはどれでも好きな山を1つ選んでそこから石を取るのですから，一山くずし3個の和にほかなりません．より一般に n 山くずしは一山くずしの n 個の和と考えられます．

さて，次が n 山くずしや制限 n 山くずしなどを，まとめて一撃のもとに片づけてしまう素晴らしい定理です．

定理 3.4 (ゲームの和のグランディ数)　記号は上と同じとする．このとき，
$$g_{\mathcal{A}_1 + \mathcal{A}_2}(P_1, P_2) = g_{\mathcal{A}_1}(P_1) \overset{*}{+} g_{\mathcal{A}_2}(P_2) \quad (\overset{*}{+} \text{はニム和})$$
で与えられる．

局面の和を $P_1 + P_2$ と表し，$g_{\mathcal{A}}$ を単に g と略記すると，この定理は，
$$g(P_1 + P_2) = g(P_1) \overset{*}{+} g(P_2)$$
と表せ，グランディ数がゲームの局面が和に関してなす半群からニム和による群 $(\mathbb{N}, \overset{*}{+})$ への準同型写像を与えているとみることができます．(第12.2節で，この見方を改めて検討しますから，そちらも参照してください．)

証明の前に，次の系 3.5，系 3.6 でその素晴らしさを実感してください．これらは，前節で与えた一山くずし，制限一山くずしのグランディ数についての結果と定理3.4からただちに得られます．

---

[1] 2つのゲームの和には，いろいろなタイプの定義があります．ここで定義されたものは，より正確には選択和 (disjunctive sum) とよばれるものです．

系 3.5 (n 山くずしのグランディ数) $\mathcal{A}_1 = \cdots = \mathcal{A}_n$ を一山くずしだとすると, n 山くずしは $\mathcal{A} = \mathcal{A}_1 + \cdots + \mathcal{A}_n$ と表される. したがって, n 山くずしの局面 $(m_1, m_2, \ldots, m_n)$ のグランディ数は

$$g(m_1, m_2, \ldots, m_n) = m_1 \overset{*}{+} m_2 \overset{*}{+} \cdots \overset{*}{+} m_n$$

で与えられる. 特に, 局面 $(m_1, m_2, \ldots, m_n)$ が後手必勝形となる必要十分条件は,

$$m_1 \overset{*}{+} m_2 \overset{*}{+} \cdots \overset{*}{+} m_n = 0$$

である.

系 3.6 (制限 n 山くずしのグランディ数) $\mathcal{A}_i$ $(i = 1, \ldots, n)$ を, 取れる石の数を k_i 個以下とした制限一山くずしだとする. このとき, $\mathcal{A} = \mathcal{A}_1 + \cdots + \mathcal{A}_n$ は, i 番目の山からとってよい石の数が k_i 個以下であるような制限 n 山くずしである. この制限 n 山くずしの局面 $(m_1, m_2, \ldots, m_n)$ のグランディ数は, m_i を $k_i + 1$ で割った余りを r_i とするとき,

$$g(m_1, m_2, \ldots, m_n) = r_1 \overset{*}{+} r_2 \overset{*}{+} \cdots \overset{*}{+} r_n$$

で与えられる. 特に, 局面 $(m_1, m_2, \ldots, m_n)$ が後手必勝形となる必要十分条件は,

$$r_1 \overset{*}{+} r_2 \overset{*}{+} \cdots \overset{*}{+} r_n = 0$$

である.

系 3.6 で, $k_i = \infty$ とすると, 対応する山からは無制限に石を取ってよいことになります. m_i から $k_i + 1 = \infty$ を引き去ることは 1 回もできませんから, m_i を $k_i + 1$ で割った余りは m_i だと考えるのが自然です. こう考えれば, 系 3.6 はいくつかの k_i が ∞ となっても成り立っており, 系 3.5 は, 系 3.6 で $k_1 = k_2 = \cdots = k_n = \infty$ とした特別な場合とみなすことができます.

ニム和では, $m \overset{*}{+} m = 0$ でした. したがって, 定理 3.4 から, ゲーム $\mathcal{A}$ の局面 P を 2 つ並べた (P, P) は後手必勝形だと分かります. これは, 先手が $(P, P) \to (P', P)$ と指したら, 後手は相手の指し手を真似して $(P', P) \to (P', P')$ として

いけば必ず勝てることに対応しています.

以上からも分かるように, 有限型の不偏ゲームではグランディ数がそのゲームについての (すべてのとはいきませんが) 完璧に近い情報を与えてくれます. 今後の議論では, さまざまなゲームについてグランディ数を求めることが目標となります.

では, 定理 3.4 の証明を与えましょう.

定理 3.4 の証明 $\ell(P_1, P_2)$ に関する数学的帰納法で示す. $\ell(P_1, P_2) = 0$ ならば, P_1, P_2 は, それぞれ, ゲーム $\mathcal{A}_1, \mathcal{A}_2$ の終了局面であるから

$$g_{\mathcal{A}}(P_1, P_2) = 0 = 0 \overset{*}{+} 0 = g_{\mathcal{A}_1}(P_1) \overset{*}{+} g_{\mathcal{A}_2}(P_2)$$

である. ここで, 簡単のため $\mathcal{A} = \mathcal{A}_1 + \mathcal{A}_2$ とおいた. $\ell(P_1, P_2) > 0$ だとする. ゲームの和の定義により, グランディ数は

$$g_{\mathcal{A}}(P_1, P_2) = \mathrm{mex}\,\{g_{\mathcal{A}}(P_1', P_2), g_{\mathcal{A}}(P_1, P_2') \mid P_1' \in N(P_1),\ P_2' \in N(P_2)\}$$

で与えられる. $\ell(P_1', P_2), \ell(P_1, P_2') < \ell(P_1, P_2)$ だから, 帰納法の仮定により,

$$g_{\mathcal{A}}(P_1', P_2) = g_{\mathcal{A}_1}(P_1') \overset{*}{+} g_{\mathcal{A}_2}(P_2),$$
$$g_{\mathcal{A}}(P_1, P_2') = g_{\mathcal{A}_1}(P_1) \overset{*}{+} g_{\mathcal{A}_2}(P_2')$$

である. よって,

$$S = \{g_{\mathcal{A}_1}(P_1') \mid P_1' \in N(P_1)\},$$
$$T = \{g_{\mathcal{A}_2}(P_2') \mid P_2' \in N(P_2)\}$$

とおくと,

$$g_{\mathcal{A}}(P_1, P_2) = \mathrm{mex}\,\left\{a' \overset{*}{+} g_{\mathcal{A}_2}(P_2), g_{\mathcal{A}_1}(P_1) \overset{*}{+} b' \,\middle|\, a' \in S,\ b' \in T\right\}$$

となる. ここで,

$$g_{\mathcal{A}_1}(P_1) = \mathrm{mex}(S), \quad g_{\mathcal{A}_2}(P_2) = \mathrm{mex}(T)$$

だから, 補題 3.3 により,

$$g_{\mathcal{A}}(P_1, P_2) = g_{\mathcal{A}_1}(P_1) \overset{*}{+} g_{\mathcal{A}_2}(P_2)$$

が得られる. □

　グランディ数は, P.M.Grundy ([25]) により 1939 年に導入されたものです. R.P.Sprague ([32]) も 1936 年に同様の理論を発表していますので, スプラーグ・グランディ数ともよばれ, こちらの方が正確な呼び方でしょう. 参考文献の一松 [2] では G-数, Conway [21], Berlekamp-Conway-Guy [22] ではニム数とかニム値という呼び方をしています. 近年, 表現論とゲームを結び付けて研究している川中宣明さんは, エネルギーとよんでいます. ここでは, いちばん普及している呼び方と思われるグランディ数を採用しました.

3.4　Mex の性質からニム和の性質を導く

　第 1 章では ニム和が, 繰り上がりなし 2 進和に一致することにより, ニム和の性質を導きました. ここでは, ニム和の mex による定義だけに基づいて, ニム和の諸性質を導いてみましょう. 新しいことが示されるわけではないのでスキップしてもかまいませんが, mex という概念に慣れるための良い練習台となります.

命題 3.7　(i)　$a \stackrel{*}{+} b = a \stackrel{*}{+} c$ ならば, $b = c$.

(ii)　$a \stackrel{*}{+} 0 = a$, $a \stackrel{*}{+} a = 0$.

(iii)　$a \stackrel{*}{+} b = b \stackrel{*}{+} a$.

(iv)　$(a \stackrel{*}{+} b) \stackrel{*}{+} c = a \stackrel{*}{+} (b \stackrel{*}{+} c)$

したがって, $(\mathbb{N}, \stackrel{*}{+})$ は, すべての元の位数が 2 のアーベル群をなす. とくに単位元は 0 で, a の逆元は a である.

　証明の前に, 以下で用いる記号法について説明しておきます. a, b, c に対して, a', b', c' でそれぞれ a, b, c より小さい非負整数を表します. また, 式を簡潔に書くために,

$$\{a'\} = \{a' \mid 0 \leq a' < a\},$$
$$\{a' \stackrel{*}{+} b, a \stackrel{*}{+} b'\} = \left\{ a' \stackrel{*}{+} b, a \stackrel{*}{+} b' \mid 0 \leq a' < a,\ 0 \leq b' < b \right\}$$

のような略記法を用いることにします．したがって，$a\stackrel{*}{+}b = \mathrm{mex}\{a'\stackrel{*}{+}b, a\stackrel{*}{+}b'\}$ のように書くことができます．

証明（i）$b \neq c$ だとする．必要なら b, c を入れ替えて，$b > c$ と仮定してよい．このとき，$a\stackrel{*}{+}b$ の mex による定義の右辺の除外されるべき数の中に，$a\stackrel{*}{+}c$ が登場する．したがって，$a\stackrel{*}{+}b = a\stackrel{*}{+}c$ ではありえない．

(ii) を a，(iii) を $a+b$，(iv) を $a+b+c$ に関する数学的帰納法で証明する．以下，$\stackrel{\star}{=}$ で，この等号の成立において帰納法の仮定を用いていることを表す．さて，(ii), (iii), (iv) はどれも $a = b = c = 0$ のときに成り立つことは明らかである．

(ii) $a\stackrel{*}{+}0 = \mathrm{mex}\{a'\stackrel{*}{+}0, a\stackrel{*}{+}0'\} = \mathrm{mex}\{a'\stackrel{*}{+}0\} \stackrel{\star}{=} \mathrm{mex}\{a'\} = a$．この計算の第 2 の等号では，$0'$ は存在しないことを用いた．次に，$a\stackrel{*}{+}a = 0$ を示そう．もし，$a\stackrel{*}{+}a \neq 0$ となる a が存在したとし，a をそのような自然数の最小のものだとする．$a > 0$ である．このとき，$a\stackrel{*}{+}a = \mathrm{mex}\{a'\stackrel{*}{+}a, a\stackrel{*}{+}a'\} \neq 0$ であるから，$a\stackrel{*}{+}a' = 0$（または，$a'\stackrel{*}{+}a = 0$）となる $a' < a$ が存在する．一方，a の最小性より $a'\stackrel{*}{+}a' = 0$ でもある．このとき，(i) により $a = a'$ でなければならないが，これは矛盾である．

(iii) $a\stackrel{*}{+}b = \mathrm{mex}\{a'\stackrel{*}{+}b, a\stackrel{*}{+}b'\} \stackrel{\star}{=} \mathrm{mex}\{b\stackrel{*}{+}a', b'\stackrel{*}{+}a\} = b\stackrel{*}{+}a$．

(iv) $S = \{(a\stackrel{*}{+}b)'\stackrel{*}{+}c, (a\stackrel{*}{+}b)\stackrel{*}{+}c'\}$ とおくと，定義により $(a\stackrel{*}{+}b)\stackrel{*}{+}c = \mathrm{mex}(S)$ となる．$S' = \{(a'\stackrel{*}{+}b)\stackrel{*}{+}c, (a\stackrel{*}{+}b')\stackrel{*}{+}c, (a\stackrel{*}{+}b)\stackrel{*}{+}c'\}$ とおくと，$S \subset S'$ が成り立つ．ここで証明すべきは，$(a\stackrel{*}{+}b)\stackrel{*}{+}c \notin S'$ である．実際，これが正しければ，補題 3.2 により $\mathrm{mex}(S) = \mathrm{mex}(S')$ となり，さらにこの等式から

$$(a\stackrel{*}{+}b)\stackrel{*}{+}c = \mathrm{mex}\{(a'\stackrel{*}{+}b)\stackrel{*}{+}c, (a\stackrel{*}{+}b')\stackrel{*}{+}c, (a\stackrel{*}{+}b)\stackrel{*}{+}c'\}$$
$$\stackrel{\star}{=} \mathrm{mex}\{a'\stackrel{*}{+}(b\stackrel{*}{+}c), a\stackrel{*}{+}(b'\stackrel{*}{+}c), a\stackrel{*}{+}(b\stackrel{*}{+}c')\}$$
$$= a\stackrel{*}{+}(b\stackrel{*}{+}c)$$

と，(iv) が得られるのである．さて，もし $(a\stackrel{*}{+}b)\stackrel{*}{+}c \in S'$ だったとすると，

$$(a\stackrel{*}{+}b)\stackrel{*}{+}c = (a'\stackrel{*}{+}b)\stackrel{*}{+}c,$$
$$(a\stackrel{*}{+}b)\stackrel{*}{+}c = (a\stackrel{*}{+}b')\stackrel{*}{+}c,$$
$$(a\stackrel{*}{+}b)\stackrel{*}{+}c = (a\stackrel{*}{+}b)\stackrel{*}{+}c'$$

のいずれかが成り立つはずだが, (i) により, それぞれ, $a = a'$, $b = b'$, $c = c'$ が導かれてしまうので, これはありえない. よって, $(a \stackrel{*}{+} b) \stackrel{*}{+} c \notin S'$ が示された.

□

第4章

ニム変奏曲

ゲームの数学的な構造はゲームの本質的な部分を抽出してきたものですから,見かけが違っても数学的には同じゲームだということがよく起こります.この章では, ニム (n 山くずし) がさまざまに形を変え, いろいろと見かけの異なるゲームとして私たちを楽しませてくれる様子を紹介します.

4.1 仮面をかぶったニム

● 簡易化されたニム

n 山くずしで, 1つの山から石を取り, 同数の山が 2 つ現れたときには, その 2 山を取り除くものとしたゲームを**簡易化されたニム**とよびます. このゲームの局面の集合は

$$\mathcal{P} = \{(m_1, \ldots, m_n) \mid m_i \geq 0, \ m_i \neq m_j \ (i \neq j)\}$$

です. このとき, $r \stackrel{*}{+} r = 0$ ですから, 同数の山を取り除くことはグランディ数に影響を与えず, 簡易化されたニムにおいても, 局面 $(m_1, \ldots, m_n)$ のグランディ数は

$$g(m_1, \ldots, m_n) = m_1 \stackrel{*}{+} \cdots \stackrel{*}{+} m_n$$

となります. したがって, このゲームはニム (n 山くずし) と同等なゲームとなり, 必勝法もニムと変わりません.

● ターニング・タートルズ

次に取り上げるのは, 第 2.3 節でコイン裏返しゲームの例としてあげたターニング・タートルズです. これは, 何個かのコインを

○ ● ○ ○ ● ● ○

のように横一列に並べておいて,

(1) 表向きのコイン ○ を一つ裏返す.
(2) そして, 裏返したコインより左側にあるコインをもう一枚 (表向き ○ でも裏向き ● でもかまわない) 裏返してもよい.

というゲームでした. ただし, 2 枚目のコインは裏返してもよいのであって, 裏返さなくてもかまいません.

上図の局面を考えましょう. 例えば, (1) の手順として, 一番右のコインを裏返し, (2) の手順として, 右から 3 番目のコインを裏返すことにすると,

○ ● ○ ○ ○ ● ●

という局面に移行します. すべてが裏向きになっている

● ● ● ● ● ● ●

という局面では, (1) の手順が実行できませんから, これが終了局面です.

このゲームも, じつは, ニムと同等のゲームです. それを見るために, 並んだコインに左から順に

○ ○ ○ ○ ○ ⋯ ○
1　2　3　4　5　⋯　n

と番号を振ります. コインのうち, 表を向いたコインの番号が $k_1, \ldots, k_r$ のとき, この局面を $(k_1, \ldots, k_r)$ で表すことにしましょう. 上で例にあげた

○ ● ○ ○ ● ● ○

という局面は $(1, 3, 4, 7)$ と表せます.

定理 4.1 局面 $(k_1, \ldots, k_r)$ のグランディ数は
$$g(k_1, \ldots, k_r) = k_1 \overset{*}{+} \cdots \overset{*}{+} k_r$$
で与えられる.

証明 局面 $(k_1,\ldots,k_r)$ を $k_1,\ldots,k_r$ 個の石からなる r 個の山がある状態と対応させて考える．このとき，k_i 番目のコインを選んで裏返して局面

$$(k_1,\ldots,k_{i-1},k_{i+1},\ldots,k_r)$$

に移行することは，k_i の山をすべて取ってしまうことになる．k_i より左側のコインを選んでそれも裏返す場合を考えよう．まず，2つ目のコインが裏だったとし，それを表に返すとする．そのコインの番号を ℓ $(\ell<k_i)$ とすると，k_i の大きさの山が消えて大きさ ℓ の山が登場することになるから，これは k_i の山から $k_i-\ell$ 個の石を取り除いたことと同等である．最後に，2つ目のコインが表だったら，ある k_j $(k_j<k_i)$ を選んでそれも裏返すことになる．これは，二つの山を一度に取り去るということだが，k_i の山から k_i-k_j 個の石を取って大きさ k_j の山を2つ作り，その2つの山が消えたことと同等である．よって，このゲームで許された操作は，簡易化されたニムで許された操作と対応する．したがって，局面 $(k_1,\ldots,k_r)$ のグランディ数も $k_1 \overset{*}{+} \cdots \overset{*}{+} k_r$ で与えられる． □

定理の直前に例としてあげた局面 $(1,3,4,7)$ は，グランディ数が $1\overset{*}{+}3\overset{*}{+}4\overset{*}{+}7=1$ ですから先手必勝で，最善手としては，1 を裏返す，2,3 の 2 枚を裏返す，6,7 の 2 枚を裏返す，という 3 通りの手があります．さて，定理 4.1 の応用をもう 1 つ．

系 4.2 r 個のコインがすべて表を向いている局面が後手必勝形となるための条件は，$r=4t+3$ $(t\geq 0)$ の形であることである．

証明 $\sum^*$ で，普通の $\sum$ 記号の和をニム和で置き換えたものを表すことにする．

$$\sum_{k=1}^{r}{}^{*}k=0\iff r=4t+3\ (t\geq 0)$$

を示せばよい．$1\neq 0$, $1\overset{*}{+}2=3\neq 0$, $1\overset{*}{+}2\overset{*}{+}3=0$ だから $r\leq 3$ については正しい．$r=4t+3$ のときに，$1\overset{*}{+}2\overset{*}{+}\cdots\overset{*}{+}r=0$ が示されたとする．このとき，$r+1, r+2, r+3, r+4$ の 2 進展開を考えると，

$$r+1 = 4t+4 = \cdots\cdots 00$$
$$r+2 = 4(t+1)+1 = \cdots\cdots 01$$
$$r+3 = 4(t+1)+2 = \cdots\cdots 10$$
$$r+4 = 4(t+1)+3 = \cdots\cdots 11$$

(ただし，$\cdots\cdots$ の部分はみな同じ) の形をしており，$(r+1), (r+1) \overset{*}{+} (r+2), (r+1) \overset{*}{+} (r+2) \overset{*}{+} (r+3)$ はいずれも 0 ではなく，$(r+1) \overset{*}{+} (r+2) \overset{*}{+} (r+3) \overset{*}{+} (r+4) = 0$ である．したがって，$r \leq 4(t+1)+3$ のときにも，主張は正しい． $\square$

● 石を増やせるニム (ポーカーニム)

普通のニムでは，石の個数を減らす手しか許されていませんでした．今度は，自分が取った分の石を使って 1 つの山の石を増やすことも許したニムを考えます．山の数はいくつでも実質は変わりはないので，三山くずしだとしましょう．このゲームでは

$$(m, n, r) \longrightarrow (m+k, n, r) \longrightarrow (m, n, r)$$

のように，石を増やしたり減らしたりしてループができるので，第 2.3 節の有限性条件を満たさなくなり，有限回でゲームが終了しない心配があります．しかし，じつは，このゲームも普通のニムと思って戦えばよいのです．

今，自分の手番で，普通のニムとしての先手必勝局面だったとします．このときには，何も石を増やさなくとも相手に後手必勝局面 (= 相手の必敗局面) として手を渡してやることができます．相手は，普通のニムとして勝負したら勝てるはずはないので，石を増やしてみます．しかし，こちらは，相手が増やしたのと同じ数の石を取って元の局面に戻せるので，相手は必敗の局面から決して抜け出せません．石の数を増やすのに取った石を使ってもいつかは使い果たしてしまうので，最後には普通のニムとしての手を指すしかなくなりますから，必勝の側が正しい手を指し続ければゲームは有限ステップで終了します．

結局，このゲームも普通のニムと実質的には何も変わりありません．より一般に，

1 つのゲーム G で許されるいくつかの指し手 $\{P \to P'\}$ について，それ

らの指し手の逆の指し手 $\{P' \to P\}$ を G に付け加えたゲーム G' を考えても，G' は本質的に G と同等なゲームにしかならない

のです．

● シルバーダラー

第2章で，「マヤゲーム」とか「佐藤のゲーム」とよばれる難しいコインずらしゲームを紹介しましたが，少し規則を変えてやさしくしたものに，「シルバーダラー」とよばれるゲームがあります．シルバーダラーは，マヤゲームと同じく，下図のような右に延びた帯の上に何個かのコインを置き，そのコインを横滑りさせて遊ぶゲームです．

マヤゲームでは左にあるコインを飛び越すことが許されていましたが，これを禁止すると，ぐんと簡単になり，いわば，変装したニムとでもいうべきゲームになっています．その変装を見破れるでしょうか．

| 0 | 1 | 2 | 3 | ● | 6 | 7 | ● | 9 | ● | 11 | 12 | ● | … |

許される指し手は1個のコインだけを左に移動させることで，コインを飛び越してはいけないし，重ねてもいけません．手詰まりとなる終了局面は，コインが左詰めになった状態です．

定理 4.3 コインの位置を $0 \leq m_1 < m_2 < \cdots < m_r$ とする．この局面のグランディ数は

$$g(m_1, m_2, \ldots, m_r) = \begin{cases} (m_2 - m_1 - 1) \stackrel{*}{+} (m_4 - m_3 - 1) \\ \quad \stackrel{*}{+} \cdots \stackrel{*}{+} (m_r - m_{r-1} - 1) \quad (r \text{ が偶数のとき}) \\ m_1 \stackrel{*}{+} (m_3 - m_2 - 1) \stackrel{*}{+} (m_5 - m_4 - 1) \\ \quad \stackrel{*}{+} \cdots \stackrel{*}{+} (m_r - m_{r-1} - 1) \quad (r \text{ が奇数のとき}) \end{cases}$$

で与えられる．

要するに，コインの個数が偶数の場合は

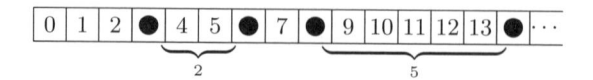

| 0 | 1 | 2 | ● | 4 | 5 | ● | 7 | ● | 9 | 10 | 11 | 12 | 13 | ● | … |

のように，コインの数が奇数の場合は

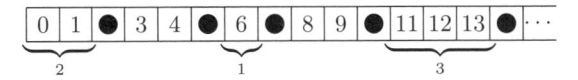

| 0 | 1 | ● | 3 | 4 | ● | 6 | ● | 8 | 9 | ● | 11 | 12 | 13 | ● | ⋯ |

のように，石に挟まれた間のマス目の数を数え，この数値をニムの各山の石の個数とみてゲームを行えばよいのです．このゲームでは，挟んだ石のうち左側を動かせばマス目の数は増えますが，右側の石を動かせばマス目の数を元に戻せますから，このゲームは石の間のマス目の数にだけ着目したときには，石を増やせるニムとまったく同じゲームとなります．

石の間のマス目の数にだけ着目して普通のニムと同じ戦略でゲームすると，

| ● | 1 | 2 | 3 | ● | ● | 6 | 7 | 8 | 9 | 10 | ● | ● | 13 | 14 | ⋯ |

のように，石の間を 0 にしてやることができます．これが後手必勝形になっているのは，明らかでしょう．先手が石の間を広げても，後手はそれを詰めて元通りにすれば良いからです．

● **ノースコットのゲーム**

このゲームは，チェス盤，将棋盤のようなボードを用いて遊びます．下図のように，各行に黒石と白石とを 1 個ずつ置いて始めます．

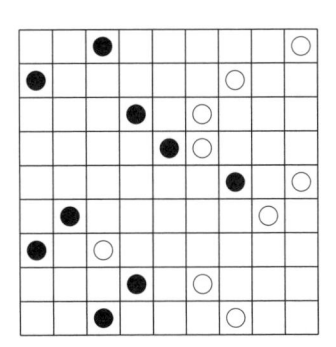

プレイヤー A は黒石だけを動かせ，B は白石だけを動かせるとします．石を動かすときには，同じ行の中で左右にスライドさせるのですが，相手の石を越えて動かすことはできません．すべての石が片側に追い詰められて動かせなく

なった方が負けとなります.このゲームも同じ石を右に動かしたり左に動かしたりすればループができますから,第 2.3 節の有限性条件を満たさないゲームです.また,プレイヤー A と B とでは動かせる石が違いますから,第 2.2 節の特徴 3 (対称性) も満たしていません.しかし,実質的には石を増やせるニムと同等なのです.

すなわち,行数を n とし,第 i 行目の黒石と白石の間にある空きマスの個数を m_i として,$(m_1,\ldots,m_n)$ に着目し,石の増やせるニムと同じ戦略をとることにします.すると,

のように,間に空きマスがない状態に到達します.これは,シルバーダラーの場合と同様に後手必勝局面です.実際,いま例えば黒の手番だとすると,黒石を左に動かすしかありませんが,次に白がすきまがなくなるように詰めてやれば,最後には

と黒が動けない最終局面に至ります.

このように,ノースコットのゲームでも,石を増やせるニムと同様にループが

生ずるのですが, 勝つはずのプレイヤーが正しく指していけば必ず終了するのです.

では, 最初の図に現れた局面を調べてみましょう. 石の間の空きマスの個数は, 上から順に 5, 5, 1, 0, 1, 5, 1, 1, 3 で, これらのニム和は 6 です. したがって, 先手としては, 空きマス 5 の行を 3 に詰めるのが最善手ということになります. 空きマス 3 の行を 5 に拡げる, または, 空きマス 1 の行を 7 に拡げるという手をとってもかまいませんが, 石と石の間を拡げる手は一般には勝負を長引かせることになります.

4.2　逆形のニム

次に, ニムの変形として逆形のニム, すなわち, 最後に相手に取らせた方が勝ちというルールの n 山くずしを調べましょう.

● 逆形のゲームに対するグランディ数

これまで研究してきた正規形のゲームの理論でポイントとなるのは, 必勝判定の基本原理 (補題 2.4) とグランディ数でした. 逆形ゲームに対するそれらの類似を考えてみましょう.

逆形と正規形との違いは, 終了局面が正規形のゲームでは後手必勝形ですが, 逆形のゲームでは先手必勝形となることです. このことに注意すると, 逆形ゲームでの必勝判定の基本原理は次のようになることが分かります.

補題 4.4 (逆形ゲームの必勝判定の基本原理)　局面の集合 $\mathcal{P}$ を直和 $\mathcal{P} = \mathcal{S} \cup \mathcal{G}$ ($\mathcal{S} \cap \mathcal{G} = \emptyset$) に分解し,
 (1)　$\mathcal{S} \supset \mathcal{E}$ ($\mathcal{E}$ は終了局面の全体),
 (2)　$P \in \mathcal{S} - \mathcal{E}$ ならば $P \to P'$ となる $P' \in \mathcal{G}$ が存在する,
 (3)　$P \in \mathcal{G}$ ならば $P \to P'$ となる $P' \in \mathcal{G}$ は存在しない,
の 3 条件が満たされるならば, $\mathcal{G}$ は逆形ゲームにおける後手必勝局面の全体, $\mathcal{S}$ は逆形ゲームにおける先手必勝局面の全体に一致する.

逆形のゲームに対する局面 P のグランディ数を $g^-(P)$ と書くことにし,

(1) 終了局面 $E \in \mathcal{E}$ については $g^-(E) = 1$.

(2) $P \in \mathcal{P}$ が終了局面でないときには, (正規形のゲームのときとまったく同様に) P から一手で移行できる後続局面の全体 $P'_1, \ldots, P'_s$ を考え,

$$g^-(P) = g^-(P'_1), \ldots, g^-(P'_s) \text{ のどれとも異なる最小の非負整数.}$$

として定義します.

このようにすると, グランディ数が 0 となる局面が後手必勝局面となることは, 正規形のゲームの場合 (定理 3.1) と同様に証明できます.

● 逆形のニムのグランディ数

山の数が少ない場合で逆形のニムを調べてみると,

逆形一山くずしのグランディ数

m	0	1	2	3	4	5	6	7	8	9	10
$g^-(m)$	1	0	2	3	4	5	6	7	8	9	10

逆形二山くずしのグランディ数

$m \backslash n$	0	1	2	3	4	5	6	7
0	1	0	2	3	4	5	6	7
1	0	1	3	2	5	4	7	6
2	2	3	0	1	6	7	4	5
3	3	2	1	0	7	6	5	4
4	4	5	6	7	0	1	2	3
5	5	4	7	6	1	0	3	2
6	6	7	4	5	2	3	0	1
7	7	6	5	4	3	2	1	0

のようになります.

正規形の場合とは, $m, n = 0, 1$ の場合が違っているだけです. このことは, 次の定理が示すように, 山の数が増えてもまったく同様であることが分かります.

定理 4.5 (逆形ニムのグランディ数)

$$g^-(m_1,\ldots,m_n) = \begin{cases} m_1 \stackrel{*}{+} \cdots \stackrel{*}{+} m_n \stackrel{*}{+} 1 & (m_1,\ldots,m_n \leq 1), \\ m_1 \stackrel{*}{+} \cdots \stackrel{*}{+} m_n & (\text{ある } i \text{ について } m_i \geq 2). \end{cases}$$

証明 定義より, $g^-(0,\ldots,0) = 1$ であり, この場合には正しい. $(\overbrace{1,\ldots,1}^{r},0,\ldots,0)$ から移行できる局面は $(\overbrace{1,\ldots,1}^{r-1},0,\ldots,0)$ だけであることに注意すれば,

$$g^-(\overbrace{1,\ldots,1}^{r},0,\ldots,0) = \begin{cases} 1 & (r \text{ が偶数のとき}), \\ 0 & (r \text{ が奇数のとき}) \end{cases}$$

であることが分かる. これは, 定理で与えられた式と一致する. 一般に石の総数が k 以下のときには, 定理が成り立つと仮定しよう. いま, $m_1 + m_2 + \cdots + m_n = k+1$ ($m_1 \geq m_2 \geq \cdots \geq m_n$) だとする. もし, $m_1, m_2 \geq 2$ だとすると, この局面から移行できる局面はすべて 2 以上の山を含むので, 正規形のニムの場合とまったく同様である. 次に, $m_1 \geq 2 > m_2 \geq \cdots \geq m_n$ だったとすると, $m_1 = 0, 1$ とすることで移行する局面のグランディ数は $0, 1$ であり, 通常のグランディ数の場合とは, $0, 1$ となる局面が入れ替わっているだけである. その他の場合には, 移行可能な局面のグランディ数は正規形のニムの場合と同じである. したがって, この場合にも定理は正しいことになる. □

逆形ニムの必勝法: 上の定理によれば, 各山に含まれる石の個数がすべて 1 になるまでは正規形のニムと同じ戦略で進め, すべての山の石の数が 1 になるところで, 正規形の場合とは逆の戦略をとればよい.

逆形のゲームは一般にきわめて難しく, ニムのように逆形の必勝戦略が明らかになっているゲームは多くありません. 逆形の理論の困難の一つは, 逆形のグランディ数を, ゲームの和定理 (定理 3.4) の類似が成り立つように定義できないことです. ここで与えた定義では, ゲーム $\mathcal{A}_1, \mathcal{A}_2$ の終了局面 E_1, E_2 に対して, (E_1, E_2) がゲームの和 $\mathcal{A}_1 + \mathcal{A}_2$ の終了局面になりますが,

$$g^-(E_1, E_2) = 1 \neq 0 = 1 \stackrel{*}{+} 1 = g^-(E_1) \stackrel{*}{+} g^-(E_2)$$

となりますから，ゲームの和定理が成立するはずがありません．

　今後は，もっぱら正規形のゲームを考えますが，最終章 (第 12 章) で逆形のゲームにもう一度立ち戻ります．

第 5 章
制限ニムとグランディ数列

5.1 制限ニムをさらに一般化する

これまで,制限ニムとして,山ごとに自然数 k が与えられていて,その山からは k 個以下の石しか取ってはいけないというルールを考えてきました.しかし,各山ごとに,石の取り方をもっと自由に定めてよいとすると,制限ニムはずっと一般化されます.例えば,三山くずしで,

- 第 1 の山からは,1 個,5 個,6 個の石を取ることができる
- 第 2 の山からは,2 個,3 個,5 個以外の個数の石を取ることができる
- 第 3 の山からは,山に含まれる石の数が n のとき,n より小さく,かつ,n と互いに素な個数の石を取ることができる

という制限を付けたゲームを考えることができます.

ゲームの和定理 (定理 3.4) によれば,このようなゲームも一山の場合が基本になります.制限一山くずしは,先手必勝か後手必勝かを判定するだけなら,ばかばかしいほど簡単な場合も多いのですが,上のように組み合わせたゲームを考えるためには,グランディ数を決定しておかなければなりません.グランディ数の決定は,一山くずしといえどもそれほど簡単なものではありません.

さて,S を自然数の集合とし,$G(S)$ で $s \in S$ のときにだけ s 個の石を取り除くことを許した制限一山くずしを表します.$S = \{s_1, s_2, \ldots, s_r\}$ と有限集合のときは,$G(s_1, s_2, \ldots, s_r)$ とも書きます.S に属す自然数のことを,このゲームの**除去可能数**とよびましょう.例えば,S がすべての正整数の集合ならば $G(S)$ は普通の一山くずし,また,$G(1, 2, \ldots, k)$ はすでに調べたタイプの制限一山くずしです.

山に含まれる石の数が n のときの $G(S)$ のグランディ数を $g_S(n)$ (どんな S を考えているかが明白なときは, 単に $g(n)$) と書きます. このゲームの研究では,

$$g_S(0), g_S(1), g_S(2), \ldots, g_S(n), \ldots$$

という数列 ($G(S)$ の**グランディ数列**という) を決定することが目標となります.

では, 新しい例を調べてみましょう.

● $G(2, 3)$

これは, 2 個, または 3 個の石を取ることができる一山くずしです. 1 個しか石がない山からは取れませんから, 0 個のときだけでなく 1 個のときも終了局面です. グランディ数列は $g(0) = 0$, $g(1) = 0$ から始めて, $g(n) = \mathrm{mex}\{g(n-2), g(n-3)\}$ によって順次計算されます.

n	0	1	2	3	4	5	6	7	8	9	10
$g(n)$	0	0	1	1	2	0	0	1	1	2	0

やってみると, 上の表のように, 00112 が繰り返す形になることが見えてきます. すべての n について, そうなっていることは後で確かめることにしましょう.

このグランディ数列を表よりもコンパクトに記述するために,

$$0.011200112\ldots$$

のように, または, 循環小数の記号法を流用して,

$$0.0 1 1 \dot{2}$$

（※ $0.0\dot{0}11\dot{2}$）

のように書くことにします. 整数部分の 0 は $g(0) = 0$ を表し, 小数第 n 位の数字が $g(n)$ を表すというわけです.

除去可能数の集合 S が与えられたとき, グランディ数 $g(n)$ について一般的に言えることは多くはありませんが, 次のような結果があります.

5.1 制限ニムをさらに一般化する

定理 5.1 (ファーガソンの定理)　ゲーム $G(s_1, s_2, \ldots)$ において, s_1 が最小の除去可能数だとすると,

$$g(n) = 1 \iff g(n - s_1) = 0$$

が成り立つ.

証明　背理法で証明する. 定理が成り立たないとしよう. このとき,

(1) $\qquad\qquad\qquad g(n) = 1$ だが $g(n - s_1) \neq 0$

となる n か, または,

(2) $\qquad\qquad\qquad g(n) \neq 1$ だが $g(n - s_1) = 0$

となる n が存在しなければならない. n をそのような自然数のうちで最小のものとする. (1) の場合には, $g(n - s_1 - s_i) = 0$ となる s_i が存在するが, このときには n の最小性により, $g(n - s_i) = 1$ となる. これは $g(n) = 1$ と矛盾する. (2) の場合には, $g(n - s_i) = 1$ となる s_i が存在する. このとき n の最小性により $g(n - s_i - s_1) = g(n - s_1 - s_i) = 0$ である. これは $g(n - s_1) = 0$ に矛盾する. □

この定理は, グランディ数 $g(n)$ を決めていくのに意外に役立ちます. $G(2, 4, 7)$ で具体的に説明しましょう.

● $G(2, 4, 7)$

まず, 第 1 行目に 0 と除去可能数 2, 4, 7 を左から右に大きさの順に並べます.

$$0 \quad 2 \quad 4 \quad 7$$

第 2 行目の左端には 0, 2, 4, 7 以外で最小の 1 を記入します. 後は, 順に除去可能数 2, 4, 7 を 1 に加えて

$$0 \quad 2 \quad 4 \quad 7$$
$$1 \quad 3 \quad 5 \quad 8$$

とします. 第 3 行目の左端は, これまでに登場しない数で最小のものを記入, そして, 第 2 行目と同様に順に除去可能数 2, 4, 7 を加えたものを並べます. 第 4 行目以下も同様です. すると,

0	2	4	7
1	3	5	<u>8</u>
6	8	10	<u>13</u>
9	11	13	<u>16</u>
12	14	16	<u>19</u>
15	17	19	<u>22</u>
18	20	22	<u>25</u>

……

ここで，じつは下の定理 5.2 が示すように，第 1 列 (一番左側の縦列) に現れる数が $g(n) = 0$ となる n，第 2 列に現れる数が $g(n) = 1$ となる n であることがファーガソンの定理から証明できます．

第 4 列には他の列と共通する数 (下線を付けた数) もありますから，属している列だけでグランディ数がただちに決まるわけではありませんが，グランディ数列が以下のようになることはすぐに分かります．

$$g(n): 0.011220310210210\overline{21}...$$

これから，$n \leq 7$ を例外として，$n \geq 8$ では 1, 0, 2 が繰り返すことが見てとれます．おそらく，$0.01122031\dot{0}\dot{2}$ と考えられます．

ゲーム $G(2,3)$ や $G(2,4,7)$ のように，(小さい n に対する例外を除いて) グランディ数の繰り返しが起こるとき，**周期をもつ**，**周期的である**などといい，繰り返し部分の長さを**周期**といいます．$G(2,3)$ は周期 5 で，$G(2,4,7)$ では周期 3 です．$G(2,3)$ の場合のように，$n = 0$ から繰り返しが始まるときには，とくに**純周期的である**といいます．

定理 5.2 $S = \{s_1, \ldots, s_r\}$ $(1 \leq s_1 < \cdots < s_r)$ のとき，a_{ij} $(0 \leq i, 0 \leq j \leq r)$ を

$$a_{00} = 0, \ a_{01} = s_1, \ldots, \ a_{0r} = s_r,$$

$k \geq 1$ に対し，

$$a_{k0} = \mathrm{mex}\, \{a_{ij} \mid 0 \leq i \leq k-1, \ 0 \leq j \leq r\},$$

$$a_{k1} = a_{k0} + s_1, \ldots, a_{kr} = a_{k0} + s_r$$

と定める. このとき, $j = 0, 1$ に対し, $g(n) = j$ となる n の集合は

$$\{a_{ij} \mid i \geq 0\}$$

と一致する.

証明 まず, すべての非負整数は $\{a_{ij}\}$ に現れることに注意しておこう. 実際, mex による a_{k0} の定義により, どの正整数 n も第 n 行までには必ず現れる. さて, $g(a_{i0}) = 0$ が成り立てば, ファーガソンの定理 (定理 5.1) により, $g(a_{i1}) = g(a_{i0} + s_1) = 1$ である. また, $j \geq 2$ について, $a_{ij} = a_{i0} + s_j \to a_{i0}$ だから, $g(a_{ij}) \geq 1$ である. したがって, すべての $i \geq 0$ について $g(a_{i0}) = 0$ であることを示せば, $\{a_{i0} \mid i \geq 0\}$ が $g(n) = 0$ となる n の全体であることが分かる. また, このときファーガソンの定理より, $\{a_{i1} \mid i \geq 0\}$ が $g(n) = 1$ となる n の全体であることも従う.

では, $g(a_{k0}) = 0$ を k に関する数学的帰納法で示そう. $k = 0$ については, $g(a_{00}) = g(0) = 0$ は明らかである. $k \geq 1$ として, $i < k$ ならば $g(a_{i0}) = 0$ だったとする. a_{k0} から移行できる $a_{k0} - s_j$ は

$$\{a_{ij} \mid 0 \leq i < k, \ 0 \leq j \leq r\}$$

に含まれているが, もし $g(a_{k0} - s_j) = 0$ だとすると, 帰納法の仮定により, ある $i \ (< k)$ に対して $a_{k0} - s_j = a_{i0}$ となる. これは $a_{k0} = a_{i0} + s_j = a_{ij}$ を意味するから, a_{k0} の mex による定義と矛盾する. よって, $g(a_{k0} - s_j) \neq 0 \ (j = 1, \ldots, r)$ となるから, $g(a_{k0}) = 0$ である. □

ファーガソンの定理を用いた計算例を付け加えておきましょう.

● $G(1,5,6)$ と $G(2,5,6)$

$G(1,5,6)$					$G(2,5,6)$			
$g=0$	1	3	2		$g=0$	1	2	3
0	1	5	6		0	2	5	6
2	3	7	8		1	3	6	7
4	5	9	10		4	6	9	10
11	12	16	17		8	10	13	14
13	14	18	19		11	13	16	17
15	16	20	21		12	14	17	18
22	23	27	28		15	17	20	21
24	25	29	30		19	21	24	25
26	27	31	32		22	24	27	28
33	34	38	39		23	25	28	29
$\dot{0}.1010123232\dot{}$					$\dot{0}.0110213021\dot{}$			

この 2 つの例はいずれも純周期的で, 周期は 11 と予想されます. 上の計算図式で, 下線を付けた数はすでに $g=1$ の第 2 列に登場している数です. そして, 第 3 列, 第 4 列のみに現れてくる数のグランディ数は, $G(1,5,6)$ では第 3 列が 3, 第 4 列が 2, $G(2,5,6)$ では第 3 列が 2, 第 4 列が 3 となり, 入れ替わっています. これは, 第 3 列以降に現れる数のグランディ数について一般的な主張をすることの難しさを示しています.

5.2 グランディ数の周期性

上にあげた例では, (少なくとも計算した範囲内では) グランディ数に周期性が現れていました. じつは, 除去可能数の集合が有限集合ならば, グランディ数の周期性が必ず成り立ちます.

定理 5.3 除去可能数の集合 $S = \{s_1, s_2, \ldots, s_r\}$ が有限集合のゲーム $G(s_1, s_2, \ldots, s_r)$ のグランディ数は周期的である.

証明 $s_1 < s_2 < \cdots < s_r$ だとしてよい. $g(n) = \mathrm{mex}\{g(n-s_1), g(n-s_2), \ldots, g(n-s_r)\}$ である. $0, 1, \ldots, r$ のうちには, $g(n-s_1), g(n-s_2), \ldots, g(n-$

s_r) と一致しない数が必ずあるから, すべての $n \geq 0$ について $g(n) \leq r$ である. ここで連続した s_r 個のグランディ数の組

$$(g(0), g(1), \ldots, g(s_r - 1)),$$
$$(g(1), g(2), \ldots, g(s_r)),$$
$$(g(2), g(3), \ldots, g(s_r + 1)),$$
$$\cdots \cdots$$

を考える. これらはどれも, 0 から r までの整数の s_r 個の組だから, 高々 $(r+1)^{s_r}$ 通りの可能性しかない. したがって, $0 \leq a < a + p \leq (r+1)^{s_r}$ を満たす a, p をうまく選ぶと,

$$(g(a), g(a+1), \ldots, g(a + s_r - 1))$$
$$= (g(a+p), g(a+p+1), \ldots, g(a+p+s_r-1))$$

が成り立つ. これを成分ごとの等式に書き換えると

$$g(n) = g(n+p) \quad (a \leq n \leq a + s_r - 1)$$

となる. これから, すべての $n \geq a$ に対して $g(n+p) = g(n)$ が成り立つことを数学的帰納法によって導こう. $n \geq a + s_r$ としてよい. このとき,

$$g(n+p) = \text{mex}\{g(n-s_1+p), g(n-s_2+p), \ldots, g(n-s_r+p)\}$$
$$= \text{mex}\{g(n-s_1), g(n-s_2), \ldots, g(n-s_r)\}$$
$$= g(n)$$

となる. ここで, 2つ目の等号は, 帰納法の仮定から従う. 実際, $n > n - s_i \geq a$ ($i = 1, \ldots, r$) だから帰納法の仮定が適用でき, $g(n-s_i+p) = g(n-s_i)$ となるからである. □

この定理の証明の後半の議論を, 次の定理にまとめておきましょう. 除去可能数の集合が具体的に与えられたとき, そのグランディ数の周期性を証明する手段を与えてくれるからです. 第5.1節で調べた $G(2,3)$, $G(2,4,7)$, $G(1,5,6)$, $G(2,5,6)$ がそこで計算されている範囲を越えて本当に, それぞれ, 周期 5, 3, 11, 11 の周期性を持っていることは, この定理によって確認することができます.

定理 5.4 除去可能数のうち最大のものを s としたとき，$a \geq 0$, $p \geq 1$ があって

$$g(n) = g(n+p) \quad (a \leq n \leq a+s-1)$$

が成り立てば，$n \geq a$ となるすべての自然数について $g(n) = g(n+p)$ が成り立つ．

S が有限集合のとき，$G(S)$ のグランディ数列，周期の長さ，純周期的かどうかなどが，S を見ただけですぐにわかるような方法はまだ発見されていないようです．いろいろと調べてみると，まだまだ面白い性質が見つかるのではないかと思います．

5.3 グランディ数を変えずに除去可能数を増やす

すでに見たように，$G(2,3)$ のグランディ数は周期 5 で純周期的でした．少し試してみるとわかるのですが，$S = \{2,3\}$ に $7, 8, 12, 13$ などを付け加えても，グランディ数はまったく変わりません．このような現象は，次の補題によって説明できます．

補題 5.5 S を除去可能数の集合とするゲーム $G(S)$ のグランディ数を $g(n)$ で表す．S に属さない正整数 t が

$$g(n) \neq g(n+t) \ (n \geq 0)$$

を満たすとき，t も除去可能としたゲーム $G(S \cup \{t\})$ のグランディ数も $g(n)$ で与えられる．

証明 $G(S \cup \{t\})$ のグランディ数を $g'(n)$ とする．$g'(n) = g(n)$ を n に関する数学的帰納法で示そう．$0 \leq n < t$ のとき，n 個から t 個取ることはできないから，t を除去可能とした意味はなく，$g'(n) = g(n)$ である．$n \geq t$ だとする．このとき，帰納法の仮定により

$$\begin{aligned} g'(n) &= \mathrm{mex}\,\{g(n-s), g(n-t) \mid s \in S,\ n \geq s\} \\ &\geq \mathrm{mex}\,\{g(n-s) \mid s \in S,\ n \geq s\} = g(n) \end{aligned}$$

であるが, 仮定より, $g(n-t) \neq g(n)$ であるから, $g'(n) = g(n)$ でなければならない (補題 3.2 も参照のこと). □

この補題からもっと使いやすい次の結果が得られます.

系 5.6 ゲーム $G(S)$ が, 始めの $0, 1, \ldots, a$ を例外として, 周期 p の周期性を持っているとする. このとき,

(i) 正整数 k と $s \in S$ について

$$g(n+s+pk) \neq g(n) \quad (0 \leq n \leq a)$$

が成り立つならば, S に $s+pk$ を付け加えても, グランディ数列は変わらない.

(ii) 特に, 周期が p で純周期的であるならば, S に $s+pk$ ($s \in S, k \geq 1$) を付け加えても, グランディ数列は変わらない.

系 5.6 を応用してみましょう.

2 べきニム: 制限ニム $G(1,2)$ を考えます. このとき, グランディ数列は周期 3 の純周期性をもちました. したがって, 系 5.6 の (ii) によれば, $S = \{1, 2\}$ に 3 で割り切れない数を付け加えてもグランディ数列は変化しません. 例えば, $S = \{2^k \mid k = 0, 1, 2, \ldots\}$ とすると, 取ってよい石の個数は 2 のべきに限るというゲーム $G(1, 2, 4, 8, \ldots)$ になりますが, グランディ数は $G(1,2)$ の場合と同じく, $g(n) = n \pmod{3}$ となります.

素数ニム: $G(1, 2, 3)$ は周期 4 の純周期性をもつので, $S = \{1, 2, 3\}$ に 4 で割り切れない数を付け加えてもグランディ数列は変化しません. 素数は 4 では割り切れませんから, 取ってよい石の個数は 1 か素数に限るというゲーム (素数ニム) のグランディ数は $G(1, 2, 3)$ と同じ $g(n) = n \pmod{4}$ となります.

5.4 加法的周期性

S が無限集合の場合は, 上で挙げた $S = \{2^k \mid k = 0, 1, 2, \ldots\}$ のようにグランディ数列が周期性を持つ場合もありますが, 一般には周期性は期待できません. 例えば, S がすべての正整数の集合, すなわち, 制限なし一山くずしでは,

$g(n) = n$ でしたから, 周期性はもちません.

S が無限集合となる簡単な例として, $S = \{k, k+1, k+2, \ldots\}$, $S = \{1, \ldots, k-1, k+1, k+2, \ldots\}$ の場合を調べてみましょう. 少し計算してみると, グランディ数列は次のようになると予想できます.

$S = \{k, k+1, k+2, \ldots\}$:

$$\underbrace{0 0 \ldots 0}_{k} \underbrace{1 1 \ldots 1}_{k} \underbrace{2 2 \ldots 2}_{k} \underbrace{3 3 \ldots 3}_{k} \ldots$$

$S = \{1, \ldots, k-1, k+1, k+2, \ldots\}$:

$$\underbrace{0 . 1 2 \ldots k-1}_{k} \underbrace{0 1 2 \ldots 2k-1}_{2k} \underbrace{k \; k+1 \ldots 3k-1}_{2k} \ldots$$

このような規則性は**加法的周期性**とよばれ, S が無限集合の場合にしばしばみられるものです.

定義 (加法的周期性) グランディ数列 $g(n)$ $(n = 0, 1, 2, \ldots)$ は, ある $a \geq 0$, $p, q > 0$ があって

$$g(n+p) = g(n) + q \quad (n \geq a)$$

を満たすとき, 周期 p, 増分 q の**加法的周期性**をもつという.

上の第 1 の例では周期 k, 増分 1, 第 2 の例では周期 $2k$, 増分 k です. 制限のない普通の一山くずしも, 周期 1, 増分 1 の加法的周期性をもつということができます. このような例の場合に, 小さい n に対する計算から, すべての n に対して加法的周期性が成立することを確かめるには, 次の定理が使えます.

定理 5.7 正整数の有限集合 $T = \{t_1, t_2, \ldots, t_r\}$ に対し, $S = \{s \mid s \geq 1, s \notin T\}$ とおき, 制限一山くずし $G(S)$ を考える. また, $t = \max\{t_1, t_2, \ldots, t_r\}$ とする. このとき, 整数 $a \geq 0$, $p, q > 0$ があって, $G(S)$ のグランディ数列について,

$$g(n+p) = g(n) + q \quad (a \leq n \leq a + 2t)$$

が成り立つならば, すべての $n \geq a$ について加法的周期性

$$g(n+p) = g(n) + q$$

が成り立つ.

この定理の証明のために, 補題を 1 つ用意しておく必要があります.

補題 5.8 記号は定理 5.7 と同じとする. このとき,

$$\begin{cases} g(n+i) \geq g(n) & (i \geq t) \\ g(n+i) > g(n) & (i > t) \end{cases}$$

が成り立つ.

証明 $i \geq t$ とし,

$$M = \{g(n+i-j) \mid 1 \leq j \leq n+i,\ j \notin T\},$$
$$M' = \{g(n-j) \mid 1 \leq j \leq n,\ j \notin T\}$$

とおく. このとき, $g(n+i) = \mathrm{mex}(M)$, $g(n) = \mathrm{mex}(M')$ である. ここで, $n-j = (n+i)-(i+j)$ で $i+j > t$ だから $i+j \notin T$ となる. よって, $M \supset M'$ であり, 補題 3.2 により, $g(n+i) \geq g(n)$ を得る. また, $i > t$ ならば, $i \notin T$ だから, $n = (n+i) - i$ から $g(n) \in M$ が従う. したがって, $g(n+i) \neq g(n)$ である. □

定理 5.7 の証明 $n > a + 2t$ として, $a \leq k < n$ となるすべての k について $g(k+p) = g(k) + q$ が成り立っているとする. このとき,

$$\begin{aligned}
g(n+p) &= \mathrm{mex}\{g(n+p-s) \mid 1 \leq s \leq n+p,\ s \notin T\} \\
&= \mathrm{mex}[\{g(n+p-s) \mid 1 \leq s \leq n-a,\ s \notin T\} \\
&\qquad \cup \{g(0), g(1), \ldots, g(a+p-1)\}] \\
&= \mathrm{mex}[\{g(n-s) + q \mid 1 \leq s \leq n-a,\ s \notin T\} \\
&\qquad \cup \{g(0), g(1), \ldots, g(a+p-1)\}]
\end{aligned}$$

が成り立つ. ここで, 第 2 の等号では $s \geq n-a$ のとき, $s \notin T$ であることを, 第 3 の等号では帰納法の仮定を用いている. 一方,

$$\begin{aligned}
g(n) + q &= \mathrm{mex}\{g(n-s) \mid 1 \leq s \leq n,\ s \notin T\} + q \\
&= \mathrm{mex}[\{g(n-s) + q \mid 1 \leq s \leq n,\ s \notin T\} \cup \{0, 1, \ldots, q-1\}]
\end{aligned}$$

である. ここで,
$$M = \{g(n-s) + q \mid 1 \leq s \leq n-a,\ s \notin T\} \cup \{g(0), g(1), \ldots, g(a+p-1)\},$$
$$M' = \{g(n-s) + q \mid 1 \leq s \leq n,\ s \notin T\} \cup \{0, 1, \ldots, q-1\}$$
とおこう. $M = M'$ が示されればよい. まず, $n - (t+1) \geq a + (t-1) \geq a$ だから, 補題 5.8 と帰納法の仮定により,
$$g(n+p) > g(n+p-(t+1)) = g(n-t-1) + q \tag{5.1}$$
となる. したがって, $\{0, 1, \ldots, q-1\} \subset M$ である. また, $0 \leq i \leq a-1$ のとき, $(n-t-1) - i > a + t - 1 - (a-1) = t$ だから, 再び, 補題 5.8 により, $g(i) + q < g(n-t-1) + q$ である. よって, (5.1) により,
$$\{g(n-s) + q \mid n-a+1 \leq s \leq n\}$$
$$= \{g(0) + q, g(1) + q, \ldots, g(a-1) + q)\} \subset M$$
である. したがって, $M' \subset M$ が示された. 次に, $0 \leq i \leq a+p-1$ に対して, 補題 5.8 により,
$$g(i) \leq g(a+t-1+p) = g(a+t-1) + q < g(n) + q$$
となるから,
$$\{g(0), g(1), \ldots, g(a+p-1)\} \subset M'$$
である. よって, $M \subset M'$ である. □

$T = \{1, 2, \ldots, k-1\}$, $S = \{k, k+1, k+2, \ldots\}$ の場合は $a = 0, p = k, q = 1$, $t = k-1$ として, また $T = \{k\}$, $S = \{1, \ldots, k-1, k+1, k+2, \ldots\}$ の場合は $a = k, p = 2k, q = k, t = k$ として定理を適用することができます.

次は, $T = \{2, 3, 5\}$, $S = \{s \mid s \geq 1,\ s \notin T\}$ の場合の $G(S)$ のグランディ数列です.

n	0	1	2	3	4	5	6	7	8	9	10	11	12	13	14	15	16	17
g	0	1	0	1	2	0	1	2	3	2	3	4	5	3	4	5	4	5
n	18	19	20	21	22	23	24	25	26	27	28							
g	6	7	6	7	8	6	7	8	9	8	9							

$a = 0, p = 18, q = 6, t = 5$ として定理を適用できますから，このゲームは周期 18，増分 6 の加法的周期性をもつことが分かります．

定理 5.7 で考察したタイプの制限ニム，すなわち，正整数の有限集合 T に対し，$S = \{s \mid s \geq 1, s \notin T\}$ として定まる制限一山くずし $G(S)$ は，つねに加法的周期性をもつことを示すことができます．これは Angela Siegel の修士論文 [31] の結果です．[1] にも紹介がありますが，他書を参照しなくてもすむように，証明を与えておきます．

定理 5.9 正整数の有限集合 $T = \{t_1, t_2, \ldots, t_r\}$ に対し，$S = \{s \mid s \geq 1, s \notin T\}$ とおく．このとき，制限一山くずし $G(S)$ は加法的周期性をもつ．

証明 $t = \max\{t_1, t_2, \ldots, t_r\}$ とおく．定理 5.7 により，
$$g(n+p) = g(n) + q \quad (a \leq n \leq a + 2t)$$
が成り立つような整数 $a \geq 0, p, q > 0$ が存在することを示せばよい．そのためには，不等式
$$r - t \leq g(n+1) - g(n) \leq t - r + 1 \tag{5.2}$$
が成り立つことを示せば十分である．実際，もしこの不等式が成立したとすると，$2t$ 個の数の組
$$(g(n+1) - g(n), g(n+2) - g(n+1), \ldots, g(n+2t) - g(n+2t-1))$$
は，高々 $(2t - 2r + 1)^{2t}$ 通りしかない．したがって，n, p を適当に選べば，
$$(g(n+1) - g(n), g(n+2) - g(n+1), \ldots, g(n+2t) - g(n+2t-1))$$
$$= (g(n+p+1) - g(n+p), g(n+p+2) - g(n+p+1),$$
$$\ldots, g(n+p+2t) - g(n+p+2t-1))$$
となる．この等式を成分ごとに比較すると，
$$g(n+p) - g(n) = g(n+p+1) - g(n+1),$$
$$g(n+1+p) - g(n+1) = g(n+2+p) - g(n+2),$$

$$\vdots$$
$$g(n+2t-1+p) - g(n+2t-1) = g(n+2t+p) - g(n+2t)$$

となる．したがって，これらすべての共通の値を q とおけばよい．ここで，補題 5.8 より，$q = 0$ ではありえないので，周期的ではなく，加法的周期的である．

では，不等式 5.2 を証明しよう．

$$M = \{g(n-j) \mid 1 \leq j \leq n,\ j \notin T\}$$

とおくと，$g(n) = \mathrm{mex}(M)$ である．ここで，$M \supset \{0, 1, \ldots, g(n) - 1\}$ である．$\{g(n-t), g(n-t+1), \ldots, g(n-1)\}$ のうち，M に含まれるものは $t - r$ 個である．したがって，$\{g(0), g(1), \ldots, g(n-t-1)\}$ の中に，$g(n) - (t-r) - 1$ 以上のものが存在する．すなわち，ある x $(0 \leq x \leq n-t-1)$ で $g(x) \geq g(n) - (t-r) - 1$ となるものがある．$0 \leq y \leq x$ ならば，$n + 1 \to y$ となるから，$g(x) < g(n+1)$ である．よって，$g(n+1) > g(n) - (t-r) - 1$，すなわち，$r - t \leq g(n+1) - g(n)$ が得られた．次に，同様の議論によって，ある x' $(0 \leq x' \leq n-t-2)$ で $g(x) \geq g(n) - (t-r) - 2$ となるものがある．$0 \leq y \leq x'$ ならば，$n - 1 \to y$ となるから，$g(x') < g(n-1)$ である．よって，$g(n-1) > g(n) - (t-r) - 2$，すなわち，$t - r + 1 \geq g(n) - g(n-1)$ が得られた．これで，定理の証明が完結した． □

5.5 周期性をもたない制限ニム

周期性も加法的周期性ももたない制限ニムもあります．

定理 5.10 (1) 除去可能数の集合 S が，任意の正整数 n に対して n の倍数を含むならば，制限ニム $G(S)$ のグランディ数列は周期性をもたない．

(2) 除去可能数の集合 S は無限集合とし，S に属す正整数を $0 < s_1 < s_2 < \cdots < s_i < \cdots$ とするとき，$s_{i+1} - s_i$ $(i = 1, 2, \ldots)$ が狭義単調増加数列ならば，制限ニム $G(S)$ において，先手必勝形も後手必勝形も無限にある．とくに，$G(S)$ のグランディ数列は加法的周期性をもたない．

証明 (1) p が $G(S)$ の周期だとすると, p の倍数は除去可能数にはなりえない. 実際, もし, 正整数 m に対して $pm \in S$ だとすると, $n + pm \to n$ であるが, これは周期性 $g(n+pm) = g(n)$ と矛盾するからである. よって, 仮定から, いかなる正整数も $G(S)$ の周期にはなりえない.

(2) $s \in S$ のとき, $s \to 0$ だから, $g(s) \neq 0$ であり, s は先手必勝形である. よって, S は無限集合だから, 先手必勝形も無限個存在する. 次に, 後手必勝形が有限個しかなかったと仮定して矛盾を導こう. $n_0 = 0 < n_1 < \ldots < n_r$ を後手必勝形の全体とする. $s_{i+1} - s_i$ は狭義単調増加だから, すべての $i > i_0$ に対して

$$s_{i+1} - s_i > n_r + 1 \tag{5.3}$$

となるような i_0 が存在する. さて, n_r が最大の後手必勝形なので, n_r より大きい m はすべて先手必勝形であり, ある i に対して $m \to n_i$ と後手必勝形に移行する手が可能である. すなわち, $m - n_i \in S$ となる. また, $m + 1 - n_j \in S$ となる j も存在する. $s_k = m - n_i, s_l = m + 1 - n_j$ とおくと,

$$|s_k - s_l| = |n_j - n_i - 1| \leq |n_i - n_j| + 1 \leq n_r + 1$$

である. 一方, m を $m > s_{i_0} + n_r$ となるように十分大きくとっておくと, $s_k, s_l > s_{i_0}$ だから, $k, l > i_0$ であり, (5.3) により

$$|s_k - s_l| > n_r + 1$$

となる. これは矛盾である. グランディ数列が加法的周期性をもてば, 十分大きい n に対して $g(n) \neq 0$ であり, 後手必勝形は有限個しかありえない. したがって, 後手必勝形が無限個存在する $G(S)$ は加法の周期性をもたない. □

$S = \{s_i \mid i = 1, 2, \ldots\}$ において, $s_i = i^2, (i+1)i/2, i!$ などとすると, いずれの場合も定理 5.10 の (1), (2) がともに適用できますから, 周期性も加法的周期性ももたない制限ニムとなります.

これまで考えてきた制限ニムでは, 除去可能数は山に含まれる石の個数 n と無関係に定まっていました. 取れる石の個数が n に応じて変わってしまうようなゲームは, 一般にはさらに複雑です. ここでは, そのようなゲームのうち, 初等整数論に関係するちょっと面白いものを紹介しましょう.

● コプリム

一山くずしで, n 個の石の山から n' 個の石を取れるのは $n > n'$ で n, n' が互いに素な場合に限るとしたゲームを**コプリム**[1]とよびます. このルールによると, 1 個の石の山から石を取ることはできませんから, 1 も終了局面です. さて, グランディ数列を $g(n)$ を n が小さい順に計算していくと, 次の表のようになります.

n	0	1	2	3	4	5	6	7	8	9	10	$\cdots$
$g(n)$	0	0	1	2	1	3	1	4	1	2	1	$\cdots$

この表の意味を見抜くのはちょっと難しいですが, じつは, 次のようになっています.

定理 5.11 素数を $2, 3, 5, 7, 11, \ldots$ と小さい順に並べたとき, k 番目に現れる素数を p_k とする (例えば, $p_1 = 2, p_2 = 3, p_3 = 5, p_4 = 7, p_5 = 11$ である). このとき, コプリムのグランディ数は, n を割り切る最小の素数が p_i のとき,

$$g(n) = i$$

で与えられる.

証明 数学的帰納法で証明する. 上の表の範囲で定理が正しいことは, 簡単に確かめられる. n を割り切る素数を $p_{i_1}, p_{i_2}, \ldots, p_{i_r}$ ($i_1 < i_2 < \cdots < i_r$) とする. n を n' に減らすことができるとする. n と n' は互いに素である. n' を割り切る最小の素数を $p_{i'}$ とすると, 帰納法の仮定より $g(n') = i'$, かつ, $p_{i'}$ は n を割り切らないから $g(n') \neq i_1, \ldots, i_r$ である. 一方, $1 \leq j < i_1$ のとき, $p_j < p_{i_1}$ で $n - p_j$ と n とは互いに素だから, $n \to p_j$ とでき, $g(p_j) = j$ である. また, n と $n - 1$ は互いに素だから, $n \to 1$ とでき, $g(1) = 0$ である. したがって, $g(n) = \text{mex}\{g(n') | n \to n'\} = i_1$ となる. □

以上の研究の結果を総合し, ゲームの和定理を利用すると, 冒頭に述べたややこしい制限を加えた三山くずしもすっかり解明されていることが分かるでしょう.

---

[1] 互いに素 (コプライム "coprime") のニムというつもり.

第 6 章

山の分割を許すニム

6.1 分割型制限ニム

この章では,制限ニムに,さらに,

- 1つの山から石を取り除いた後,残りを複数の小さな山に分割することもできる

というタイプのルールを付け加えたゲームを研究します.例えば,除去可能数が 1, 2 の制限ニム $G(1,2)$ に,山の 2 分割を許したゲームは

ケイルズ:石は 1 個か 2 個を必ず取り除かなくてはいけない,また,石を取った後の山を 2 分割できる (分割しなくてもよい)

として知られています.他にも,

ラスカーのニム:これは,普通のニムに 1 つの山を石を取らずに 2 つの山に分割する手を付け加えたゲーム.1 つの山から好きなだけ石を取るという手の他に,たとえば,

$$(5, 8, 7) \longrightarrow (5, 8, 4, 3) \cdots 山 7 を 山 4 と 山 3 に分割$$

のような指し手が可能となる.

52:このゲームで許された指し手は,

- 石 1 個の山からは石を取り去ってよい,
- 石を 1 個取って,その山を 2 山に分ける (分けなければいけない),
- 石を 3 個以上含む山からは,石を 2 個取ってよい,

の 3 種類. (このゲームがなぜ ·**52** という名前を持っているのかは, すぐ後で説明します.)

などもあります. このようなゲームを総称して**分割型制限ニム**とよぶことにしましょう.

分割型制限ニムにもゲームの和定理 (定理 3.4) が適用できますから, n 個の石を含む 1 山の場合のグランディ数 $g(n)$ が分かれば, 山の石の数が $(n_1, \ldots, n_r)$ の局面のグランディ数は

$$g(n_1, \ldots, n_r) = g(n_1) \overset{*}{+} \cdots \overset{*}{+} g(n_r)$$

で与えられることになります. この種のゲームでは, 山の数は増えたり減ったりしますが, それでも制限ニムの場合と同じく, 1 山の場合のグランディ数列

$$g(0), g(1), \ldots, g(n), \ldots$$

さえ決定できればよいのです.

6.2 分割型制限ニムのコードネーム

はじめに ·**52** のようなゲームの名前 (コードネームとよぶことにします) のつけ方を説明しておきましょう. 以下では, 自然数 m を 2 べきの和に分けたとき, 2^ℓ が現れるならば, 「m は 2^ℓ を含む」といい, $m \supset 2^\ell$ と表すことにします. すなわち, m の 2 進整数表示の 2^ℓ に対応する桁が 1 のとき, $m \supset 2^\ell$ となります.

さて, 非負整数 $\mathbf{a}_0, \mathbf{a}_1, \ldots \geq 0$ によって

$$\mathbf{a}_0 \cdot \mathbf{a}_1 \mathbf{a}_2 \mathbf{a}_3 \mathbf{a}_4 \ldots$$

と表わされるコードネームを持つゲームは, 次のルールで定まる分割型制限ニムのことです.

- $\mathbf{a}_k \supset 2^\ell$ のとき, 1 つの山から k 個の石を取って, 残りを ℓ 個の小さい山に分割することができる.

とくに,

- $\mathbf{a}_k = 0$ のときは，山から k 個の石を取ることはできない．

記号が似ているので，コードネームとグランディ数列を混同しないように注意してください．間違えにくいように，コードネームは太文字で書くことにしました．

例 6.1 石を 1 つも取らず，ただ山を 2 分割するだけのゲームを考えましょう．このゲームは，0 個の石を取って 2 つの山に分けるのですから，$\mathbf{a}_0 = 2^2 = 4$，$\mathbf{a}_k = 0$ $(k \geq 1)$ となり，$\mathbf{4}\cdot$ というコードネームを持ちます．ここで，$k \geq 1$ に対する 0 は省略しています．

例 6.2 例としてあげたゲーム $\cdot\mathbf{52}$ では，$\mathbf{a}_0 = 0$ を省略して "$\cdot$" から書き始めています．また，3 桁目以降もすべて 0 と解釈します．$\mathbf{a}_1 = 5 = 2^2 + 2^0$ ですから，ある山から石を 1 つ取って，その山を 0 個，または，2 個の山に分けることができます．0 個の山とは，石を全部取って山をなくすことです．また，$\mathbf{a}_2 = 2^1$ ですから，石を 2 つ取って 1 個の山を残すことができます．ここで，1 個の山を残すというのですから，3 つ以上の石を含む山からだけ石を 2 つ取れることに注意しましょう．

例 6.3 この章の冒頭に登場した**ケイルズ**を考えましょう．1 個，または，2 個の石を取り 2 山に分けてもよいということですから，$\mathbf{a}_1 = \mathbf{a}_2 = 2^2 + 2^1 + 2^0 = 4 + 2 + 1 = 7$ となり，$\cdot\mathbf{77}$ がコードネームです．

例 6.4 通常の**ニム**は，任意の $k \geq 1$ について，石を k 個取って，0 個，または，1 個の山を残すことができるというルールですから，$\mathbf{a}_k = 2^1 + 2^0 = 3$ であり，コードネーム $\cdot\mathbf{3333}\ldots = \cdot\dot{\mathbf{3}}$ を持ちます．**ラスカーのニム**では，さらに石を取らずに (0 個の石を取って) 2 個の山に分割することも許されていますから，$\mathbf{a}_0 = 2^2$ です．したがって，$\mathbf{4}\cdot\mathbf{3333}\ldots = \mathbf{4}\cdot\dot{\mathbf{3}}$ がラスカーのニムのコードネームとなります．第 5 章で研究した**一般化された制限ニム**は，コードネーム

$$\cdot \mathbf{a}_1 \mathbf{a}_2 \ldots \mathbf{a}_k \ldots \quad (\text{すべての } k \text{ について } \mathbf{a}_k = 0, 3)$$

をもつゲームのことです．$\mathbf{a}_k = 3$ となる k が除去可能数です．

例 6.5 すべての k について $0 \leq \mathbf{a}_k \leq 7$ となるゲームを **8 進ゲーム** (octal game) といい, さらに, 有限個の k を除いて $\mathbf{a}_k = 0$ となるとき, **有限 8 進ゲーム**といいます. 8 進ゲームとは, コードネームが 8 進小数で与えられるゲームであり, 大雑把にいうと, 山の 2 分割も許した制限ニムのことです.

6.3 グランディ数の周期性

第 5.2 節では, 除去可能数の集合が有限集合となる制限ニムについて, グランディ数が周期性をもつことを示しました. 分割型制限ニムでも, 取ってよい石の個数や分割したときに生ずる山の個数に上限があると, しばしば, グランディ数列に周期性が現れます. 前節の例 6.1, 6.2, 6.3 がそのような例になっています.

例 6.6 例 6.1 のゲーム $\mathbf{4 \cdot}$ において, n 個の石を含む山のグランディ数は

$$g(n) = \begin{cases} 0 & (n=0, \text{ または奇数}) \\ 1 & (n \text{ は 2 以上の偶数}) \end{cases}$$

で与えられ, 周期 2 となります. 第 5 章で導入した小数表記を用いれば, グランディ数列は $0.0\dot{1}$ と表わせます. このゲームは, n 個の石を直線状に並べておいて, 間に仕切りを入れることが指し手だと考えれば, じつに簡単なゲームであることが分かります.

例 6.7 ゲーム $\mathbf{\cdot 52}$ で許された指し手は

- 石 1 個の山からは石を取り去ってよい,
- 石を 1 個取って, その山を 2 山に分ける (石が 3 個以上ないと指せない),
- 石を 2 個取って, 1 山残す (石が 3 個以上ないと指せない)

でした. 2 個の石からなる山に対する指し手はありませんから, (2) も終了局面であることに注意しましょう. さて, 実際にグランディ数列を計算してみると, 次のように周期 4 だと予想されます.

$$0.10221032103210321032103\ldots = 0.10\dot{2}2\dot{1}0\dot{3}$$

例 6.8 [ケイルズ] ケイルズのグランディ数を $0 \leq n \leq 167$ についてコンピュータで計算してみた表を下に掲げました．グランディ数の計算は単純作業ですが，手計算で間違いなく実行するのはなかなか大変です．1968 年に出版された一松信先生の『石取りゲームの数理』([2]) を読むと，当時，グランディ数の計算は大型計算機で実行する大作業だったことが分かります．今は，Mathematica や Maple といった数式処理ソフトを使えば，お手軽に実例計算をして楽しめるようになりました．

0	1	2	3	1	4	3	2	1	4	2	6
4	1	2	7	1	4	3	2	1	4	6	7
4	1	2	8	5	4	7	2	1	8	6	7
4	1	2	3	1	4	7	2	1	8	2	7
4	1	2	8	1	4	7	2	1	4	2	7
4	1	2	8	1	4	7	2	1	8	6	$\boxed{7}$
4	1	2	8	1	4	7	2	1	8	2	7
4	1	2	8	1	4	7	2	1	8	2	7
4	1	2	8	1	4	7	2	1	8	2	7
4	1	2	8	1	4	7	2	1	8	2	7
4	1	2	8	1	4	7	2	1	8	2	7
4	1	2	8	1	4	7	2	1	8	2	7
4	1	2	8	1	4	7	2	1	8	2	$\boxed{7}$
4	1	2	8	1	4	7	2	1	8	2	7

表の 6 行目，四角で囲った $7 = g(71)$ から先では周期 12 の周期性があることがはっきり見て取れます．しかし，13 行目の四角で囲われた 7 は $g(155)$ なので，この表では $71 \leq n \leq 155$ の範囲の n に対して $g(n+12) = g(n)$ が成り立つことしか確認できません．

例 6.7 や例 6.8 のような場合に，十分大きな n で周期性がつねに成り立つことを示すには，コードネームを持つ分割型制限ニムに対して定理 5.3 を一般化した次の定理が役に立ちます．

定理 6.1 (グランディ数の周期性)　有限の長さのコードネーム $\mathbf{a}_0 \cdot \mathbf{a}_1 \mathbf{a}_2 \cdots \mathbf{a}_r$ を持つ分割型制限ニムについて, 正整数 ℓ を $\mathbf{a}_0, \mathbf{a}_1, \ldots, \mathbf{a}_r < 2^{\ell+1}$ を満たすようにとっておく. このとき, 自然数 n_0, p があって,

$$n_0 \leq n < \ell n_0 + (\ell - 1)p + r$$

を満たす n に対して

$$g(n) = g(n+p) \tag{6.1}$$

となるならば, $n_0 \leq n$ を満たすすべての n について周期性 (6.1) が成り立つ.

証明　n についての数学的帰納法で証明する. $n \geq \ell n_0 + (\ell - 1)p + r$ として $g(n)$ と $g(n+p)$ を比較しよう. 石の数 $n+p$ の山から, m_0 ($\leq r$) 個の石を取り除き, 残りをそれぞれ $m_1, \ldots, m_s$ 個の石からなる s 個の小山に分割したとする. すなわち, $(n+p) \to P' = (m_1, \ldots, m_s)$ だとする. このとき,

$$m_1 + \cdots + m_s = n + p - m_0$$
$$\geq n + p - r \geq \ell(n_0 + p)$$

であり, ℓ の定め方により $s \leq \ell$ だから, $m_1, \ldots, m_s$ の最大値を m_s とすると, $m_s \geq n_0 + p$ である. したがって, $(n) \to P'' = (m_1, \ldots, m_{s-1}, m_s - p)$ という移行が許される. 逆に, $(n) \to P'' = (m_1, \ldots, m_{s-1}, m_s - p)$ であるならば, $(n+p) \to P' = (m_1, \ldots, m_{s-1}, m_s)$ という移行が許される. 両者のグランディ数は

$$g(P') = g(m_1) \overset{*}{+} \cdots \overset{*}{+} g(m_{s-1}) \overset{*}{+} g(m_s)$$
$$= g(m_1) \overset{*}{+} \cdots \overset{*}{+} g(m_{s-1}) \overset{*}{+} g(m_s - p)$$
$$= g(P'')$$

となる. ここで, $n > m_s \geq n_0 + p$ だから帰納法の仮定が適用でき, $g(m_s) = g(m_s - p)$ となることを用いた. これより, $n, n+p$ から移行できる後続局面の集合を, それぞれ, $N(n), N(n+p)$ と表わしたとき, $g(N(n)) = g(N(n+p))$ となるから, $g(n) = g(n+p)$ である. □

系 6.2　例 6.7 の $\cdot 52$ のグランディ数 $g(n)$ について $n \geq 4$ で周期 4 の周期性が成り立つ.

証明 定理 6.1 を例 6.7 の場合に適用すると,
$$r = \ell = 2,\ p = 4,\ n_0 = 4,\ \ell n_0 + (\ell - 1)p + r = 14$$
となり, 先にみたように $4 \leq n < 14$ の範囲の n に対して $g(n) = g(n+4)$ が確かめられているから, $n \geq 4$ となるすべての n に対して周期 4 の周期性が成り立つことが分かる. □

系 6.3 例 6.8 のケイルズの場合には, グランディ数 $g(n)$ は $n \geq 71$ で周期 12 の周期性が成り立つ.

証明 ケイルズの場合には,
$$r = \ell = 2,\ p = 12,\ n_0 = 71,\ \ell n_0 + (\ell - 1)p + r = 156$$
とすると, 上の表で $71 \leq n < 156$ の範囲の n に対して $g(n) = g(n+12)$ が確かめられているから, 定理 6.1 が適用でき $n \geq 71$ となるすべての n に対して周期 12 の周期性が成り立つことが分かる. □

一般に, 次の予想が成り立つと考えられています.

予想 有限 8 進ゲームのグランディ数列は周期性をもつ.

しかし, 事情はなかなか複雑で

$$\cdot 06,\quad \cdot 14,\quad \cdot 36,\quad \cdot 74,\quad \cdot 76$$

のようなゲームでも, 周期性はまだ未確認のようです. 8 進ゲームの研究の最新情報は A.Flammenkamp のホームページ

    http://wwwhomes.uni-bielefeld.de/achim/octal.html

で見ることができます.

有限でない 8 進ゲームでは, もはやグランディ数列の周期性は期待できません. その代りに加法的周期性が成り立つ多くのゲームが見出されています. 一山くずしはそのもっとも簡単な例で, 周期 1, 増分 1 の加法的周期性を満たしています. ラスカーのニム $4 \cdot \dot{3}$ もそのような例で, 次に示すように, 周期 4, 増分 4 の加法的周期性を満たしています.

● ラスカーのニム

ラスカーのニムのグランディ数は, この理論の創始者の一人である R. Sprague が [32] で理論の例として取り上げたものです.

n が小さいとき, ラスカーのニムのグランディ数が

n	0	1	2	3	4	5	6	7	8
$g(n)$	0	1	2	4	3	5	6	8	7

となることは, 容易に確かめることができます.

定理 6.4 ラスカーのニムのグランディ数列は

$$g(n) = \begin{cases} 0 & (n = 0) \\ n & (n \equiv 1, 2 \pmod{4}) \\ n+1 & (n \equiv 3 \pmod{4}) \\ n-1 & (n > 0, n \equiv 0 \pmod{4}) \end{cases}$$

で与えられる. 特に, $n \geq 1$ に対して,

$$g(n+4) = g(n) + 4$$

が成り立つ.

証明 n についての数学的帰納法で証明する. n が小さいときには, すでに上の表で確かめられている. $g(k)$ $(k \leq n)$ については, 定理が成り立っているとする.

$$g(n+1) = \text{mex}\left\{g(0), \ldots, g(n), g(k) \overset{*}{+} g(n-k+1) \,\middle|\, k = 1, \ldots, n\right\}$$

だから, 帰納法の仮定により

$$\{g(0), \ldots, g(n)\}$$
$$= \begin{cases} \{0, 1, \ldots, n\} & (n \equiv 0, 1, 2 \pmod{4}) \\ \{0, 1, \ldots, n-1, n+1\} & (n \equiv 3 \pmod{4}) \end{cases}$$

となることに注意すると, 定理を示すには, 任意の $k = 1, 2, \ldots, n$ に対し

$$g(k) \stackrel{*}{+} g(n-k+1) \neq \begin{cases} n+1 & (n \equiv 0,1 \pmod 4) \\ n+2 & (n \equiv 2 \pmod 4) \\ n & (n \equiv 3 \pmod 4) \end{cases} \quad (*)$$

であり,また,$n \equiv 2 \pmod 4$ のときには,$g(k) \stackrel{*}{+} g(n-k+1) = n+1$ となる k が存在することを証明すればよい.$k \leq n$ に対しては $g(k)$ が定理の式で与えられることに注意すると,$g(k) \stackrel{*}{+} g(\ell) \pmod 4$ $(k, \ell \leq n)$ は次の表のとおりである.

$\bar{k}\backslash\bar{\ell}$	0	1	2	3
0	0	2	1	3
1	2	0	3	1
2	1	3	0	2
3	3	1	2	0

$\bar{k} = k \pmod 4$, $\bar{\ell} = \ell \pmod 4$

この表から,

$$g(k) \stackrel{*}{+} g(n-k+1) \equiv \begin{cases} 2 & (n \equiv 0 \pmod 4) \\ 0,1 & (n \equiv 1,3 \pmod 4) \\ 3 & (n \equiv 2 \pmod 4) \end{cases}$$

となり,$(*)$ 式の右辺と左辺が一致することはないことがすぐに分かる.また,$n \equiv 2 \pmod 4$ のとき,$g(1) \stackrel{*}{+} g(n) = 1 \stackrel{*}{+} n = n+1$ である.以上により,定理は示された. □

有限 8 進ゲームに対する周期性予想は有限の条件をはずすと成り立たないことを見てきましたが,8 進の条件 $\mathbf{a}_k \leq 7$ をはずすと,有限であっても周期性は保証されないことが知られています.たとえば,$\cdot\mathbf{28}$ というゲームは,周期 53,増分 16 の加法的周期性をもち,周期性はありません.一般に,8 進条件が成り立たないときには,グランディ数列は非常に複雑なようです.(例えば,S. Howse and R. J. Nowakowski [24] を見てください.)

6.4 分割型制限ニムの m 倍

分割型制限ニム A, B のグランディ数を $g_A(n), g_B(n)$ と記しましょう. もし, n を自然数 m で割って, $n = mq + r$ ($0 \leq r < m$) としたとき, つねに

$$g_B(n) = g_A(q)$$

が成り立つならば, B を A の m 倍のゲームといいます. 言い換えると, A のグランディ数列が

$$0.g_1 g_2 g_3 \cdots$$

で, B のグランディ数列が

$$0.\underbrace{0 \cdots 0}\,\underbrace{g_1 g_1 \cdots g_1}_{m}\,\underbrace{g_2 g_2 \cdots g_2}_{m} \cdots$$

となっているときに, B を A の m 倍のゲームというのです. 例えば, 前回示しましたが, $G(m, m+1, m+2, \ldots)$ は通常のニムの m 倍のゲームとなっています.

制限ニムについては, その m 倍の制限ニムを作り出すことはすぐにできます.

例 6.9 制限ニム $G(ms_1, ms_2, \ldots, ms_r)$ は $G(s_1, s_2, \ldots, s_r)$ の m 倍のゲームです. まさに m 倍のゲームというネーミングそのものです.

ところが, 分割型にすると m 倍のゲームを作り出す自然な手順を与えることは一般には困難です. しかし, コードネームが 0 と 7 だけからなる分割型制限ニムについては, 次の定理が知られています.

定理 6.5 ゲーム A が $\cdot a_1 a_2 \cdots$ ($a_k = 0, 7$) の形のコードネームをもつ分割型制限ニムで, さらに, 7 はつねに 2 個以上連続して現れると仮定する. このとき, A のコードネームから以下の手順で定まるコードネーム $\cdot b_1 b_2 \cdots$ ($0 \leq b_k \leq 7$) をもつ新しいゲーム B は, ゲーム A の m 倍のゲームである.

ゲーム B のコードネームの生成手順: まず,

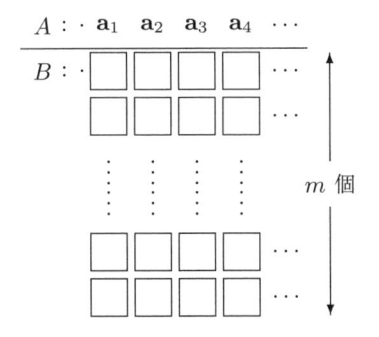

$$
\begin{array}{c|cccc}
A: \cdot & \mathbf{a}_1 & \mathbf{a}_2 & \mathbf{a}_3 & \mathbf{a}_4 & \cdots \\
\hline
B: \cdot & \square & \square & \square & \square & \cdots \\
& \square & \square & \square & \square & \cdots \\
& \vdots & \vdots & \vdots & \vdots & \\
& \square & \square & \square & \square & \cdots \\
& \square & \square & \square & \square & \cdots
\end{array}
$$

m 個

と上段に A のコードネームを書き, その下に B のコードネームを, $\mathbf{a}_1$ の下の欄には $\mathbf{b}_1, \ldots, \mathbf{b}_m$, $\mathbf{a}_2$ の下の欄には $\mathbf{b}_{m+1}, \ldots, \mathbf{b}_{2m}$ という要領で順に記入するための欄を用意する. 記入の仕方は次の通り. まず, $\mathbf{a}_k = 0$ のとき, その下にある m 個の欄にはすべて $\mathbf{0}$ を記入する. 次に, A のコードネームに $\mathbf{07} \cdots \mathbf{70}$ と $\mathbf{0}$ にはさまれた連続する $\mathbf{7}$ が現れたとき, その下にある欄には,

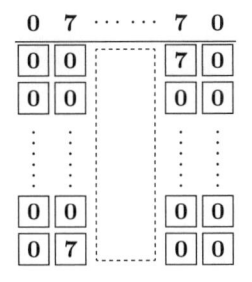

$$
\begin{array}{cc cc}
0 & 7 & \cdots\cdots & 7 & 0 \\
\boxed{0}\,\boxed{0} & & & \boxed{7}\,\boxed{0} \\
\boxed{0}\,\boxed{0} & & & \boxed{0}\,\boxed{0} \\
\vdots & & & \vdots \\
\boxed{0}\,\boxed{0} & & & \boxed{0}\,\boxed{0} \\
\boxed{0}\,\boxed{7} & & & \boxed{0}\,\boxed{0}
\end{array}
$$

と記入する. 中間の破線で囲まれた部分には, 0 から 7 までを自由に書き込んでよい. ただし, B のコードネームとして読んだとき, 連続する $2m-1$ 個の中には, 必ず 1 個は 7 が入るようにする.

例 6.10 定理 6.5 に従うと, ケイルズ $\cdot \mathbf{77}$ の 2 倍のゲームは

$$
\begin{array}{ccc}
\cdot\,7 & 7 & 0 \\
\cdot\,\boxed{0}\,\boxed{7}\,\boxed{0} \\
\boxed{7}\,\boxed{0}\,\boxed{0}
\end{array}
$$

だから $\cdot 077$, 3 倍のゲームは

$$
\begin{array}{|c|c|c|}
\hline
\multicolumn{3}{c}{\cdot\ 7\ \ 7\ \ 0} \\
\hline
\cdot\ 0 & 7 & 0 \\
\hline
0 & 0 & 0 \\
\hline
7 & 0 & 0 \\
\hline
\end{array}
$$

だから $\cdot 0077$, 一般に m 倍のゲームは $\cdot\overbrace{0\cdots 0}^{m-1}77$ となります.

定理 6.5 の証明 $n = mq+r\ (0 \le r \le m-1)$ としたとき, $g_B(n) = g_A(q)$ となることを, n に関する数学的帰納法で証明する. まず, $n=0$ のとき $q=0$ であり, $g_B(0) = g_A(0) = 0$ だから, 主張は成り立っている. $n > 0$ とする.

$$J_A(q) = \left\{ g_A(h) \stackrel{*}{+} g_A(k) \,\middle|\, 0 \le h+k < q,\ \mathbf{a}_{q-h-k} = 7 \right\},$$

$$J_B(n) = \{ g_B(P) \mid P \text{ は局面 } (n) \text{ のゲーム } B \text{ での後続局面}\}$$

とおくと,

$$g_A(q) = \mathrm{mex}(J_A(q)), \quad g_B(n) = \mathrm{mex}(J_B(n))$$

である. ただし, ゲーム B ではコードの記入の仕方によって, 局面 (n) から移行できる後続局面が違うので, $J_B(n)$ は上のように言葉による説明になっている. さて, $J_A(q) = J_B(n)$ を証明すればよい. これが示されれば,

$$g_A(q) = \mathrm{mex}(J_A(q)) = \mathrm{mex}(J_B(n)) = g_B(n)$$

となるからである.

まず, $J_A(q) \subset J_B(n)$ を示す. $n = mq+r\ (0 \le r \le m-1),\ h+k+l = q$, $\mathbf{a}_l = 7$ だとする. B のコードネームの定め方により, 下図の枠内の $2m-1$ 個の中には 7 が必ず存在する. それを $\mathbf{b}_w$ とすると, $0 \le (ml+r) - w \le 2m-2$ である. したがって,

7
||
$\mathbf{a}_{l-1}\ \mathbf{a}_l\ \mathbf{a}_{l+1}$

□ □ ─── $\mathbf{b}_{ml+r}$

□ ←── $\mathbf{b}_{ml+r-2m+2}$
←── $\mathbf{b}_{ml}$

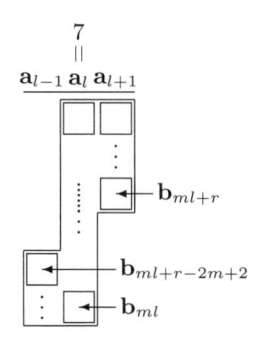

$ml + r - w = r_1 + r_2$ $(0 \leq r_1, r_2 \leq m - 1)$ となる r_1, r_2 をとると,

$$n = (mh + r_1) + (mk + r_2) + w, \quad \mathbf{b}_w = 7$$

となる. したがって, $(n) \to (mh + r_1) + (mk + r_2)$ と 2 山に分ける手がゲーム B において可能であり, 帰納法の仮定により

$$g_A(h) \stackrel{*}{+} g_A(k) = g_B(mh + r_1) \stackrel{*}{+} g_B(mk + r_2) \in J_B(n)$$

となる. したがって, $J_B(n) \supset J_A(q)$ である.

次に $J_B(n) \subset J_A(q)$ を示す. $J_B(n)$ の元は

$$g_B(u) \stackrel{*}{+} g_B(v) \quad (u, v \geq 0,\ u + v + w = n,\ \mathbf{b}_w > 0)$$

と表せる. n, u, v, w を

$$n = mq + r,\ u = mh + r_1,\ v = mk + r_2,\ w = ml - r_3$$

$$(0 \leq r, r_1, r_2, r_3 \leq m - 1)$$

と表す. このとき, $\mathbf{b}_w \neq 0$ だから, B のコードネームの定め方により $\mathbf{a}_l = 7$ である. また, 帰納法の仮定により,

$$g_B(u) \stackrel{*}{+} g_B(v) = g_A(h) \stackrel{*}{+} g_A(k)$$

である.

$$n = m(h + k + l) + (r_1 + r_2 - r_3), \quad -(m - 1) \leq r_1 + r_2 - r_3 \leq 2m - 2$$

であるから,

$$q = \begin{cases} h+k+(l-1) & (-(m-1) \leq r_1+r_2-r_3 \leq -1) \\ h+k+l & (0 \leq r_1+r_2-r_3 \leq m-1) \\ h+k+(l+1) & (m \leq r_1+r_2-r_3 \leq 2m-2) \end{cases}$$

となる.第1のケースでは,$r_3 \geq 1$ であり,B のコードネームの定め方により $\mathbf{a}_{l-1} = 7$ でなければならない.第2のケースで,$\mathbf{a}_l = 7$ であることは w の取り方よりすでに分かっている.第3のケースでは,$r_3 \leq m-2$ であり,やはり B のコードネームの定め方により $\mathbf{a}_{l+1} = 7$ でなければならない.したがって,いずれの場合にも $(q) \to (h)+(k)$ という局面の移行はゲーム A で許されており,$g_A(h) \stackrel{*}{+} g_A(k) \in J_A(q)$ となる. □

6.5 分割型制限ニムのいとこ

コードネームが $\cdot \mathbf{a}_1 \mathbf{a}_2 \mathbf{a}_3 \cdots$ で与えられる分割型制限ニムを A と表します.このとき,$g_A(1) = 0$ となる必要十分条件は $\mathbf{a}_1$ が偶数となることです.したがって,$\mathbf{a}_1$ が偶数ならば,グランディ数列は $0.0g_2g_3\ldots$ の形をしています.このようなゲームに対して,グランディ数列が $0.g_2g_3\ldots$ と 0 を1つ落とした形になるような分割型制限ニムのことを,Berlekampf-Conway-Guy の本 [22] では,ゲーム A のいとことよんでいます.では,ゲームのいとこを作り出す方法を説明しましょう.

定理 6.6 A をコードネームが $\cdot \mathbf{a}_1 \mathbf{a}_2 \mathbf{a}_3 \cdots$ で与えられる分割型制限ニムとし,$\mathbf{a}_1$ は偶数だと仮定する.正整数 k に対し,

$$l_k = \max\{h \mid h \geq -1, \mathbf{a}_{k-h} \supset 2^{h+1}\}$$

とおき,

$$\mathbf{b}_k = 2^{l_k+2} - 1 = 2^{l_k+1} + 2^{l_k} + \cdots + 2 + 1$$

と定める.ただし,$h \geq -1$,$\mathbf{a}_{k-h} \supset 2^{h+1}$ を満たす h が存在しないときには,$\mathbf{b}_k = 0$ とする.このとき,コードネーム $\cdot \mathbf{b}_1 \mathbf{b}_2 \mathbf{b}_3 \cdots$ を持つ分割型制限ニム B について,

$$g_B(n) = g_A(n+1) \quad (n = 0, 1, 2, \ldots)$$

が成り立つ.

例 6.11 ゲーム A が $\cdot\dot{\mathbf{2}}$ のとき, $\mathbf{a}_{k-0} = 2^{0+1}$ ですから, $\mathbf{b}_k = 2^1 + 1 = 3$ となり, A のいとこ B は $\cdot\dot{\mathbf{3}}$, すなわち, 普通のニム (一山くずし) です. ゲーム A は石を何個取ってもよいが 1 山は残す, すなわち, 全部取ってはいけない, というゲームです. したがって, $n+1$ 個の石からなる山でゲーム A を遊ぶには, 石を 1 個絶対取れないようによけておいて, 残りの n 個で制限のない一山くずしをすることと同じになりますから, $g_A(n+1) = g_B(n)$ となっていることは明らかです.

例 6.12 次に, ゲーム A が 3 倍のケイルズ $\cdot\mathbf{0077}$ だとしてみましょう. このとき, A のいとこ B は $\cdot\mathbf{01377}$ となります. B において, $\mathbf{b}_1 = 0$ は偶数ですから, B のいとこ (A の "またいとこ" と言ってもいいでしょうか) C が存在します. C は $\cdot\mathbf{113377}$ というコードネームを持つゲームとなります.

定理 6.6 の証明 $g_B(n) = g_A(n+1)$ を n に関する数学的帰納法で証明しよう. $\mathbf{a}_1$ が偶数であるという仮定より $g_A(1) = 0$ であるから, $g_B(0) = g_A(1) = 0$ となる. したがって, $n = 0$ では正しいことが分かる. $n > 0$ としよう. ゲーム A において局面 $(n+1)$ から一手で移行できる局面の全体を $N_{1,A}(n+1)$, ゲーム B において局面 (n) から一手で移行できる局面の全体を $N_{1,B}(n)$ とし,

$$J_A(n+1) = \{g_A(P) \mid P \in N_{1,A}(n+1)\},$$
$$J_B(n) = \{g_B(P) \mid P \in N_{1,B}(n)\}$$

とおく.

$$g_A(n+1) = \mathrm{mex}(J_A(n+1)), \quad g_B(n) = \mathrm{mex}(J_B(n))$$

であるから, $J_A(n+1) = J_B(n)$ であることを示せばよい. ゲーム A においては, $\mathbf{a_k} \supset 2^{h+1}$ となる $k < n+1$ について,

$$(n+1) \to (p_1, p_2, \ldots, p_{h+1}),$$
$$p_i > 0 \ (i = 1, 2, \ldots, h+1),$$
$$p_1 + p_2 + \cdots + p_{h+1} = n + 1 - k$$

という指し手が許される. 一方, B のコードネームの定め方により, $\mathbf{a_k}$ についての条件から, $\mathbf{b_{k+h}} \supset 2^{h+1} + 2^h + \cdots + 2 + 1$ が従う. これは, ゲーム B にお

いて,
$$(n) \to (q_1, q_2, \ldots, q_{h+1}),$$
$$q_i \geq 0 \ (i = 1, 2, \ldots, h+1),$$
$$q_1 + q_2 + \cdots + q_{h+1} = n - k - h$$

という指し手が許されていることを意味する. したがって, $N_{1,A}(n+1)$ と $N_{1,B}(n)$ の間には,
$$p_i \mapsto q_i = p_i - 1, \ q_i \mapsto p_i = q_i + 1$$
$$(i = 1, 2, \ldots, h+1)$$

によって1対1対応が存在する. ここで, 帰納法の仮定を用いると,
$$g_A(p_1) \stackrel{*}{+} g_A(p_2) \stackrel{*}{+} \cdots \stackrel{*}{+} g_A(p_{h+1})$$
$$= g_A(q_1+1) \stackrel{*}{+} g_A(q_2+1) \stackrel{*}{+} \cdots \stackrel{*}{+} g_A(q_{h+1}+1)$$
$$= g_B(q_1) \stackrel{*}{+} g_B(q_2) \stackrel{*}{+} \cdots \stackrel{*}{+} g_B(q_{h+1})$$

が成り立つから, 対応する A の局面と B の局面のグランディ数は一致している. すなわち, $J_A(n+1) = J_B(n)$ であることが分かった. □

6.6 山の分け方に条件をつける

コードネームをもつ分割型制限ニムは, 山の分け方については何の制限も加えていませんでした. 山の分け方に条件を付けていくと, コードネームでは表されない新たなゲームが生まれてきます.

例 6.13 例 6.1 のどれでも好きな山を 2 分割するというゲームに対し, 山を分割してできた 2 つの山に含まれる石の個数の差が 2 以上でなければならないという条件を付けてみます. すなわち, 偶数個の石を含む山を等分することと, 奇数個の石を含む山を石の個数の差が 1 になるような二山に分けることは禁止するのです. このゲームのグランディ数を計算してみると

n	0	1	2	3	4	5	6	7	8	9	10	11	12	13	14	15	16
$g(n)$	0	0	0	0	1	0	2	1	3	0	2	1	3	0	2	1	3

となり, $n \geq 5$ では周期 4 と予想されます. この予想を数学的帰納法できちんと証明することは, 読者にお任せすることにしましょう.

例 6.14 では, 例 6.1 と例 6.13 の中間の条件をつけたゲーム, すなわち, 偶数個の石を含む山を等分することだけを禁止したゲームを考えてみましょう. このゲームは**グランディのゲーム**として知られています. 例 6.1 は大変やさしいゲームで, 例 6.13 もすぐに規則性を発見できるあまり難しくないゲームでした. ですから, このゲームは, 例 6.1 よりちょっと難しく例 6.13 よりはちょっとやさしいゲームだと想像されるでしょう. ところがどっこいです. じつは, これはとても難しいゲームで, 2002 年の段階で $g(n)$ は $n \leq 2^{35}$ まで計算機で計算されているものの, いまだ完全な解析はなされていません. このゲームのグランディ数列は究極的には周期性を持つであろうと予想されています. グランディのゲームについても, A. Flammenkamp のウェブページ

http://wwwhomes.uni-bielefeld.de/achim/grundy.html

に詳しい情報が載っています.

以上の例から分かるように, 石取りゲームの世界では難しさとやさしさが隣り合わせになっていて, 実際に研究してみるまで難易度を見積もることがなかなかできません. 石取りゲームの面白さは, 突然の出会いに驚きを感じながら地図のない世界を歩き回ることに似ているかもしれません.

6.7 輪作りゲームと分割型制限ニム

輪作りゲームというのは, 紙の上にいくつかの点を描いていて, それらの点のうちのいくつかを通って交互に閉曲線を描いて点を消していくゲームです. 最後に残ったすべての点を通る閉曲線を描いた人が勝ちとなります. ただし, 閉曲線を描くときに他の閉曲線や自分自身とも交わらないものとします. 下の図は, 24 個の点から出発して, 4 つの閉曲線が描かれた局面です. 次に手を指すプレイヤーはどのような閉曲線を描けばよいでしょうか.

6 山の分割を許すニム

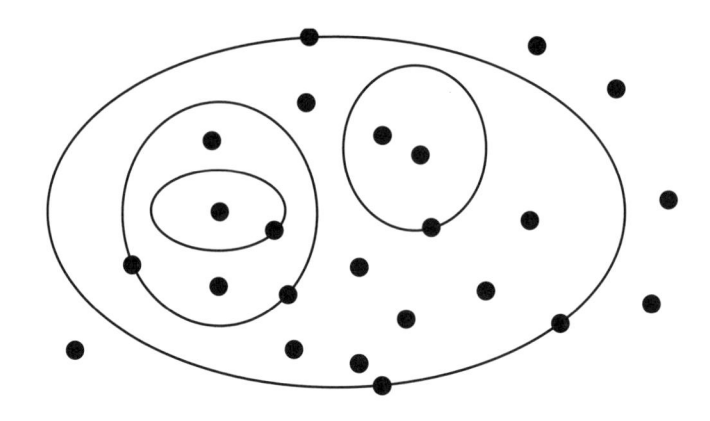

　閉曲線を1つ描くとその曲線を含む領域が2つの領域に分割されることに注目しましょう. 上の図では, 4手指されたことにより, 5つの領域に分割され, 各領域に含まれている点の個数は外側から順に 5, 7, 2, 2, 1 となっています. 新しく曲線を描くと, このどれかの領域内の点がいくつか消され, その領域内に新たな小領域が1つ付け加わります. 各領域内の点の個数を1つの山の石の個数とみなすと, これは, 石を取って2つの山に分割してもよいという分割型のニムとまさに同じものです. 本章で調べたことは, 輪作りゲームの解明にもなっていたのです. 上の図の局面での最善手を考えてみてください.

第 7 章

ニム積とゲーム

これまでの章ではニム和が大活躍してきましたが, ニム和があるのならニム積というものはないのでしょうか. この章では, 非負整数の集合 N にニム和と両立する積 (ニム積) $\overset{*}{\times}$ を定義して, N において自由に四則演算ができる (代数学の用語では N が「体」となる) ことを解説します. また, グランディ数の計算にニム積が登場するようなゲームも考察します.

まずは, ニム和について再考することからはじめましょう.

7.1 ニム和の見直し

すでに第 1 章 (および, 第 3.2 節の mex によるニム和の定義) で見たように, $0 \overset{*}{+} 0 = 0$ から出発して

$$a \overset{*}{+} b = \operatorname{mex}\left\{ a' \overset{*}{+} b,\ a \overset{*}{+} b' \;\middle|\; 0 \leq a' < a,\ 0 \leq b' < b \right\}$$

によって a, b の小さい順にニム和 $\overset{*}{+}$ が帰納的に定義され, N にはアーベル群の構造が入りました (第 1.5 節, 補足 2).

この定義は三山くずしの分析から引き出されてきたものですが, 純代数的に次のように考えることもできます. $0 \overset{*}{+} 0 = 0$ から出発して, 小さい自然数から順に帰納的になんらかの和 $a \overset{*}{+} b$ を考えようとすると,

$$a \overset{*}{+} b \notin \left\{ a' \overset{*}{+} b,\ a \overset{*}{+} b' \;\middle|\; 0 \leq a' < a,\ 0 \leq b' < b \right\}$$

でなければ, $a \overset{*}{+} b = a' \overset{*}{+} b\ (a \neq a')$ のような等式が成り立ってしまい, 不自然です (群になりません). したがって, ニム和 $\overset{*}{+}$ とは, このような条件を満たす数のうちで最小のものを取って和と定めるということであり, それなりに自然

な定義だといえるでしょう. 特に, その結果として, 消去則

$$a_1 \stackrel{*}{+} b = a_2 \stackrel{*}{+} b \iff a_1 = a_2 \tag{7.1}$$

(命題 3.7 (1)) が成り立つことに注意しましょう.

7.2　ニム積の導入

前節のニム和の取り扱いを参考にして $\mathbb{N}$ にニム積 $\stackrel{*}{\times}$ を定義しましょう. 積を定義するヒントとなるのは

$$(a \stackrel{*}{+} a') \stackrel{*}{\times} (b \stackrel{*}{+} b') \neq 0 \quad (a \neq a',\ b \neq b')$$

という性質です. $a \stackrel{*}{+} a', b \stackrel{*}{+} b' \neq 0$ ですから, 0 と異なる 2 数の積は 0 ではない (代数学の用語では「0 と異なる零因子をもたない」) ことを要請するならば, 上の性質は認めざるをえません. さらに分配法則も要請すると, この式は, $a \stackrel{*}{+} a = 0$ を用いて,

$$a \stackrel{*}{\times} b \neq a' \stackrel{*}{\times} b \stackrel{*}{+} a \stackrel{*}{\times} b' \stackrel{*}{+} a' \stackrel{*}{\times} b'$$

と変形できます. そこで, ニム積 $a \stackrel{*}{\times} b$ はこの右辺とは異なる最小の非負整数, すなわち,

$$a \stackrel{*}{\times} b = \mathrm{mex}\left\{ a' \stackrel{*}{\times} b \stackrel{*}{+} a \stackrel{*}{\times} b' \stackrel{*}{+} a' \stackrel{*}{\times} b' \,\middle|\, 0 \leq a' < a,\ 0 \leq b' < b \right\}$$

と定義します. この定義も $0 \stackrel{*}{\times} 0$ から出発して a, b の小さい順に $a \stackrel{*}{\times} b$ を定める帰納的定義です.

いくつか計算してみましょう. まず, $a = 0$ のとき, $a' < a$ となる a' は存在しませんから,

$$0 \stackrel{*}{\times} b = \mathrm{mex}\{\emptyset\} = 0$$

となります. 同様に,

$$a \stackrel{*}{\times} 0 = \mathrm{mex}\{\emptyset\} = 0$$

です. $1' = 0$ であることに注意すると, $1 \stackrel{*}{\times} 1$ は

$$1 \stackrel{*}{\times} 1 = \mathrm{mex}\{1 \stackrel{*}{\times} 0 \stackrel{*}{+} 0 \stackrel{*}{\times} 1 \stackrel{*}{+} 0 \stackrel{*}{\times} 0\} = \mathrm{mex}\{0\} = 1$$

と計算されます. $a > 1$ とすると, $a \overset{*}{\times} 1$ は数学的帰納法により

$$a \overset{*}{\times} 1 = \mathrm{mex}\left\{a \overset{*}{\times} 0 \overset{*}{+} a' \overset{*}{\times} 1 \overset{*}{+} a' \overset{*}{\times} 0 \,\middle|\, 0 \le a' < a\right\}$$
$$= \mathrm{mex}\,\{0, 1, \dots, a-1\} = a$$

となります. ここで, 帰納法の仮定を第 2 の等号で用いています.

さて, $a \overset{*}{\times} b\,(0 \le a, b \le 3)$ を定義によって計算してみると, 下の表のようになります.

a\b	0	1	2	3
0	0	0	0	0
1	0	1	2	3
2	0	2	3	1
3	0	3	1	2

この表を用いて試してみると, 例えば,

$$2 \overset{*}{\times} (3 \overset{*}{+} 1) = 2 \overset{*}{\times} 2 = 3 = 1 \overset{*}{+} 2 = (2 \overset{*}{\times} 3) \overset{*}{+} (2 \overset{*}{\times} 1)$$

では分配法則が成り立っています. 同様にしてその他の場合も確かめていくと, $\{0, 1, 2, 3\}$ は, ニム和・ニム積について閉じた系をなし

交換法則 : $a \overset{*}{\times} b = b \overset{*}{\times} a$

分配法則 : $a \overset{*}{\times} (b \overset{*}{+} c) = (a \overset{*}{\times} b) \overset{*}{+} (a \overset{*}{\times} c)$

結合法則 : $a \overset{*}{\times} (b \overset{*}{\times} c) = (a \overset{*}{\times} b) \overset{*}{\times} c$

が成り立つことが分かるでしょう. また, 1 はニム積に関する単位元であり,

$$1^{-1} = 1, \quad 2^{-1} = 3, \quad 3^{-1} = 2$$

と 0 でない元はすべてニム積に関する逆元を持っています. このように, $\{0, 1, 2, 3\}$ ではニム和とニム積について自由に四則演算を行なうことができます. このことを代数学の言葉を使うと, $\{0, 1, 2, 3\}$ は (ニム和とニム積について) **体**をなすといいます (4 **元体**). ここで通常の四則と違う特徴は, $2x = x \overset{*}{+} x = 0$

がつねに成り立つことです. この事実を, この体の**標数**が 2 であるといいます. (代数学の用語については, 補足 4, p.110 を見てください.)

じつは, すべての非負整数の間で, ニム和, ニム積により自由に四則演算を行なうことができ, 非負整数の集合 N は, ニム和 $\overset{*}{+}$ を加法, ニム積 $\overset{*}{\times}$ を乗法として, 体をなすことが証明できます.

定理 7.1 非負整数の集合 N は, ニム和 $\overset{*}{+}$ を加法, ニム積 $\overset{*}{\times}$ を乗法として, 標数 2 の体をなす. 特に, ニム積について交換法則・結合法則が, ニム和とニム積について分配法則が成り立ち, 正整数によるニム割り算 (ニム積の逆演算) ができる.

この定理, および, 次の定理 7.2 の証明は, 体論の知識が必要な上にかなり長いため, この章の終わりでまとめて与えることにします.

● ニム積の実際の計算

ニム積の計算には次の定理が役立ちます.

定理 7.2 ニム積について以下の公式が成り立つ.
$$\delta_1 \overset{*}{\times} 2^{2^m} \overset{*}{+} \delta_2 = \delta_1 2^{2^m} + \delta_2 \quad (\delta_1, \delta_2 < 2^{2^m}),$$
$$2^{2^m} \overset{*}{\times} 2^{2^m} = 2^{2^m} \overset{*}{+} 2^{2^m-1} = 2^{2^m} + 2^{2^m-1},$$
$$2^{2^m} \overset{*}{\times} 2^{2^n} = 2^{2^m+2^n} \quad (m \neq n).$$

交換法則・結合法則・分配法則に加えてこの定理の公式を利用すれば, ニム積を具体的に計算することができます. 例えば, $13 \overset{*}{\times} 5 = 4$ を計算してみましょう.
$$13 = 2^2 \cdot 2 + 2^2 + 1 = 2^2 \overset{*}{\times} 2 \overset{*}{+} 2^2 \overset{*}{+} 1,$$
$$5 = 2^2 + 1 = 2^2 \overset{*}{+} 1$$
なので,
$$13 \overset{*}{\times} 5 = (2^2 \overset{*}{\times} 2 \overset{*}{+} 2^2 \overset{*}{+} 1) \overset{*}{\times} (2^2 \overset{*}{+} 1)$$
$$= 2^2 \overset{*}{\times} 2^2 \overset{*}{\times} 2 \overset{*}{+} 2^2 \overset{*}{\times} 2^2 \overset{*}{+} 2^2 \overset{*}{+} 2^2 \cdot 2 \overset{*}{+} 2^2 \overset{*}{+} 1$$

$$= (2^2 \overset{*}{+} 2) \overset{*}{\times} 2 \overset{*}{+} 2^2 \overset{*}{+} 2 \overset{*}{+} 2^2 \overset{*}{+} 2^2 \cdot 2 \overset{*}{+} 2^2 \overset{*}{+} 1$$
$$= (2^2 \overset{*}{\times} 2) \overset{*}{+} (2 \overset{*}{\times} 2) \overset{*}{+} 2^2 \overset{*}{+} 2 \overset{*}{+} 2^2 \cdot 2 \overset{*}{+} 1$$
$$= 2^2 \cdot 2 \overset{*}{+} (2 \overset{*}{+} 1) \overset{*}{+} 2^2 \overset{*}{+} 2 \overset{*}{+} 2^2 \cdot 2 \overset{*}{+} 1$$
$$= 2^2 = 4$$

同様にして $0 \leq m, n \leq 15$ について $m \overset{*}{\times} n$ を計算すると次の表が得られます.

ニム積 $m \overset{*}{\times} n$ ($0 \leqq m, n \leqq 15$) の表

	0	1	2	3	4	5	6	7	8	9	10	11	12	13	14	15
0	0	0	0	0	0	0	0	0	0	0	0	0	0	0	0	0
1	0	1	2	3	4	5	6	7	8	9	10	11	12	13	14	15
2	0	2	3	1	8	10	11	9	12	14	15	13	4	6	7	5
3	0	3	1	2	12	15	13	14	4	7	5	6	8	11	9	10
4	0	4	8	12	6	2	14	10	11	15	3	7	13	9	5	1
5	0	5	10	15	2	7	8	13	3	6	9	12	1	4	11	14
6	0	6	11	13	14	8	5	3	7	1	12	10	9	15	2	4
7	0	7	9	14	10	13	3	4	15	8	6	1	5	2	12	11
8	0	8	12	4	11	3	7	15	13	5	1	9	6	14	10	2
9	0	9	14	7	15	6	1	8	5	12	11	2	10	3	4	13
10	0	10	15	5	3	9	12	6	1	11	14	4	2	8	13	7
11	0	11	13	6	7	12	10	1	9	2	4	15	14	5	3	8
12	0	12	4	8	13	1	9	5	6	10	2	14	11	7	15	3
13	0	13	6	11	9	4	15	2	14	3	8	5	7	10	1	12
14	0	14	7	9	5	11	2	12	10	4	13	3	15	1	8	6
15	0	15	5	10	1	14	4	11	2	13	7	8	3	12	6	9

この表を見ると, 各行各列に 1 が 1 回だけ現れていて, 除法の計算ができることが分かります. 例えば, ニム積に関して $11^{-1} = 7$ ですから, $13 \overset{*}{\div} 11 = 13 \overset{*}{\times} 7 = 2$ となります.

7.3 グランディ数がニム積で計算されるゲーム

代数学の発想でニム積を定義してみましたが，じつはゲームへの応用もあるのです．本格的な応用は第 8.6 節で説明しますが，その前にグランディ数がニム積で計算されるゲームを 2 つ紹介しておきましょう．

● 長方形切り取りゲーム

cm を単位として縦横ともに整数となるあらゆる大きさの長方形の紙がストックされた箱が用意されていて，何枚でも使えるものとしましょう．その中から長方形の紙を何枚か取り出してテーブル上に置きます．以下，縦 a cm, 横 b cm の長方形のことを $a \times b$ と記しましょう．このとき，ゲームは次のように進行します：

(1) テーブル上の長方形を 1 枚選ぶ．大きさが $a \times b$ だとする．紙のストックから，その長方形より大きい紙を 1 枚 $(a+a') \times (b+b')$ $(0 \leqq a' < a,\ 0 \leqq b' < b)$ をとる．

(2) 取り出した大きい方の紙を縦 a cm, 横 b cm のところで，4 つの長方形 $a \times b, a' \times b, a \times b', a' \times b'$ に切り分ける．

(3) $a' \times b, a \times b', a' \times b'$ の 3 枚をテーブルに残し，$a \times b$ の紙はストックに入れてしまう．ただし，$a' = 0$（または $b' = 0$）を選んだときには，テーブルに残す紙は 1 枚 $a \times b'$（または $a' \times b$）と考える．また，$a' = b' = 0$ としたときには，はじめに選んだ紙をそのままストックに入れてしまうと考える．

(4) 最後の 1 枚の紙をストックに戻した者が勝ちである．

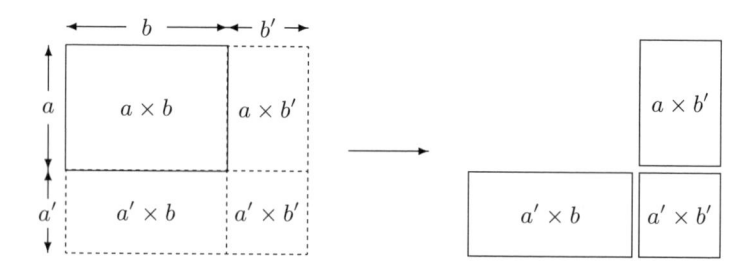

このゲームは，本当に紙を切っていては紙の無駄ですから，実際には，方眼紙に長方形を書いてやってみたらよいでしょう．

定理 7.3 (長方形切り取りゲームのグランディ数)　テーブル上に $a_1 \times b_1, \ldots, a_r \times b_r$ の紙がある局面のグランディ数は

$$g(a_1 \times b_1, \ldots, a_r \times b_r) = (a_1 \overset{*}{\times} b_1) \overset{*}{+} \cdots \overset{*}{+} (a_r \overset{*}{\times} b_r)$$

で与えられる．

この定理は，次のように解釈すると分かりよいと思います．

長方形 $a \times b$ のニム面積を $a \overset{*}{\times} b$ とし，何枚も長方形があるときは，そのニム面積を各長方形のニム面積のニム和と定める．このとき，ニム面積がグランディ数を与える．特に，ニム面積が 0 となる局面が後手必勝形である．

例えば，テーブルの上にある長方形が

$$2 \times 3, \quad 5 \times 7, \quad 1 \times 4, \quad 6 \times 11$$

のとき，ニム積の表より，この局面のグランディ数は

$$2 \overset{*}{\times} 3 \overset{*}{+} 5 \overset{*}{\times} 7 \overset{*}{+} 1 \overset{*}{\times} 4 \overset{*}{+} 6 \overset{*}{\times} 11 = 1 \overset{*}{+} 13 \overset{*}{+} 4 \overset{*}{+} 10 = 2$$

です．この 4 つの長方形のうちの 1 つ $a \times b$ を $a' \times b, a \times b', a' \times b'$ ($a' < a, b' < b$) という 3 枚に取り替えて，全体のグランディ数を 0 にするには，

$$a \overset{*}{\times} b' \overset{*}{+} a' \overset{*}{\times} b \overset{*}{+} a' \overset{*}{\times} b' = a \overset{*}{\times} b \overset{*}{+} 2$$

となっていなければなりません．$a \overset{*}{\times} b$ の mex による定義から，$a \overset{*}{\times} b > a \overset{*}{\times} b \overset{*}{+} 2$ ならば，この移行が可能になります．この条件は，$6 \overset{*}{\times} 11 = 10 > 8 = 10 \overset{*}{+} 2$ のときに満たされているので，ニム積の表で $6 \overset{*}{\times} b' \overset{*}{+} a' \overset{*}{\times} 11 \overset{*}{+} a' \overset{*}{\times} b' = 8$ となる $a' < 6, b' < 11$ を探すと，$a' = 5, b' = 8$ のときに $3 \overset{*}{+} 7 \overset{*}{+} 12 = 8$ が見出されます．

	0	1	2	3	4	5	6	⋯
⋮								
					⋯⋯			
8	0	8	12	4	11	3	7	
9	0	9	14	7	15	6	1	
10	0	10	15	5	3	9	12	
11	0	11	13	6	7	12	10	
⋮								

したがって, 長方形 6×11 を $6 \times 8, 5 \times 11, 5 \times 8$ の 3 枚に置き換えるのが必勝戦略です.

定理 7.3 の証明 ゲームの和のグランディ数の定理により, $g(a \times b) = a \overset{*}{\times} b$ であることを示せばよい. (a, b) に関する辞書式順序による数学的帰納法でこれを証明する. $a \times 0$ は長方形がない状態なので終了局面であり, $g(a, 0) = 0$ である. $a \times b$ から移行できる局面は $a' \times b, a \times b', a' \times b'$ $(a' < a, b' < b)$ であるから, 帰納法の仮定により,

$$g(a \times b) = \mathrm{mex}\{g(a' \times b) \overset{*}{+} g(a \times b') \overset{*}{+} g(a' \times b')\}$$
$$= \mathrm{mex}\{(a' \overset{*}{\times} b) \overset{*}{+} (a \overset{*}{\times} b') \overset{*}{+} (a' \overset{*}{\times} b')\}$$

となるが, $\overset{*}{\times}$ の定義により, この右辺は $a \overset{*}{\times} b$ に等しい. □

Conway が考え出したこのゲームは, ニム積の定義に合うように無理やり作り出した感があります. ゲームとしてより自然なのは, 次の 2 次元ターニング・タートルズです.

● **2 次元ターニング・タートルズ**

このゲームは, x 座標方向と y 座標方向とで 2 つのターニング・タートルズを同時に行うようなゲームです.

まず, $n \times m$ 個のコインを, 裏表は気にせず, 縦 n, 横 m の長方形型に並べます. コインの位置は座標で (k, ℓ) $(1 \leq k \leq m, 1 \leq \ell \leq n)$ と表すことにしましょう. 例えば, $m = 8, n = 6$ ならば, 次のようになります.

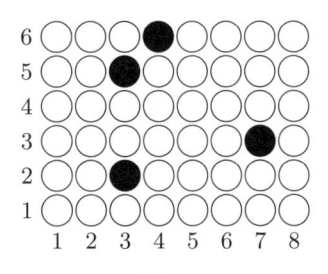

図 7.1

ゲームは次のように行います．
(1) まず，2 枚のコイン $(a,b), (a',b')$ を選ぶ．ただし，$a' \leq a, b' \leq b$ で，コイン (a,b) は表向きでなければならない．
(2) そして，$(a,b), (a,b'), (a',b), (a',b')$ の位置にあるコインを裏返す．
(3) 最後に裏返したものが勝ちである．(表向きのコインを選べなくなる状態，すなわち，すべてが裏向きの状態が終了局面である．)

例えば，上の図の局面で，1 枚目のコインとして $(7,5)$ を選び，2 枚目のコインとして $(3,2)$ を選んだとすると，下図の四角で囲んだ 4 枚を裏返すこととなり，

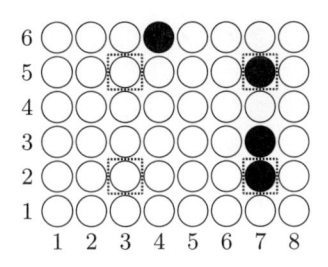

という局面に移行します．

これはなかなか難しいゲームですが，次の定理が示すように，このゲームの局面のグランディ数はニム積を用いて計算できるのです．

定理 7.4 (2 次元ターニング・タートルズのグランディ数) 表になっているコインの座標を
$$(a_1,b_1),\ldots,(a_r,b_r)$$
とすると，この局面のグランディ数は

$$g((a_1,b_1),\ldots,(a_r,b_r)) = (a_1 \stackrel{*}{\times} b_1) \stackrel{*}{+} \cdots \stackrel{*}{+} (a_r \stackrel{*}{\times} b_r)$$

で与えられる.

証明 まず,表になっているコインが1つもないとき(終了局面のとき), $g = 0$ でグランディ数と一致していることは明らかである.そこで,表になっているコインが $\{(a_1,b_1),\ldots,(a_r,b_r)\}$ の位置にある局面について,その後続局面については定理が成り立っているとして,定理の等式を証明すればよい.そのために, $i=1,\ldots,r$ に対して

$$S_i = \{a' \stackrel{*}{\times} b_i \stackrel{*}{+} a_i \stackrel{*}{\times} b' \stackrel{*}{+} a' \stackrel{*}{\times} b'\}$$

とおく.局面 $\{(a_1,b_1),\ldots,(a_r,b_r)\}$ の後続局面とは,ある (a_i,b_i) と (a',b') $(0 \leq a' < a_i, 0 \leq b' < b_i)$ を選んで, $(a_i,b_i), (a',b_i), (a_i,b'), (a',b')$ を裏返すことである.ただし,座標が 0 の位置にコインは存在しないので, $a'=0, b' \neq 0$ の場合や $a' \neq 0, b'=0$ の場合には2枚のコインを裏返す, $a'=b'=0$ の場合は1枚のコインを裏返すと考える.この移行した局面については定理が成り立っているとしてよいから,そのグランディ数は $(a_1 \stackrel{*}{\times} b_1) \stackrel{*}{+} \cdots \stackrel{*}{+} (a_r \stackrel{*}{\times} b_r)$ において, $a_i \stackrel{*}{\times} b_i$ を $a' \stackrel{*}{\times} b_i \stackrel{*}{+} a_i \stackrel{*}{\times} b' \stackrel{*}{+} a' \stackrel{*}{\times} b'$ で置き換えたものである.したがって,定義により局面 $\{(a_1,b_1),\ldots,(a_r,b_r)\}$ のグランディ数は

$$\mathrm{mex}\{(a_1 \stackrel{*}{\times} b_1) \stackrel{*}{+} \cdots \stackrel{*}{+} (a_{i-1} \stackrel{*}{\times} b_{i-1}) \stackrel{*}{+} s'_i$$
$$\stackrel{*}{+} (a_{i+1} \stackrel{*}{\times} b_{i+1}) \stackrel{*}{+} \cdots \stackrel{*}{+} (a_r \stackrel{*}{\times} b_r) \mid 1 \leq i \leq r,\ s'_i \in S_i\}$$

に等しい. $a_i \stackrel{*}{\times} b_i = \mathrm{mex}(S_i)$ に注意すると,補題3.4により,これは $(a_1 \stackrel{*}{\times} b_1) \stackrel{*}{+} \cdots \stackrel{*}{+} (a_r \stackrel{*}{\times} b_r)$ に等しい.これで,定理は示された. □

定理の応用として,すべてが表向きの局面の必勝判定をして見ましょう.

系 7.5 $n \times m$ ですべてのコインが表を向いている状態について,後手必勝(すなわち, $g=0$)となるための必要十分条件は, m または n の少なくとも一方が $4t+3$ $(t \geq 0)$ の形をしていることである.

証明 後手必勝形となる条件は

$$0 = \sum_{k=1}^{m}{}^{*}\sum_{\ell=1}^{n}{}^{*} k \stackrel{*}{\times} \ell = \left(\sum_{k=1}^{m}{}^{*} k\right) \stackrel{*}{\times} \left(\sum_{\ell=1}^{n}{}^{*} \ell\right)$$

である (ここで分配法則を用いている). 0 でない 2 数のニム積は 0 でないから, これは,

$$\sum_{k=1}^{m}{}^{*} k = 0 \quad \text{または} \quad \sum_{\ell=1}^{n}{}^{*} \ell = 0$$

と同値となり, 主張は第 4 章の系 4.2 より従う. □

この証明で, ニム和とニム積について普通の数の和や積とまったく同じように計算できること (つまり, 体をなしているということ) が便利に使われていることに注意しましょう.

8×6 の場合には, 6 も 8 も $4k+3$ の形ではありませんから, すべてが表向きの局面は先手必勝形です. そのグランディ数は

$$\sum_{k=1}^{8}{}^{*}\sum_{\ell=1}^{6}{}^{*} k \stackrel{*}{\times} \ell = \left(\sum_{k=1}^{8}{}^{*} k\right) \stackrel{*}{\times} \left(\sum_{\ell=1}^{6}{}^{*} \ell\right) = 8 \stackrel{*}{\times} 7 = 15$$

です. ここで先手は, グランディ数を 0 にする手を探さなければなりません. そのためには,

$$(a \stackrel{*}{+} a') \stackrel{*}{\times} (b \stackrel{*}{+} b') = 15$$

となる a, a', b, b' を見つける必要があります. ニム積の表を見ると, $15 = 8 \stackrel{*}{\times} 7 = 3 \stackrel{*}{\times} 5$ ですから, 例えば, $(5,3)$ を 1 枚裏返す, $(8,3), (8,4)$ の 2 枚を裏返す, または, $(4,2), (4,1), (1,2), (1,1)$ の 4 枚を裏返すという手が見つかります.

次に, 図 7.1 の局面のグランディ数を計算してみましょう. ただし, ○ が表向き, ● が裏向きのコインだとします. いま計算したように, すべてが表向きの場合のグランディ数は 15 でしたから, 裏表を逆転させた局面のグランディ数を計算し, それと 15 とのニム和をとってやれば, もとの局面のグランディ数を得ることができます. もとの局面では裏向きのコインの個数が表向きのコインの個数よりずっと少ないので, このような工夫をすると計算が楽になります. さて, 裏表を逆転させた局面のグランディ数は

$$7 \stackrel{*}{\times} 5 + 7 \stackrel{*}{\times} 3 + 6 \stackrel{*}{\times} 1 + 5 \stackrel{*}{\times} 4 + 4 \stackrel{*}{\times} 6 + 3 \stackrel{*}{\times} 5 + 3 \stackrel{*}{\times} 2 + 2 \stackrel{*}{\times} 4$$
$$= 7 \stackrel{*}{\times} (5 \stackrel{*}{+} 3) + 6 \stackrel{*}{\times} 1 + 4 \stackrel{*}{\times} (5 \stackrel{*}{+} 6 \stackrel{*}{+} 2) + 3 \stackrel{*}{\times} (5 \stackrel{*}{+} 2)$$
$$= 7 \stackrel{*}{\times} 6 + 6 \stackrel{*}{\times} 1 + 4 \stackrel{*}{\times} 1 + 3 \stackrel{*}{\times} 7$$
$$= 7 \stackrel{*}{\times} (6 \stackrel{*}{+} 3) + 6 \stackrel{*}{+} 4 = 7 \stackrel{*}{\times} 5 \stackrel{*}{+} 2$$
$$= 13 \stackrel{*}{+} 2 = 15$$

と計算できます．ここで，交換法則・分配法則を利用してニム積の計算回数を減らすようにしました．もともとの局面のグランディ数は，この 15 にさらに 15 をニム和の意味で足すのでしたから，結局 0 となります．これで，図 7.1 の局面はじつは後手必勝形だったことが分かりました．

もう 1 つの例として，次の図 7.2 の局面を考えてみましょう．

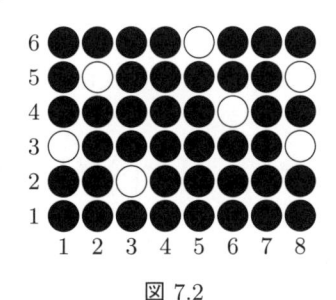

図 7.2

この局面のグランディ数は
$$8 \stackrel{*}{\times} 5 + 8 \stackrel{*}{\times} 3 + 6 \stackrel{*}{\times} 4 + 5 \stackrel{*}{\times} 6 + 3 \stackrel{*}{\times} 2 + 2 \stackrel{*}{\times} 5 + 1 \stackrel{*}{\times} 3$$
$$= 8 \stackrel{*}{\times} (5 \stackrel{*}{+} 3) + 6 \stackrel{*}{\times} (5 \stackrel{*}{+} 4) + 2 \stackrel{*}{\times} (5 \stackrel{*}{+} 3) + 3 \stackrel{*}{\times} 1$$
$$= 8 \stackrel{*}{\times} 6 + 6 \stackrel{*}{\times} 1 + 2 \stackrel{*}{\times} 6 + 3 \stackrel{*}{\times} 1$$
$$= 6 \stackrel{*}{\times} (8 \stackrel{*}{+} 2 \stackrel{*}{+} 1) + 3 \stackrel{*}{\times} 1$$
$$= 6 \stackrel{*}{\times} 11 \stackrel{*}{+} 3 = 10 \stackrel{*}{+} 3$$
$$= 9$$

ですから，先手必勝形です．ここで，
$$9 = 7 \stackrel{*}{\times} 2 = (5 \stackrel{*}{+} 2) \stackrel{*}{\times} (6 \stackrel{*}{+} 4)$$

に注意すると, $(5,6), (2,6), (5,4), (2,4)$ の 4 枚を裏返す手が図 7.2 の局面での最善手を与えることが分かります.

7.4　ニム積の性質の証明

この節では, J.H.Conway [21] に従って定理 7.1, 7.2 の証明を与えます. 以下では, 体論についての基本的な知識 (必要なら補足 4 (p.110) も参照してください) を仮定します. この部分は本書の中でもっとも数学的予備知識を必要とする部分です. この節の内容は後に利用されることはありませんから, 体論に慣れていない読者はこの節を飛ばしてもかまいません.

命題 7.6　ニム積について以下の等式が成り立つ.

(i)　$a \stackrel{*}{\times} 0 = 0, a \stackrel{*}{\times} 1 = a$.

(ii)　交換法則: $a \stackrel{*}{\times} b = b \stackrel{*}{\times} a$.

(iii)　$b \neq 0$ ならば, ニム積に関する消去則

$$a_1 \stackrel{*}{\times} b = a_2 \stackrel{*}{\times} b \iff a_1 = a_2$$

が成り立つ. とくに, $a, b \neq 0$ ならば, $a \stackrel{*}{\times} b \neq 0$ である.

(iv)　分配法則: $(a + b) \stackrel{*}{\times} c = a \stackrel{*}{\times} c + b \stackrel{*}{\times} c$.

(v)　結合法則: $(a \stackrel{*}{\times} b) \stackrel{*}{\times} c = a \stackrel{*}{\times} (b \stackrel{*}{\times} c)$.

証明　(i) の 2 つの等式は, すでにニム積の定義の直後に証明されている. (ii)–(v) を数学的帰納法によって証明しよう. 以下では, 命題 3.7 の証明 (p.44) と同様に, $\{a'\} = \{a' \mid 0 \leq a' < a\}$ のような略記法を用いる. また, $\stackrel{\star}{=}$ はこの等号の成立において帰納法の仮定を用いていることを表す.

(ii)　$a \stackrel{*}{\times} b = \mathrm{mex}\{a' \stackrel{*}{\times} b + a \stackrel{*}{\times} b' + a' \stackrel{*}{\times} b'\}$

$\stackrel{\star}{=} \mathrm{mex}\{b \stackrel{*}{\times} a' + b' \stackrel{*}{\times} a + b' \stackrel{*}{\times} a'\} = b \stackrel{*}{\times} a$.

(iii)　$a_1 \neq a_2$ だとする. $a_1 < a_2$ としてよい. このとき, $a_2' = a_1, b' = 0$ とでき, $a_2' \stackrel{*}{\times} b + a_2 \stackrel{*}{\times} b' + a_2' \stackrel{*}{\times} b' = a_1 \stackrel{*}{\times} b$ となるから, $a_2 \stackrel{*}{\times} b = \mathrm{mex}\{a_2' \stackrel{*}{\times} b + a_2 \stackrel{*}{\times} b' + a_2' \stackrel{*}{\times} b'\} \neq a_1 \stackrel{*}{\times} b$ である.

(iv) 分配法則は
$$(a \stackrel{*}{+} b) \stackrel{*}{\times} c$$
$$= \mathrm{mex}\{(a \stackrel{*}{+} b)' \stackrel{*}{\times} c + (a \stackrel{*}{+} b) \stackrel{*}{\times} c' \stackrel{*}{+} (a \stackrel{*}{+} b)' \stackrel{*}{\times} c'\}$$
$$\stackrel{(\spadesuit)}{=} \mathrm{mex}\{(a' \stackrel{*}{+} b) \stackrel{*}{\times} c + (a \stackrel{*}{+} b) \stackrel{*}{\times} c' \stackrel{*}{+} (a' \stackrel{*}{+} b) \stackrel{*}{\times} c',$$
$$(a \stackrel{*}{+} b') \stackrel{*}{\times} c + (a \stackrel{*}{+} b) \stackrel{*}{\times} c' \stackrel{*}{+} (a \stackrel{*}{+} b') \stackrel{*}{\times} c'\}$$
$$\stackrel{\star}{=} \mathrm{mex}\{(a' \stackrel{*}{\times} c + a \stackrel{*}{\times} c' \stackrel{*}{+} a' \stackrel{*}{\times} c') \stackrel{*}{+} b \stackrel{*}{\times} c,$$
$$a \stackrel{*}{\times} c \stackrel{*}{+} (b' \stackrel{*}{\times} c \stackrel{*}{+} b \stackrel{*}{\times} c' \stackrel{*}{+} b' \stackrel{*}{\times} c')\}$$
$$\stackrel{(\heartsuit)}{=} \mathrm{mex}\{(a \stackrel{*}{\times} c)' \stackrel{*}{+} b \stackrel{*}{\times} c,\ a \stackrel{*}{\times} c \stackrel{*}{+} (b \stackrel{*}{\times} c)'\}$$
$$= a \stackrel{*}{\times} c \stackrel{*}{+} b \stackrel{*}{\times} c$$

と示される. 最初の等号はニム積の定義, 最後の等号はニム和の定義による. (♠) の等号の成立を示す. 補題 3.2 (i) により (♠) の右辺は左辺より大きいか等しい. もし等号が成り立たないとすると, 補題 3.2 (ii) により, $(a \stackrel{*}{+} b) \stackrel{*}{\times} c$ は
$$(a' \stackrel{*}{+} b) \stackrel{*}{\times} c + (a \stackrel{*}{+} b) \stackrel{*}{\times} c' \stackrel{*}{+} (a' \stackrel{*}{+} b) \stackrel{*}{\times} c',$$
$$(a \stackrel{*}{+} b') \stackrel{*}{\times} c + (a \stackrel{*}{+} b) \stackrel{*}{\times} c' \stackrel{*}{+} (a \stackrel{*}{+} b') \stackrel{*}{\times} c'$$

のいずれかに等しい.
$$(a \stackrel{*}{+} b) \stackrel{*}{\times} c = (a' \stackrel{*}{+} b) \stackrel{*}{\times} c + (a \stackrel{*}{+} b) \stackrel{*}{\times} c' \stackrel{*}{+} (a' \stackrel{*}{+} b) \stackrel{*}{\times} c'$$

だったとする. ここで, $a \stackrel{*}{+} b > a' \stackrel{*}{+} b$ だとすると, $(a \stackrel{*}{+} b) \stackrel{*}{\times} c$ の定義と矛盾する. 一方, $a \stackrel{*}{+} b < a' \stackrel{*}{+} b$ だとすると, 上の式は
$$(a' \stackrel{*}{+} b) \stackrel{*}{\times} c = (a \stackrel{*}{+} b) \stackrel{*}{\times} c + (a' \stackrel{*}{+} b) \stackrel{*}{\times} c' \stackrel{*}{+} (a \stackrel{*}{+} b) \stackrel{*}{\times} c'$$

と変形されるから, $(a' \stackrel{*}{+} b) \stackrel{*}{\times} c$ の定義と矛盾する.
$$(a \stackrel{*}{+} b) \stackrel{*}{\times} c = (a \stackrel{*}{+} b') \stackrel{*}{\times} c + (a \stackrel{*}{+} b) \stackrel{*}{\times} c' \stackrel{*}{+} (a \stackrel{*}{+} b') \stackrel{*}{\times} c'$$

の場合も同様に矛盾に導かれる. よって, (♠) の等号が示された.

次に (♡) の等号を示そう. やはり補題 3.2 (i) により (♡) の左辺は右辺より大きいか等しく, (♡) が成り立たないとすると, 補題 3.2 (ii) により, $a \stackrel{*}{\times} c \stackrel{*}{+} b \stackrel{*}{\times}$

c は
$$(a' \stackrel{*}{\times} c + a \stackrel{*}{\times} c' + a' \stackrel{*}{\times} c') + b \stackrel{*}{\times} c,$$
$$a \stackrel{*}{\times} c + (b' \stackrel{*}{\times} c + b \stackrel{*}{\times} c' + b' \stackrel{*}{\times} c')$$

のいずれかに等しい. もし, 前者に等しいならば
$$a \stackrel{*}{\times} c = a' \stackrel{*}{\times} c + a \stackrel{*}{\times} c' + a' \stackrel{*}{\times} c'$$

となり, $a \stackrel{*}{\times} c$ の定義に矛盾する. もし, 後者に等しいならば
$$b \stackrel{*}{\times} c = b' \stackrel{*}{\times} c + b \stackrel{*}{\times} c' + b' \stackrel{*}{\times} c'$$

となり, 同様に矛盾に導かれる. よって, (♡) の等号が示された.

(v) 結合法則は

$(a \stackrel{*}{\times} b) \stackrel{*}{\times} c$

$= \mathrm{mex}\{(a \stackrel{*}{\times} b)' \stackrel{*}{\times} c + (a \stackrel{*}{\times} b) \stackrel{*}{\times} c' + (a \stackrel{*}{\times} b)' \stackrel{*}{\times} c'\}$

$\stackrel{(♣)}{=} \mathrm{mex}\{(a' \stackrel{*}{\times} b + a \stackrel{*}{\times} b' + a' \stackrel{*}{\times} b') \stackrel{*}{\times} c + (a \stackrel{*}{\times} b) \stackrel{*}{\times} c'$
$\qquad + (a' \stackrel{*}{\times} b + a \stackrel{*}{\times} b' + a' \stackrel{*}{\times} b') \stackrel{*}{\times} c'\}$

$\stackrel{\star}{=} \mathrm{mex}\{a \stackrel{*}{\times} (b' \stackrel{*}{\times} c + b \stackrel{*}{\times} c' + b' \stackrel{*}{\times} c') + a' \stackrel{*}{\times} (b \stackrel{*}{\times} c)$
$\qquad + a' \stackrel{*}{\times} (b' \stackrel{*}{\times} c + b \stackrel{*}{\times} c' + b' \stackrel{*}{\times} c')\}$

$\stackrel{(♢)}{=} \mathrm{mex}\{a \stackrel{*}{\times} (b \stackrel{*}{\times} c)' + a' \stackrel{*}{\times} (b \stackrel{*}{\times} c) + a' \stackrel{*}{\times} (b \stackrel{*}{\times} c)'\}$

$= a \stackrel{*}{\times} (b \stackrel{*}{\times} c)$

と示される. ここで, 最初の等号と最後の等号はニム積の定義による. (♣) の等号は, (iv) の証明中の (♠) の場合と同様である. (♢) は (♣) とまったく同様である. □

上の命題によって, 非負整数の集合 $\mathbb{N}$ はニム和・ニム積について標数 2 の整域をなすことが証明されました. 定理 7.1 が主張するように, $\mathbb{N}$ はニム和・ニム積について体をなすのですが, より詳しく次の定理が成り立ちます.

定理 7.7 任意の $m \geq 0$ に対し, $K_m = \{0, 1, \ldots, 2^{2^m} - 1\}$ とおく. K_m は有限体 (2^{2^m} 元体) をなし, K_{m+1} は K_m の 2 次拡大体で,

$$K_{m+1} = K_m \stackrel{*}{\times} 2^{2^m} \stackrel{*}{+} K_m$$

となる. また, $x = 2^{2^m}$ の体 K_m 上の定義方程式は,

$$x \stackrel{*}{\times} x \stackrel{*}{+} x \stackrel{*}{+} 2^{2^m - 1} = 0$$

で与えられる. したがって, $\mathbb{N} = \bigcup_{m=0}^{\infty} K_m$ は 2 元体 $K_0 = \{0, 1\}$ 上の無限次代数拡大体となる.

定理の証明の前に, 1 つ補題を用意しておきます.

補題 7.8 $\Delta \in \mathbb{N}$ に対し, $[\Delta] = \{0, 1, 2, \ldots, \Delta - 1\}$ とおく. もし, $[\Delta]$ がニム和・ニム積について体をなすならば,

$$\delta_1 \stackrel{*}{\times} \Delta \stackrel{*}{+} \delta_2 = \delta_1 \Delta + \delta_2 \quad (\delta_1, \delta_2 \in [\Delta])$$

が成り立つ. ここで, 右辺の演算は整数の通常の和, 積を考えている.

証明 $\delta_1 = 0$ ならば明らかに成り立っているから, δ_1, δ_2 に関する二重の帰納法で証明する. いま, $\delta_1 \stackrel{*}{\times} \Delta \stackrel{*}{+} \delta_2 = \mathrm{mex}(S)$ となる集合 S の元を一般に $(\delta_1 \stackrel{*}{\times} \Delta \stackrel{*}{+} \delta_2)'$ と表すと,

$(\delta_1 \stackrel{*}{\times} \Delta \stackrel{*}{+} \delta_2)'$
$= (\delta_1 \stackrel{*}{\times} \Delta)' \stackrel{*}{+} \delta_2,\ \delta_1 \stackrel{*}{\times} \Delta \stackrel{*}{+} \delta_2'$
$= \delta_1' \stackrel{*}{\times} \Delta \stackrel{*}{+} \delta_1 \stackrel{*}{\times} \delta_3 \stackrel{*}{+} \delta_1' \stackrel{*}{\times} \delta_3 \stackrel{*}{+} \delta_2,\ \delta_1 \stackrel{*}{\times} \Delta \stackrel{*}{+} \delta_2' \quad (\delta_3 < \Delta)$
$= \delta_1' \stackrel{*}{\times} \Delta \stackrel{*}{+} (\delta_1 \stackrel{*}{+} \delta_1') \stackrel{*}{\times} \delta_3 \stackrel{*}{+} \delta_2,\ \delta_1 \stackrel{*}{\times} \Delta \stackrel{*}{+} \delta_2'$

である. ここで, $\delta_1 > 0$ であり, したがって, $\delta_1 \stackrel{*}{+} \delta_1' \neq 0$ としてよいから, $[\Delta]$ が体をなすという仮定により, $\delta_1 \stackrel{*}{+} \delta_1'$ は可逆であり, $(\delta_1 \stackrel{*}{+} \delta_1') \stackrel{*}{\times} \delta_3 \stackrel{*}{+} \delta_2$ は Δ より小さい任意の元を表せる. したがって,

$$(\delta_1 \stackrel{*}{\times} \Delta \stackrel{*}{+} \delta_2)' = \delta_1' \stackrel{*}{\times} \Delta \stackrel{*}{+} \delta_3,\ \delta_1 \stackrel{*}{\times} \Delta \stackrel{*}{+} \delta_2'$$

となる. この右辺に帰納法の仮定を用いれば,

$$(\delta_1 \overset{*}{\times} \Delta \overset{*}{+} \delta_2)' = \delta_1' \Delta + \delta_3, \ \delta_1 \Delta + \delta_2'$$

となり, 右辺は $\delta_1 \Delta + \delta_2$ より小さい任意の $\mathbb{N}$ の元を表せる. よって,

$$\delta_1 \overset{*}{\times} \Delta \overset{*}{+} \delta_2 = \delta_1 \Delta + \delta_2$$

が成り立つ. □

定理 7.7 の証明 K_m に関する主張を m についての数学的帰納法で証明しよう. $K_0 = \{0,1\}$, $K_1 = \{0,1,2,3\}$ であり, $\overset{*}{\times}$ の積表 (p. 95) をみれば, K_0, K_1 が体となっていることは容易に確認できる. また, $2 \overset{*}{\times} 2 = 3 = 2 \overset{*}{+} 1$ である. これは,

(♭) K_m は体で $x = 2^{2^{m-1}}$ が $x \overset{*}{\times} x \overset{*}{+} x \overset{*}{+} 2^{2^{m-1}-1} = 0$ を満たす

という主張が $m = 1$ で成り立っていることを示している. そこで, $m \geq 1$ に対して主張 (♭) が成り立つと仮定して $x = 2^{2^m}$ が

(♯) $x \overset{*}{\times} x \overset{*}{+} x \overset{*}{+} 2^{2^m - 1} = 0$

を満たすことを証明しよう. もし, $x = 2^{2^m}$ に対し (♯) が成り立つことが証明できれば, $K_m(2^{2^m})$ は K_m の 2 次拡大体で

$$K_m(2^{2^m}) = \left\{ \delta_1 \overset{*}{\times} 2^{2^m} \overset{*}{+} \delta_2 \ \middle| \ \delta_1, \delta_2 \in K_m \right\}$$

であり, 補題 7.8 により, 右辺の集合は

$$\left\{ \delta_1 \overset{*}{\times} 2^{2^m} \overset{*}{+} \delta_2 \ \middle| \ \delta_1, \delta_2 \in K_m \right\} = \left\{ \delta_1 2^{2^m} + \delta_2 \ \middle| \ \delta_1, \delta_2 < 2^{2^m} \right\}$$

$$= [2^{2^m}] = K_{m+1}$$

となって, K_{m+1} が体であることが分かる. これから数学的帰納法により, 主張 (♭) がすべての $m \geq 1$ に対して成立することが示される. では, (♭) を仮定して (♯) を証明しよう. まず, 補題 7.8 の証明と同様に, $2^{2^m} \overset{*}{\times} 2^{2^m} = \mathrm{mex}(S)$ となる集合 S の元を一般に $(2^{2^m} \overset{*}{\times} 2^{2^m})'$ と表すと,

$$(2^{2^m} \overset{*}{\times} 2^{2^m})' = \delta_1 \overset{*}{\times} 2^{2^m} + 2^{2^m} \overset{*}{\times} \delta_2 + \delta_1 \overset{*}{\times} \delta_2$$
$$= (\delta_1 \overset{*}{+} \delta_2) \overset{*}{\times} 2^{2^m} + \delta_1 \overset{*}{\times} \delta_2 \quad (\delta_1, \delta_2 < 2^{2^m})$$

となることに注意しよう.これより,$\alpha_1 \overset{*}{\times} 2^{2^m} \overset{*}{+} \alpha_2 = \alpha_1 2^{2^m} + \alpha_2$ ($\alpha_1, \alpha_2 < 2^{2^m}$) が $(2^{2^m} \overset{*}{\times} 2^{2^m})'$ の中に現れるには,$\delta_1 \overset{*}{+} \delta_2 = \alpha_1, \delta_1 \overset{*}{\times} \delta_2 = \alpha_2$ を満たす $\delta_1, \delta_2 < 2^{2^m}$ が存在することが必要十分である.さらにこれは,根と係数の関係により,$x \overset{*}{\times} x \overset{*}{+} \alpha_1 \overset{*}{\times} x \overset{*}{+} \alpha_2 = 0$ が K_m において解をもつことと同値である.下の補題により,この 2 次方程式が K_m で解を持たないような最初の α_1, α_2 は $\alpha_1 = 1, \alpha_2 = 2^{2^m-1}$ である.したがって,$2^{2^m} \overset{*}{\times} 2^{2^m} = 2^{2^m} + 2^{2^m-1}$ となる. □

補題 7.9 K_m は体であり,$2^{2^{m-1}} \overset{*}{\times} 2^{2^{m-1}} = 2^{2^{m-1}} + 2^{2^{m-1}-1}$ が成り立つことがすでに証明されているとする.このとき,

(i) $x^2 + a = 0$ ($a \in K_m$) はつねにただ 1 つの解をもつ.

(ii) $\phi : K_m \to K_m$ を $\phi(x) = x \overset{*}{\times} x \overset{*}{+} x$ と定義すると,ϕ は加法群の準同型で,

$$\mathrm{Ker}(\phi) = \{0, 1\}, \quad \mathrm{Im}(\phi) = \{0, 1, \ldots, 2^{2^m-1} - 1\}$$

である.

証明 (i) は,標数 2 の有限体の一般的性質である.($x \mapsto x^2$ が $K_m^\times$ の自己同型を与えているから.)

(ii) 標数 2 であるから,$(x \overset{*}{+} y) \overset{*}{\times} (x \overset{*}{+} y) = x \overset{*}{\times} x \overset{*}{+} y \overset{*}{\times} y$ となり,ϕ が加法群の準同型となることは容易にわかる.また,明らかに $0, 1 \in \mathrm{Ker}(\phi)$ であるが,$\mathrm{Ker}(\phi)$ は 2 次方程式 $x \overset{*}{\times} x \overset{*}{+} x = 0$ の解集合であるから位数は高々 2 であり,したがって,$\{0, 1\}$ に一致する.最後に $\mathrm{Im}(\phi)$ についての主張を m に関する帰納法で示そう.K_m の元 α は $\alpha = \alpha_1 2^{2^{m-1}} + \alpha_2$ ($\alpha_1, \alpha_2 < 2^{2^{m-1}}$) と書くことができる.ここで,補題 7.8 により,和・積は通常の整数の和・積として考えても,ニム和・ニム積として考えてもよいことに注意する.このとき,

$\alpha \overset{*}{\times} \alpha \overset{*}{+} \alpha$

$= (\alpha_1 \overset{*}{\times} \alpha_1 \overset{*}{\times} 2^{2^{m-1}} \overset{*}{\times} 2^{2^{m-1}} \overset{*}{+} \alpha_2 \overset{*}{\times} \alpha_2) \overset{*}{+} \alpha_1 \overset{*}{\times} 2^{2^{m-1}} \overset{*}{+} \alpha_2$

$$= (\alpha_1 \overset{*}{\times} \alpha_1 \overset{*}{\times} (2^{2^{m-1}} \overset{*}{+} 2^{2^{m-1}-1}) \overset{*}{+} \alpha_2 \overset{*}{\times} \alpha_2) \overset{*}{+} \alpha_1 \overset{*}{\times} 2^{2^{m-1}} \overset{*}{+} \alpha_2$$
$$= \phi(\alpha_1) \overset{*}{\times} 2^{2^{m-1}} \overset{*}{+} \alpha_1 \overset{*}{\times} \alpha_1 \overset{*}{\times} 2^{2^{m-1}-1} \overset{*}{+} \phi(\alpha_2)$$

ここで, 帰納法の仮定により, $\phi(\alpha_1), \phi(\alpha_2) < 2^{2^{m-1}-1}$ であり, 補題 7.8 により,

$$\phi(\alpha_1) \overset{*}{\times} 2^{2^{m-1}} = \phi(\alpha_1) 2^{2^{m-1}} < 2^{2^{m-1}-1} \cdot 2^{2^{m-1}} = 2^{2^{m-1}-1+2^{m-1}} = 2^{2^m-1},$$
$$\alpha_1 \overset{*}{\times} \alpha_1 \overset{*}{\times} 2^{2^{m-1}-1} < 2^{2^{m-1}} \cdot 2^{2^{m-1}-1} = 2^{2^m-1}, \quad \phi(\alpha_2) < 2^{2^{m-1}-1}$$

となるから, $\phi(\alpha) < 2^{2^m-1}$ である. 一方,

$$|\mathrm{Im}(\phi)| = |K_m|/|\mathrm{Ker}(\phi)| = 2^{2^m}/2 = 2^{2^m-1}$$

だから, $\mathrm{Im}(\phi) = \{0, 1, \ldots, 2^{2^m-1} - 1\}$ であることが分かる. □

定理 7.2 は以上の議論に実質的には含まれています.

定理 7.2 ニム積について, 次の等式が成立する.
$$\delta_1 \overset{*}{\times} 2^{2^m} \overset{*}{+} \delta_2 = \delta_1 2^{2^m} + \delta_2 \quad (\delta_1, \delta_2 < 2^{2^m}),$$
$$2^{2^m} \overset{*}{\times} 2^{2^m} = 2^{2^m} + 2^{2^m-1}, \quad 2^{2^m} \overset{*}{\times} 2^{2^n} = 2^{2^m+2^n} \ (m \neq n)$$

証明 第 1, 第 3 の等式は, K_m が体をなすこと (定理 7.7) より, 補題 7.8 から従う. 第 2 の等式は, 定理 7.7 で与えられた $x = 2^{2^m}$ の体 K_m 上の定義方程式そのものである. □

補足 4
体論の基本事項

ニム積の性質を証明するために必要な体論に関する最小限の知識をまとめておきます. (群, 半群に関する用語については, 補足 2 (p.16) を見てください.)

環: 集合 R に 2 種類の二項演算 (一方を加法とよび $a+b$ で, もう一方を乗法とよび ab で表す) が与えられており,
- (1) 加法に関してアーベル群,
- (2) 乗法に関して単位元を持つ半群,
- (3) 任意の $a, b, c \in R$ に対し, 分配法則
$$(a+b)c = ac + bc, \quad a(b+c) = ab + ac$$
が成り立つ

の 3 条件が満たされるとき, R を**環**という. さらに,
- (4) 任意の $a, b \in R$ に対し, 乗法の交換法則
$$ab = ba$$
が成り立つ

ならば, R を**可換環**という.

環 R の加法に関する単位元を 0, 乗法に関する単位元を 1 と表します. 0 を零元, 1 を簡単に単位元とよぶのが普通です. また, R の零元, 単位元であることを明示したいときには, $0_R, 1_R$ などと表します.

標数: 環 R において, $\overbrace{a + \cdots + a}^{n} = na$ と記す. 任意の $a \in R$ に対し $na = 0$ となる最小の正整数 (が存在すれば, それ) を**標数**という. $na = 0 \; (\forall a \in R)$ となる正整数 n が存在しなければ, 標数は 0 とする.

零因子, 整域: 環 R の元 a は, 0 と異なる元 $b \in R$ で $ab = ba = 0$ となるものが存在するならば, **零因子**という. 可換環 R は 0 以外に零因子が存在しないとき, **整域**といわれる.

体: 可換環 R において, 任意の 0 と異なる元 $a \in R$ が乗法に関する逆元 a^{-1} をもつとき, R は**体**といわれる. 体は, 0 と異なる零因子をもたないので, 整域

である．体の標数は 0 または素数である．実際, $(m_1 m_2) 1_R = 0_R$ だとすると，$m_1 1_R \cdot m_2 1_R = 0_R$ であり，整域だから，$m_1 1_R = 0_R$，または，$m_2 1_R = 0_R$ のいずれかが成り立たねばならないからである．体は有限集合のとき**有限体**といわれる．有限体の標数は素数である．

体とは，要するに，加減乗除が (0 で割ることを除いて) 自由にできる体系のことです．有理数の全体 $\mathbb{Q}$，実数の全体 $\mathbb{R}$，複素数の全体 $\mathbb{C}$ は体の典型的な例です．

2 以上の整数 m に対して $\mathbb{Z}_m = \{\bar{0}, \bar{1}, \ldots, \overline{m-1}\}$ とおく．$\mathbb{Z}_m$ において，$\bar{a} + \bar{b} = \bar{c}$ (ただし，c は $a+b$ を m で割ったときの余り)，$\bar{a} \cdot \bar{b} = \bar{d}$ (ただし，d は ab を m で割ったときの余り) と定義すると，$\mathbb{Z}_m$ は $\bar{0}$ を零元，$\bar{1}$ を乗法の単位元とする可換環になります．もし，m が素数だとすると，

$$\bar{a} \cdot \bar{b} = \bar{0} \iff ab \text{ は } m \text{ で割り切れる}$$
$$\iff a \text{ または } b \text{ が } m \text{ で割り切れる} \quad (\because m \text{ が素数だから})$$
$$\iff \bar{a} = 0 \text{ または } \bar{b} = 0$$

となり，$\mathbb{Z}_m$ は整域です．整域が有限集合ならば体になることが証明でき，$\mathbb{Z}_m$ は体となります (m **元体**)．一方，m が素数でなく，$m = m_1 m_2$ ($m_1, m_2 > 1$) と表せたとすると，$\overline{m_1} \neq \bar{0}, \overline{m_2} \neq \bar{0}$ でありながら，$\overline{m_1 m_2} = \bar{0}$ となるので，整域ではありません．

部分体，拡大体：体 K の部分集合 F が K の加法，乗法を F の範囲で考えたときに，体となっているならば，F は K の**部分体**である，K は F の**拡大体**であるという．

拡大次数：K は F の拡大体であるとする．もし，K の有限個の元 $u_1, \ldots, u_n$ があって，$K = \{a_1 u_1 + \cdots + a_n u_n \mid a_1, \ldots, a_n \in F\}$ となるとき，K は F の**有限次拡大**であるという．このようになる最小の n を K の F 上の**拡大次数**といい，$n = [K : F]$ と記す．K が F の有限次拡大，L が K の有限次拡大のとき，L は F の有限次拡大となり，$[L : F] = [L : K][K : F]$ が成り立つ．

代数拡大：K を F の拡大体とする．$u \in K$ は，ある F-係数の多項式 $f(x) = x^n + c_1 x^{n-1} + \cdots + c_{n-1} x + c_n$ ($c_1, \ldots, c_n \in F$) の根となる，すなわち，$f(u) = u^n + c_1 u^{n-1} + \cdots + c_{n-1} u + c_n = 0$ となるとき，F **上代数的**であるといわれる．K のすべての元が F 上代数的であるとき，K を F の**代数拡大**という．

因数定理：体 F を係数とする n 次多項式 $f(x)$ が $a \in F$ を根とする，すなわち，$f(a) = 0$ を満たすならば，ある F-係数の $n-1$ 次多項式 $g(x)$ があり $f(x) = (x-a)g(x)$ と因数分解される．このことから，n 次多項式 $f(x)$ は体 F において高々 n 個の根しかもたないことが分かる．

最小多項式, 定義方程式：K を F の拡大体とし，$u \in K$ を F 上代数的な元とする．このとき，u を根とする F-係数の多項式のうちで次数が最小，かつ，最高次の係数が 1 であるものを，u の F 上の**最小多項式**という．また，$f(x) = x^n + c_1 x^{n-1} + \cdots + c_{n-1} x + c_n$ が最小多項式のとき，方程式 $x^n + c_1 x^{n-1} + \cdots + c_{n-1} x + c_n = 0$ を u の F 上の**定義方程式**という．u の F 上の最小多項式は，F-係数の範囲内では因数分解されず既約である．もし分解されたとすると，因子のどちらかが u を根とし，次数の最小性と矛盾するからである．u の F 上の最小多項式の次数を n とすると，

$$F(u) = \{a_0 + a_1 u + \cdots + a_{n-1} u^{n-1} \mid a_0, a_1, \ldots, a_{n-1} \in F\}$$

は体となり，$[F(u) : F] = n$，すなわち，$F(u)$ は F の n 次代数拡大である．

◇

第 8 章

ポセット上のコイン裏返しゲームとその積

この章では, H.W.Lenstra,Jr. によるコイン裏返しゲームの一般化と, コイン裏返しゲームの積の理論を紹介します.

8.1 コイン裏返しゲームの一般化

まず, コイン裏返しゲームの見本であるターニング・タートルズを変身させてみましょう.

● 裏返しルールを変えてみる

変身の方向としては, まず, 裏返せるコインについてのルールを変更することが考えられます. 例えば, **ルーラー (定規)** といわれるゲームがあります.

このゲームは, ターニング・タートルズと同じく 1 列に並んだコイン

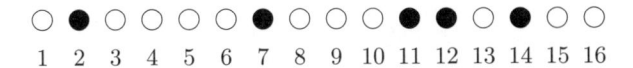

○ ● ○ ○ ○ ● ○ ○ ● ● ○ ● ● ○ ○
1 2 3 4 5 6 7 8 9 10 11 12 13 14 15 16

で行うゲームですが, 許される指し手は連続した何枚かのコインを裏返すことです. ただし, その際, 一番右にあるコインは表から裏に返さなければなりません.

上の局面ならば, 例えば, (9 番のコインは表向きですから) 4 番のコインから 9 番のコインまでを裏返すことができます. すると,

○ ● ○ ● ● ● ● ● ● ● ○ ● ● ● ○ ○
1 2 3 4 5 6 7 8 9 10 11 12 13 14 15 16

という局面に移行できます．このゲームの終了局面は，やはり，すべてが裏向きの局面です．

すべて表向きの局面では，全部のコインを一度に裏返せるので先手必勝であり，これは面白くありません．裏表の入り混じった局面で研究してみてください．

● コインの並べ方を変えてみる

さらなる変身の方向として，コインの並べ方も変更してみましょう．次の図のようにコインが並んでいるとします．

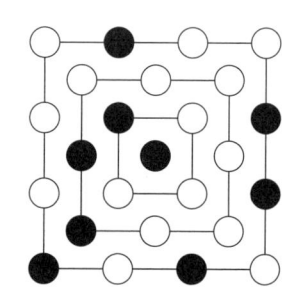

ゲームのルールは，

(1) 表を向いたコインを1つ裏返してよい．または，

(2) 表を向いたコインを1つと，そのコインより内側にあるコインをもう1つ裏返してよい．

(3) 最後に裏返したものが勝ち．(表向きのコインを選べない状態，すなわち，すべてが裏の状態が終了局面.)

とします．例えば，表向きのコインとして一番右上のコイン，そしてもう1枚として中央のコインを選ぶと，

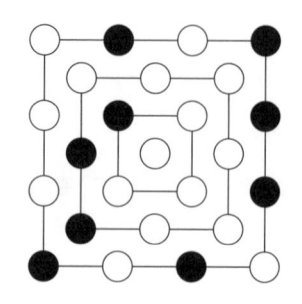

という局面に移行します．このゲームは，**正方配列ターニング・タートルズ**とでもいうべきゲームですから，第4章のターニング・タートルズについての説明を参考にして研究してみるとよいでしょう．

● ポセット上のコイン裏返しゲームへ

以上のような一般化の共通の特徴は，裏返すコインのうち一番右側とか一番外側とかのコインが表向きから裏向きでなければいけないという条件がついていることです．この条件は，ゲームが必ず終了することを保証する条件になっています．右側とか外側といった一種の順序のようなものが関係してくることに着目すると，半順序集合 (この頃は**ポセット**という言い方が普及しています) の上のコイン裏返しゲームという一般化に到達します．これが本章のテーマです．

本章の後半でみるように，ポセット上のコイン裏返しゲームが2つあると，その2つのゲームの積が考えられ，グランディ数の計算にはニム積が利用できるのです．これによって，第7章でみたように，2次元ターニング・タートルズのグランディ数の計算にニム積が登場することが自然に理解できるようになるでしょう．では，まず，ポセットの説明から始めます．

8.2 ポセット

ポセットとは，半順序集合のことです．英語での呼び方 "<u>p</u>artially <u>o</u>rdered <u>set</u>" を短縮してポセットといいます．

定義 (ポセット) 集合 X 上に二項関係 $\leq$ が定義されていて，
(1) X の各元 x について，$x \leq x$ (反射律)，
(2) $x \leq y$ かつ $y \leq x$ ならば $x = y$ (対称律)，
(3) $x \leq y$ かつ $y \leq z$ ならば $x \leq z$ (推移律)，
が成り立つとき，**ポセット**という．二項関係 $\leq$ のことを X 上の**順序**という．

例 8.1 r を自然数とし，$X = \{1, 2, \ldots, r\}$ とおくと，数の大小関係により，$x, y \in X$ について $x \leq y$ (または $y \leq x$) という関係が成り立ち，ポセットの条件を満たします．

例 8.2 上で紹介した正方配列ターニング・タートルズの基礎となる図

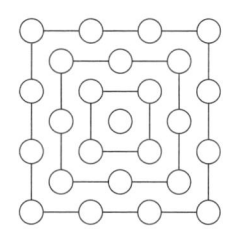

を見てみましょう. ここで, コインを置くスペース ○ の集合を X とします. そして, x が y より外側の正方形の辺上にある (か, または $x = y$) のとき, $x \geq y$ と定義すると, X はポセットとなります.

ここで, 例 8.2 では同じ正方形の辺の上にある異なる ○ の間では $\leq$ の関係はない (比較できない) としています. このようにポセットの条件は, すべての 2 元が比較可能でなくても, $\leq$ の関係があるものの間で成り立っていればよいと考えます. 例 8.1 のように, どの 2 元も比較可能のときには, **全順序集合**といわれます.

8.3 ポセットの上のコイン裏返しゲーム

X が有限ポセット (X が有限集合であるようなポセット) のとき, ターニング・タートルズを一般化したコイン裏返しゲームを X 上で考えることができます.

X を有限ポセットとし, X の部分集合の族 $\mathcal{T}$ を考え,

条件 A. $\mathcal{T}$ に属すどの部分集合 T も最大元 m_T をもつ; すなわち, 任意の $x \in T$ について $x \leq m_T$ を満たす $m_T \in T$ が存在する,

が満たされているとします.

このような $\mathcal{T}$ を利用して, ゲームを定義しましょう. このゲームの局面 P は, X の部分集合です. したがって, ゲームの局面の全体 $\mathcal{P}$ は X のベキ集合 (X のすべての部分集合の集合) です. 局面が $P \in \mathcal{P}$ のとき, $m_T \in P$ となる $T \in \mathcal{T}$ を選び,

$$P \longrightarrow P \ominus T := P \cup T - P \cap T = \{x \in P \cup T \mid x \notin P \cap T\}$$

と移行するのが，このゲームでの指し手です．$P \ominus T$ とは，P, T のどちらか一方だけに含まれる元の集合のことで，集合論の用語では，P と T の**対称差**といいます．

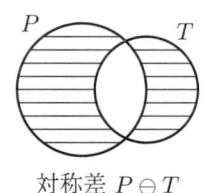

対称差 $P \ominus T$

終了局面は $\{m_T \mid T \in \mathcal{T}\}$ との共通部分が空であるような X の部分集合です．とくに，空集合は終了局面になります．

このゲームを**ポセット X 上の $\mathcal{T}$-ゲーム**とよぶことにしましょう．

では，このゲームがなぜコイン裏返しゲームとみなされるのかを説明しましょう．X の元は，それぞれコインに対応していると考えます．このとき，$P\ (\in \mathcal{P})$ は，表向きになっているコインの集合を表しています．$T \in \mathcal{T}$ は，裏返しするコインの集合です．$m_T \in P$ という条件は，裏返すコインのうち最大[1]のものは表を向いているという条件です．そして，対称差 $P \ominus T$ は，T に属すコインを裏返した状態に対応しています．

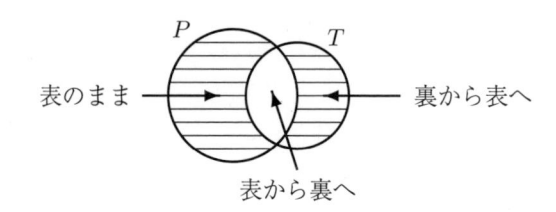

表のまま　　表から裏へ　　裏から表へ

具体例をあげてみます．

ターニング・タートルズ：$X = \{1, 2, \ldots, r\}$ とします．自然数の大小で，X

---

[1] もちろん，コインそのものの大きさの話ではなく，X に定められた順序についての最大です．コインの並び方で順序が定まっていて，それについて一番右とか一番上とかを問題にしているのです．

上には順序が入っています．これは，1 から r までの番号のついた r 枚のコインが 1 列に並んでいる状態を表します．局面 P は表向きのコインの番号からなる X の部分集合です．そして，

$$\mathcal{T} = \{\,\{i,j\} \mid 1 \leq i \leq j \leq r\,\}$$

とします．局面 P で $T = \{i,j\}$ $(i \leq j)$ に対し，$P \to P \ominus T$ という手が成立したとすると，$j \in P$ です．つまり，j 番のコインは表向きでなければなりません．このとき，

$$P \ominus T = \begin{cases} (P - \{j\}) \cup \{i\} & (i \notin P), \\ P - \{i,j\} & (i \in P) \end{cases}$$

です．これは，i 番のコインが表なら裏へ，裏なら表に返されることを示しています．

ルーラー：第 1 節で紹介したルーラーというゲームを考えてみます．r 枚のコインでやるルーラーでは，ターニング・タートルズの場合と同じく，もとになるポセットは $X = \{1, 2, \ldots, r\}$ です．このときの $\mathcal{T}$ は

$$\mathcal{T} = \{\,\{i, i+1, \ldots, j-1, j\} \mid 1 \leq i \leq j \leq r\,\}$$

になります．

正方配列ターニング・タートルズ：正方配列ターニング・タートルズは，例 8.2 のポセット X において，

$$\mathcal{T} = \{\,(x,y) \mid x, y \in X,\ x \geq y\,\}$$

によって定まる $\mathcal{T}$-ゲームです．

枝分かれしたターニング・タートルズ：全順序集合 (すべての 2 元が比較可能) ではないポセット上のゲームの例をもう 1 つあげましょう．X は次ページの図のように並べられたコインの集合で，順序は，コイン x からコイン y まで線分を右方向にたどって到達できるとき，$x \leq y$ と定めます．コイン M が最大元で，異なる横列に属するコインの間では順序を定められません．$\mathcal{P}$ は X のべき集合，$\mathcal{T}$ は

$$\mathcal{T} = \{\,\{x,y\} \mid x \leq y\,\}$$

です．

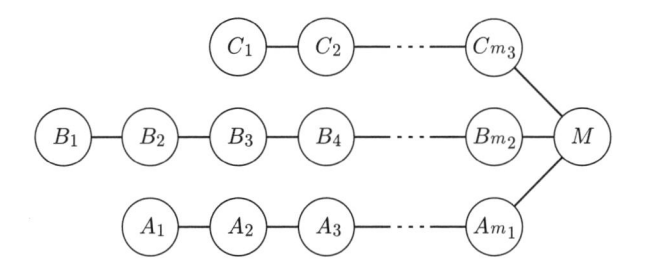

普通の言葉でゲームのルールを述べると，許されている指し手は，

(1) 表のコインを1枚裏返す；

(2) 線で結ばれ左右の関係にある2枚のコインを裏返す，ただし，右に位置するコインは表から裏に返すのでなければならない；

の2種類ということになります．

8.4 $\mathcal{T}$-ゲームのグランディ数

さて，有限ポセット上のコイン裏返しゲームは，グランディ数の理論が適用できる有限型不偏ゲームになっています．

定理 8.1 有限ポセット X 上の $\mathcal{T}$-ゲームは有限型不偏ゲームである．とくに，ゲームは有限ステップで終了し，各局面は先手必勝形か後手必勝形かのいずれかである．

証明 定理 2.3 より，有限型不偏ゲームであることを示せば十分である．不偏ゲームであることは明らかだから，示すべきは第 2.3 節の有限性条件である．局面の全体 $\mathcal{P}$ は有限集合だから，ループをなす指し手が存在しないことを示せば十分である．もし，ループとなる

$$P = P_1 \to P_2 \to \cdots \to P_{r+1} = P$$

という指し手があったとする．このとき，$T_i \in \mathcal{T}$ があって $P_{i+1} = P_i \ominus T_i$ ($i = 1, \ldots, r$) となる．T_i の最大元を m_i とする．$m_i \in P_i \cap T_i$ である．必要なら番号を付け替えて，$m_1, \ldots, m_r$ のうちで m_1 が極大だとしてよい．このとき，$m_1 \notin P_2$ である．しかし，P_2 から $r-1$ 手進んだ $P_{r+1} = P_1$ には，また m_1 が含まれ

なければいけないから, $m_1 \notin P_i$, $m_1 \in T_i$ となる i がある. T_i の最大元 m_i は P_i にも属すから $m_i \neq m_1$, したがって, $m_i > m_1$. これは, m_1 を $m_1, \ldots, m_r$ の中で極大としたことに矛盾する. よって, ループをなす指し手は存在しない. □

この証明から, 第 8.3 節の条件 A (p.116) が $\mathcal{T}$-ゲームの終了を保証していることが分かります. $\mathcal{T}$-ゲームのグランディ数は次の定理で定まります.

定理 8.2 有限ポセット X 上の $\mathcal{T}$-ゲームについて, X 上で定義され非負整数の値を取る写像 $g_{\mathcal{T}} : X \to \mathbb{N}$ を帰納的に

$$g_{\mathcal{T}}(x) = \mathrm{mex}\left\{ \sideset{}{^*}\sum_{\substack{t \in T \\ t \neq x}} g_{\mathcal{T}}(t) \ \middle|\ T \in \mathcal{T},\ m_T = x \right\}$$

によって定める. さらに, X の部分集合 P に対して

$$g_{\mathcal{T}}(P) = \sideset{}{^*}\sum_{x \in P} g_{\mathcal{T}}(x)$$

と定義する. このとき, $g_{\mathcal{T}}(P)$ は, $\mathcal{T}$-ゲームの局面 P のグランディ数を与える.

証明の前に, $g_{\mathcal{T}}(x)$ がきちんと定まっていることを見ておきましょう. 帰納的定義[2]の出発点は x がポセット X の極小元の場合です. x が極小元だとします. もし, $x = m_T$ となる $T \in \mathcal{T}$ が存在しないときには, $g_{\mathcal{T}}(x) = \mathrm{mex}(\emptyset) = 0$ となります. もし, $x = m_T$ となる $T \in \mathcal{T}$ が存在したとすると, T の x 以外の元は x より小さい元でないといけませんが, x は極小元としていますから, そのような元は存在せず, $T = \{x\}$ です. このときには, $g_{\mathcal{T}}(x) = \mathrm{mex}\{0\} = 1$ となります. これで, x が極小元のときには, $g_{\mathcal{T}}(x)$ が決定されました. x が極小元でないとき, $g_{\mathcal{T}}(x)$ の定義の右辺に現れるニム和は x より小さい元 t についての $g_{\mathcal{T}}(t)$ の値から定まっています. したがって, $g_{\mathcal{T}}(x)$ は極小元から出発して小さい元から順番に決定していくことができます. では, 定理 8.2 の証明に取りかかりましょう.

---

[2] この帰納的定義は, ポセット上の帰納法に基づいています. 補足 5 (p.130) を参照してください.

定理 8.2 の証明 局面 E が $\mathcal{T}$-ゲームの終了局面となるのは,

$$\{T \in \mathcal{T} \mid m_T \in E\} = \varnothing$$

となるときである. このとき, E に属すどの元 x についても $x = m_T$ となる $T \in \mathcal{T}$ は存在しないから, $g_{\mathcal{T}}(x) = \text{mex}(\varnothing) = 0$ である. したがって, $g_{\mathcal{T}}(E) = \sum^*_{x \in E} g_{\mathcal{T}}(x) = 0$ である. 一般の局面 $P \in \mathcal{P}$ については, $g_{\mathcal{T}}(P)$ の定義式の右辺に第 3.2 節の最後の等式を用いると

$$g_{\mathcal{T}}(P) = \text{mex}\left\{\sum^*_{x \in P-\{m_T\}} g_{\mathcal{T}}(x) \stackrel{*}{+} \sum^*_{t \in T-\{m_T\}} g_{\mathcal{T}}(t) \;\middle|\; \begin{matrix} T \in \mathcal{T}, \\ m_T \in P \end{matrix}\right\}$$

を得る. この右辺において, $P \cap T$ に属す x については $g_{\mathcal{T}}(x)$ がニム和に 2 度現れてキャンセルできることに注意すると,

$$g_{\mathcal{T}}(P) = \text{mex}\left\{\sum^*_{x \in P \ominus T} g_{\mathcal{T}}(x) \;\middle|\; T \in \mathcal{T},\, m_T \in P\right\}$$
$$= \text{mex}\{g_{\mathcal{T}}(P \ominus T) \mid T \in \mathcal{T},\, m_T \in P\}$$

となる. この等式は, $\mathcal{T}$-ゲームのグランディ数を定義する関係式に他ならない.
□

8.5 グランディ数の計算例

では, 第 8.3 節に出てきたゲームのグランディ数を計算してみましょう. まず, ターニング・タートルズの場合, 定理 8.2 が与えるグランディ数が定理 4.1 の主張と一致することはすぐに確かめられるでしょう.

● ルーラーのグランディ数

簡単のため, グランディ数は $\mathcal{T}$ を省略して $g(x)$, $g(P)$ などと書くことにしましょう.

定理 8.2 により, 非負整数 n に対して,

$$g(n) = \text{mex}\left\{\sum^*_{k=1}^{i} g(n-k) \;\middle|\; 0 \leq i \leq n-1\right\} \tag{8.1}$$

となります.とくに,右辺で $i=0$ の場合にはニム和は 0 になりますから, $g(n) \geq 1$ です.

さて,この式に基づいて,小さな n について計算してみると,

n	1	2	3	4	5	6	7	8	9	10	11	12
g	1	2	1	4	1	2	1	8	1	2	1	4

となります.たとえば,$g(1), g(2), g(3)$ が計算されれば,次の $g(4)$ は

$$\mathrm{mex}\{0, 1, 1 \stackrel{*}{+} 2, 1 \stackrel{*}{+} 2 \stackrel{*}{+} 1\} = \mathrm{mex}\{0,1,3,2\} = 4$$

のように計算できるわけです.この表で注目すべきことは,$g(n)$ がすべて 2 のベキ,それも n を割る最大の 2 ベキだということです.これは,一般に成立します.

定理 8.3 正整数 n について,$n = 2^s a$ (a は奇数) と表すと,

$$g(n) = 2^s.$$

証明 グランディ数は (8.1) で一意的に定まるから,$n = 2^s a$ (a は奇数) のとき,$h(n) = 2^s$ と定義される関数について,

$$J(n) = \left\{ \sum_{k=1}^{i}{}^{*} h(n-k) \,\middle|\, 0 \leq i \leq n-1 \right\}$$

とおくとき,$h(n) = \mathrm{mex}(J(n))$ となることを示せばよい.そのためには,補題 3.2 により,次の (1), (2), (3) を証明すればよい.

(1)　$J(2^s a) \supset J(2^s)$,

(2)　$J(2^s a) \not\ni 2^s$,

(3)　$J(2^s) = \{0, 1, 2, \ldots, 2^s - 1\}$.

(1) の証明:$k = 1, 2, \ldots, 2^s - 1$ に対して,$2^s a - k \equiv 2^s - k \pmod{2^{s+1}}$ であるから[3]),$h(2^s a - k) = h(2^s - k)$ である.これから $J(2^s a) \supset J(2^s)$ はただちに従う.

---

[3]) ここで,$a \equiv b \pmod{n}$ とは a, b を n で割った余りが等しいこと,言い換えれば,$a - b$ が n で割り切れることを意味します.とくに,$a \equiv b \pmod{2}$ は,a, b の偶奇が一致していることと同じことになります.

(2), (3) は, 下の補題 8.4 から従う. 実際, 補題 8.4 により, $1 \leq k < 2^s a$ に対して,

$$h(2^s a) \stackrel{*}{+} h(2^s a - 1) \stackrel{*}{+} h(2^s a - 2) \stackrel{*}{+} \cdots \stackrel{*}{+} h(2^s a - k) \neq 0$$

両辺に $h(2^s a)$ を (ニム和の意味で) 加えれば,

$$h(2^s a - 1) \stackrel{*}{+} h(2^s a - 2) \stackrel{*}{+} \cdots \stackrel{*}{+} h(2^s a - k) \neq h(2^s a) = 2^s$$

を得る. これは (2) を意味する.

(3) を示す. $1 \leq h(2^s - k) < 2^s$ $(1 \leq k \leq 2^s - 1)$ だから, ニム和の性質 (命題 1.1, 1.2) により,

$$0 \leq \sum_{k=1}^{i\,*} h(2^s - k) \leq 2^s - 1 \quad (i = 0, 1, \ldots, 2^s - 1)$$

である. したがって,

$$\sum_{k=1}^{i\,*} h(2^s - k) \quad (i = 0, 1, \ldots, 2^s - 1)$$

がすべて相異なることを示せばよい. $i < j$ について $\sum_{k=1}^{i\,*} h(2^s - k) = \sum_{k=1}^{j\,*} h(2^s - k)$ だとすると $\sum_{k=i+1}^{j\,*} h(2^s - k) = 0$ となるが, これは, 補題 8.4 によりあり得ない. □

補題 8.4 $0 \leq i < j$ に対し,

$$\sum_{k=i+1}^{j\,*} h(k) \neq 0$$

である.

証明 i, j の 2 進整数表示を

$$i = \sum_{k=0}^{\infty} c_k(i) 2^k, \quad j = \sum_{k=0}^{\infty} c_k(j) 2^k$$

とする. ここで, $c_k(i), c_k(j) = 0, 1$ であり, また k が十分大きいときには $c_k(i) =$

$c_k(j) = 0$ である. $r \geq 0$ に対し, $N_r(i)$, $N_r(j)$ でそれぞれ, i 以下, j 以下で 2^r で割り切れる正整数の個数を表す. このとき, $h(k) = 2^r$ となる k $(i+1 \leq k \leq j)$ の個数は,

$$N_r(j) - N_{r+1}(j) - N_r(i) + N_{r+1}(i)$$

である. また,

$$N_r(i) = \sum_{k=r}^{\infty} c_k(i) 2^{k-r}, \quad N_r(j) = \sum_{k=r}^{\infty} c_k(j) 2^{k-r}$$

である. いま,

$$\sum_{k=i+1}^{j}{}^{*} h(k) = 0$$

だったとしよう. このとき, すべての $r \geq 0$ に対して

$$N_r(j) - N_{r+1}(j) - N_r(i) + N_{r+1}(j) \equiv 0 \pmod{2}$$

でなくてはならない. 一方,

$$N_r(j) - N_{r+1}(j) - N_r(i) + N_{r+1}(j)$$
$$\equiv c_r(j) - c_{r+1}(j) - c_r(i) + c_{r+1}(i) \pmod{2}$$

であるから, すべての $r \geq 0$ に対して

$$c_r(j) - c_{r+1}(j) \equiv c_r(i) - c_{r+1}(i) \pmod{2}$$

となる. すでに注意したように $c_k(i), c_k(j)$ は十分大きい k に対して 0 となることに注意すると, これから

$$c_r(j) \equiv c_r(i) \pmod{2}$$

が得られる. $c_r(j), c_r(i)$ は $0, 1$ であるから, これは $c_r(i) = c_r(j)$ を意味する. よって, $i = j$ となる. □

● 正方配列ターニング・タートルズのグランディ数

　正方配列ターニング・タートルズでは, グランディ数を定理 8.2 によって計算すると

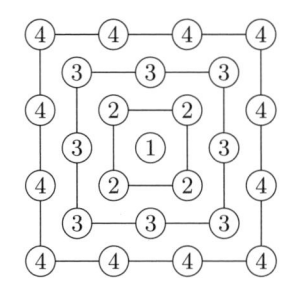

のようになります．これは，定理 4.1 の証明にならっても確かめられるでしょう．

● 枝分かれしたターニング・タートルズのグランディ数

この場合，A_i のグランディ数は，コイン M を無視した A_1 から A_{m_1} のコインによるターニング・タートルズの場合と同じですから，$g(A_i) = i$ となります．B_i, C_i についても，同様に，$g(B_i) = g(C_i) = i$ です．M については，

$$g(M) = \text{mex}\,\{0, g(A_i), g(B_j), g(C_k)|$$
$$1 \le i \le m_1,\ 1 \le j \le m_2,\ 1 \le k \le m_3\}$$
$$= \text{mex}\{0, 1, \ldots, \max\{m_1, m_2, m_3\}\}$$
$$= \max\{m_1, m_2, m_3\} + 1$$

と計算されます．まとめると，次の定理が得られました．

定理 8.5　　$g(A_i) = g(B_i) = g(C_i) = i$

$g(M) = \max\{m_1, m_2, m_3\} + 1.$

8.6　ゲームの積

X_1, X_2 を有限ポセットとし，X_1 上の $\mathcal{T}_1$-ゲームと X_2 上の $\mathcal{T}_2$-ゲームを考えます．もちろん，$\mathcal{T}_1, \mathcal{T}_2$ は条件 A (p.116) を満たす X_1, X_2 の部分集合の族です．

直積集合 $X = X_1 \times X_2$ について，X の元 $(x_1, x_2), (y_1, y_2)$ の間の順序を

$$(x_1, x_2) \ge (y_1, y_2) \iff x_1 \ge y_1,\ \text{かつ},\ x_2 \ge y_2$$

と定義すると，X も有限ポセットとなることがすぐに確かめられます．ここで，

$$\mathcal{T} = \{T_1 \times T_2 \mid T_1 \in \mathcal{T}_1,\ T_2 \in \mathcal{T}_2\}$$

とおくと, (m_{T_1}, m_{T_2}) は $T_1 \times T_2$ の最大元となりますから, $\mathcal{T}$ は条件 A を満たしています. $\mathcal{T}$ のことを $\mathcal{T}_1 \times \mathcal{T}_2$ と記すことにします[4)].

$\mathcal{T} = \mathcal{T}_1 \times \mathcal{T}_2$ が定める $X = X_1 \times X_2$ 上の $\mathcal{T}$-ゲームを $\mathcal{T}_1$-ゲームと $\mathcal{T}_2$-ゲームの積といいます.

定理 8.6 (ゲームの積のグランディ数) g_1, g_2 を, それぞれ $\mathcal{T}_1$-ゲーム, $\mathcal{T}_2$-ゲームのグランディ数とする. このとき, $X = X_1 \times X_2$ の部分集合 P に対して, ゲームの積 $\mathcal{T} = \mathcal{T}_1 \times \mathcal{T}_2$-ゲームのグランディ数 $g_\mathcal{T}(P)$ は

$$g_\mathcal{T}(P) = \sum_{(x,y) \in P}^{*} g_1(x) \overset{*}{\times} g_2(y)$$

となる.

ゲームの積の例を見てみましょう.

● 2 次元ルーラー = ルーラー × ルーラー

コインの枚数 m のルーラーとコインの枚数 n のルーラーの積を考えます. 基礎になるポセットは

$$X = \{1, 2, \ldots, m\} \times \{1, 2, \ldots, n\}$$
$$= \{(i,j) \mid 1 \le i \le m,\ 1 \le j \le n\}$$

です. これは, mn 枚のコインを, $m \times n$ の長方形に並べたもののモデルです. 裏返すコインを与える $\mathcal{T}$ は,

$$\mathcal{T} = \{(i,j) \mid a_2 \le i \le a_1,\ b_2 \le j \le b_1\}$$

となります. したがって, ゲームの指し手は, 表向きのコイン $A_1 = (a_1, b_1)$ をまず選び, 次にもう 1 枚コイン $A_2 = (a_2, b_2)$ を A_1 より左下になるように選び, $A_1 A_2$ を対角線とする長方形内のコインをすべてひっくり返すことになります. 次の図の左の局面で, $A_1 = (4, 5),\ A_2 = (2, 3)$ と選べば, 右の局面に移行します.

[4)] $\mathcal{T}$ は $\mathcal{T}_1 \times \mathcal{T}_2$ と記すからといって, $\mathcal{T}_1$ と $\mathcal{T}_2$ の直積集合ではありません.

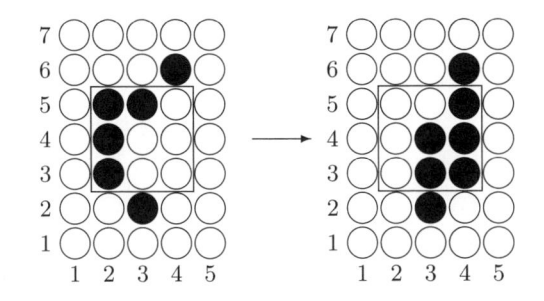

ゲームの積定理 8.6 とニム積の表 (p. 95) を利用すれば，これらの局面のグランディ数を計算することもすぐにできるので，試してみてください．上の左図の局面のグランディ数は 9，右図のグランディ数は 3 となるはずです．したがって，上の指し手は最善手ではありません．左図の局面での最善手の 1 つは $A_1 = (4, 2)$, $A_2 = (2, 2)$ です．

同じようにして，第 7 章で調べた 2 次元ターニング・タートルズは，第 4 章のターニング・タートルズ 2 つの積であることが確かめられます．

● **ターニング・タートルズ × ルーラー**

この場合も，長方形に並べたコインで遊ぶことになります．下図で，横座標がターニング・タートルズ，縦座標がルーラーだとしましょう．$T = \{2, 4\} \times \{2, 3, 4, 5\}$ とすると，指し手は

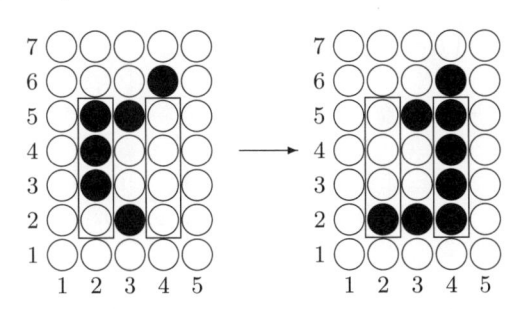

となります．グランディ数をゲームの積定理 8.6 で計算してみると，左図の局面のグランディ数は 6，右図のグランディ数は 3 となります．したがって，今回も上の指し手は最善手ではありません．左図の局面での最善手の 1 つは $A_1 = A_2 = (4, 4)$，すなわち，$(4, 4)$ のコイン 1 枚だけを裏返すことです．

では, ゲームの積定理 8.6 の証明を与えましょう.

定理 8.6 の証明 ポセット $X_1 \times X_2$ における帰納法で証明する (補足 5 参照). $(x,y) \in X_1 \times X_2$ に対して, 定理 8.2 で定義される $g_{\mathcal{T}}(x,y)$ が $g_1(x) \stackrel{*}{\times} g_2(y)$ に等しいことを示せばよい. まず,

$$g_{\mathcal{T}}(x,y) = \mathrm{mex}\left\{ \sum_{\substack{(t_1,t_2)\in T_1\times T_2 \\ (t_1,t_2)\neq (x,y)}}^{*} g_{\mathcal{T}}(t_1,t_2) \;\middle|\; \begin{array}{l} T_1 \in \mathcal{T}_1,\ T_2 \in \mathcal{T}_2, \\ m_{T_1} = x,\ m_{T_2} = y \end{array} \right\}$$

$$= \mathrm{mex}\left\{ \sum_{\substack{(t_1,t_2)\in T_1\times T_2 \\ (t_1,t_2)\neq (x,y)}}^{*} g_1(t_1) \stackrel{*}{\times} g_2(t_2) \;\middle|\; \begin{array}{l} T_1 \in \mathcal{T}_1,\ T_2 \in \mathcal{T}_2, \\ m_{T_1} = x,\ m_{T_2} = y \end{array} \right\}$$

となることに注意する. ここで, 第 1 の等号は $g_{\mathcal{T}_1\times\mathcal{T}_2}$ の定義そのもの, 第 2 の等号は帰納法の仮定を利用している. さて,

$$\sum_{\substack{(t_1,t_2)\in T_1\times T_2 \\ (t_1,t_2)\neq (x,y)}}^{*} g_1(t_1) \stackrel{*}{\times} g_2(t_2)$$

$$= g_1(x) \stackrel{*}{\times} \left(\sum_{\substack{t_2\in T_2 \\ t_2\neq y}}^{*} g_2(t_2) \right) + \left(\sum_{\substack{t_1\in T_1 \\ t_1\neq x}}^{*} g_1(t_1) \right) \stackrel{*}{\times} g_2(y)$$

$$\stackrel{*}{+} \left(\sum_{\substack{t_1\in T_1 \\ t_1\neq x}}^{*} g_1(t_1) \right) \stackrel{*}{\times} \left(\sum_{\substack{t_2\in T_2 \\ t_2\neq y}}^{*} g_2(t_2) \right)$$

と変形できるから, 下の補題 8.7 で

$$S = \left\{ \sum_{\substack{t_1\in T_1 \\ t_1\neq x}}^{*} g_1(t_1) \;\middle|\; \begin{array}{l} t_1\in T_1 \\ t_1\neq x \end{array} \right\},\quad T = \left\{ \sum_{\substack{t_2\in T_2 \\ t_2\neq y}}^{*} g_2(t_2) \;\middle|\; \begin{array}{l} t_2\in T_2 \\ t_2\neq y \end{array} \right\}$$

と考えれば, $g_{\mathcal{T}}(x,y) = g_1(x) \stackrel{*}{\times} g_2(y)$ が得られる. したがって,

$$g_{\mathcal{T}}(P) = \sum_{(x,y)\in P}^{*} g_1(x) \stackrel{*}{\times} g_2(y)$$

である. □

補題 8.7 $a = \mathrm{mex}(S), b = \mathrm{mex}(T)$ のとき,
$$a \stackrel{*}{\times} b = \mathrm{mex}\left\{ a' \stackrel{*}{\times} b \stackrel{*}{+} a \stackrel{*}{\times} b' \stackrel{*}{+} a' \stackrel{*}{\times} b' \;\middle|\; a' \in S,\, b' \in T \right\}$$
が成り立つ.

証明 $a = \mathrm{mex}(S), b = \mathrm{mex}(T)$ のとき, $a' < a$ ならば $a' \in S$, $b' < b$ ならば $b' \in T$ だから, 補題 3.2 により
$$a \stackrel{*}{\times} b \notin \left\{ a' \stackrel{*}{\times} b \stackrel{*}{+} a \stackrel{*}{\times} b' \stackrel{*}{+} a' \stackrel{*}{\times} b' \;\middle|\; a' \in S, b' \in T \right\}$$
であることを示せばよい. もし,
$$a \stackrel{*}{\times} b = a' \stackrel{*}{\times} b \stackrel{*}{+} a \stackrel{*}{\times} b' \stackrel{*}{+} a' \stackrel{*}{\times} b'$$
だったとしよう. これを
$$a \stackrel{*}{\times} b \stackrel{*}{+} a' \stackrel{*}{\times} b' \stackrel{*}{+} a' \stackrel{*}{\times} b \stackrel{*}{+} a \stackrel{*}{\times} b' = 0$$
と変形し, さらに左辺を因数分解すると
$$(a \stackrel{*}{+} a') \stackrel{*}{\times} (b \stackrel{*}{+} b') = 0$$
を得る. これから, $a \stackrel{*}{+} a' = 0$ または $b \stackrel{*}{+} b' = 0$, したがって, $a = a'$ または $b = b'$ となるが, これは $a \notin S, b \notin T$ に矛盾する. □

補足 5
ポセットにおける帰納法

　第 8 章では, グランディ数の公式 (定理 8.2) やゲームの積定理 (定理 8.6) でポセットにおける帰納法を用いました. ここで, ポセットにおける帰納法の説明をしておきます.

　X をポセットで

極小条件: X の任意の空でない部分集合 A は極小元をもつ, すなわち, ある $a \in A$ が存在し, どんな $b \in A, b \neq a$ に対しても $b \leq a$ とはならない

を満たすものとします.

　このとき, ポセット X のすべての元に対してある性質が成り立つことを示すために, 数学的帰納法の一般化が使えます.

定理 (ポセットにおける帰納法) X を極小条件を満たすポセットとし, $x \in X$ を変数として含む条件 $P(x)$ を考える. もし,

(1) $x \in X$ が X の極小元ならば, $P(x)$ は成立する,

(2) $y < x, x \neq y$ を満たすすべての $y \in X$ に対して $P(y)$ が成立すれば, $P(x)$ も成立する,

の 2 条件が満たされるならば, すべての $x \in X$ に対して $P(x)$ が成立する.

証明 $P(x)$ が成立しないような $x \in X$ の全体を A とおく. A が空集合であることを証明すればよい. A がもし空集合ではなかったとする. このとき, 極小条件により, A は極小元 a を含む. $y < a$ となる $y \in X$ が存在しなければ, a は X の極小元となり, (1) より $P(a)$ は成立する. これは, $a \in A$ に矛盾する. したがって, $y < a$ となる y が存在しなければならないが, $y \notin A$ だから $P(y)$ は成立する. よって, (2) より $P(a)$ も成立する. これは, やはり, $a \in A$ に矛盾する. よって, A は空集合でなければならない. □

　この帰納法では, (1) が帰納法の出発点となり, (2) の "$y < x, x \neq y$ を満たすすべての $y \in X$ に対して $P(y)$ が成立する" が帰納法の仮定ということになります. 第 8 章では有限ポセットだけを扱いました. 有限ポセットは明らかに極小条件を満たしますから, 上の定理の数学的帰納法を用いることができるのです.

　最後に, $X = \mathbb{N}$ の場合に上の定理が何を意味しているのかを考えてみましょう. $\mathbb{N}$ は極小条件を満たします. したがって, 上の定理が適用でき,

(1)　$P(0)$ が成立する ($\mathbb{N}$ の極小元は 0)

(2)　$0 \leq m < n$ となるすべての m に対して $P(m)$ が成立するならば, $P(n)$ も成立する

の 2 つが示されれば, すべての自然数 n について $P(n)$ が成立するという, 数学的帰納法の 1 つのバージョンがここで示されていることが分かります. ◇

第 9 章

チャヌシッチ (ワイトホフの二山くずし)

　このゲームは, 二山くずしで, 1つの山から石を取るだけでなく, 2つの山から一度に同数の石を取ることも許したゲームです. 最後に石を取ったプレイヤーが勝ちとなります (正規形のゲーム).

　例えば, 通常の二山くずしで許された

$$(7,11) \to (7,5), \quad (7,11) \to (3,11)$$

のような手に加えて,

$$(7,11) \to (4,8), \quad (7,11) \to (0,4)$$

等の指し手が許されます. 終了局面は $(0,0)$ です.

　二山くずしでは, 局面 (m,m) が後手必勝形でした. しかしチャヌシッチでは $(m,m) \to (0,0)$ という手が指せるので, ただの二山くずしでは後手必勝形だった局面 (m,m) は, 先手必勝形になってしまいます. では, このゲームの必勝戦略はどうなるのでしょうか.

9.1 じつはチャヌシッチは難しい

　今回も, 小さな m,n に対して局面 (m,n) のグランディ数 $g(m,n)$ を調べることから始めましょう. まず, $g(0,0) = 0$ です. 一般に, (m,n) から一手で移行できる後続局面は, 下の表で (m,n) に対応するマス目 (? のマス目) の上方向, 左方向, 斜め左上方向にあるすべてのマス目に対応する局面ですから, そこに現れない最小の非負整数が $g(m,n)$ です.

チャヌシッチのグランディ数

$m \backslash n$	0	1	2	3	4	⋯	n
0	0	1	2	3	4		*
1	1	2	0	4	5		*
2	2	0	1	5	3		*
⋮					⋱		⋮
⋮						*	*
m	*	*	⋯	⋯	*	*	?

　この方法で $g(m,n)$ をいくらでも求められますが, $g(m,n)$ を表す一般公式はいまだに知られていません. たかが二山くずしの一種なのになぜそれほど難しいのでしょうか. 1つの理由は, 2山といっても通常のニムや制限ニムと違って, 2つの山の両方にまたがる指し手があるために, ゲーム和定理 (定理 3.4) によって1山の場合の和に分解できないことです. 次章で研究するマヤゲームもそうですが, ニム (n 山くずし) の変形でも, 複数の山が関与する指し手がある場合には, この理由で解析の難しいゲームになってしまいます.

　しかし, グランディ数の完全な決定をあきらめて, このゲームの後手必勝形, すなわち, $g(m,n) = 0$ となる (m,n) を求めることだけに限れば, それは可能で Wythoff (1905) による美しい結果があります.

9.2　チャヌシッチの後手必勝形と黄金比

● 後手必勝形の基本的性質

　整数 s に対し, $n - m = s$ となる (m,n) の全体を考えると, 左上から斜め 45°で右下に向かう半直線になっています. このような半直線を, 一般に, **対角線**とよぶことにします.

　まず, 次の簡単な補題に注意しましょう.

　補題 9.1　1つの行, 列, 対角線上に, 後手必勝形は高々1つしか存在しない.

実際, 必勝判定の基本原理 (補題 2.4) により, 後手必勝形から後手必勝形に一手で移動することはできません. したがって, 1つの行, 列, 対角線上では m, または, n の大きい方から小さい方へと一手で移動できますから, 1つの行, 列, 対角線上に後手必勝形が 2つ存在することはありえません.

定理 9.2 (1) 非負整数列 $m_0, m_1, m_2, \ldots$ を漸化式

$$m_{s+1} = \mathrm{mex}\{m_0 = 0, m_1, m_1 + 1, \ldots, m_s, m_s + s\},$$

$$m_0 = 0$$

で定める. このとき, チャヌシッチの後手必勝形は

$$\{(m_s, m_s + s), (m_s + s, m_s) \mid s = 0, 1, 2, \ldots\}$$

で与えられる.

(2) 各行, 各列, 各対角線上に, 後手必勝形がちょうど1つだけ存在する.

(3) 数列 $\{m_1, m_1 + 1, m_2, m_2 + 2, \ldots, m_s, m_s + s, \ldots\}$ の中に任意の正整数はちょうど1回だけ現れる.

証明 (1) $(m_s, m_s + s)$ が後手必勝形であることを s に関する数学的帰納法で証明しよう. $(m_0, m_0 + 0) = (0, 0)$ は明らかに後手必勝形である. $(m_1, m_1 + 1) = (1, 2)$ が後手必勝形であることも, 上のグランディ数の表から分かる. さて, $s > 1$ としよう.

m \ n	0	1	$\cdots$	$\cdots$	m_s-1	m_s	$\cdots$	$s-1$	s	$s+1$	$\cdots$	$\cdots$	$\cdots$	m_s+s
0									*					*
1										*				*
$\vdots$											*			*
$\vdots$												*		*
m_s-1													*	*
m_s	*	*	*	*	*	*	*	*	*	*	*	*	*	?

$(m_s, m_s + s)$ が後手必勝形であることを示すには, 上図で * をつけたマス目

に対応する局面がどれも後手必勝形ではないことを確かめればよい. m_s の定義により, 任意の m ($0 \leq m \leq m_s - 1$) は, ある $k = 0, 1, \ldots, s-1$ があって $m = m_k$ または $m = m_k + k$ と表わせる. したがって, 帰納法の仮定により, $m = 0, 1, \ldots, m_s - 1$ の各行には後手必勝形 $(m_k, m_k + k)$ または $(m_k + k, m_k)$ が存在する. $0 \leq k \leq s - 1$ だから, この後手必勝形はすべて上図の二重の枠で囲まれた範囲, すなわち, $n - m \leq s - 1$ の範囲に含まれている. よって, 各行にただ1つの後手必勝形しかないことに注意すると, 図で $(m_s, m_s + s)$ の上側にある ∗ 印のマス目にも, および, 左上に伸びる対角線上の ∗ 印のマス目にも後手必勝形が存在しないことが分かる.

次に $(m_s, m_s + s)$ の左側にある ∗ 印のマス目 (m_s, i) ($0 \leq i \leq m_s + s - 1$) を考えよう. $m_s \leq i$ のとき, $i = m_s + k$ ($0 \leq k \leq s - 1$) と表せ $m_s \neq m_k$ だから, (m_s, i) は後手必勝形ではない. $0 \leq i < m_s$ のときは, $i = m_k$ または $i = m_k + k$ となる. $m_s \neq m_k, m_k + k$ であるから, このときも (m_s, i) は後手必勝形ではない. 以上で, $(m_s, m_s + s)$ が $n - m = s$ で定まる対角線上の後手必勝形であることが分かった. このとき, $(m_s + s, m_s)$ は $n - m = -s$ で定まる対角線上の後手必勝形である. 補題 9.1 により, 1つの対角線上にはただ1つの後手必勝形しか存在しないから, $\{(m_s, m_s + s), (m_s + s, m_s) \mid s = 0, 1, 2, \ldots\}$ がすべての後手必勝形を与える.

(2) 補題 9.1 により後手必勝形の存在さえ証明すればよい. 対角線については, (1) で示されている. $m_0, m_1, m_2, \ldots$ は単調増加数列になるから, 任意の非負整数 k に対して $k < m_s$ となる s が存在する. このとき, m_s の定義により, k はある $i < s$ に対して m_i または $m_i + i$ と一致しなくてはいけない. よって, 後手必勝形 $(m_i, m_i + i)$ または $(m_i + i, m_i)$ の一方が $m = k$ で定まる行にある後手必勝形であり, もう一方が $n = k$ で定まる列にある後手必勝形である.

(3) この主張は, 各行に後手必勝形がちょうど1つだけ存在することを (1) を用いて言い換えたものである. □

● 黄金比と後手必勝形の関係

数列 $\{m_s\}$ を定める定理 9.2 の漸化式によると, m_s は, 下図の二重枠内に現れない非負整数のうちで最小のものとして与えられます.

s	0	1	$\cdots$	$s-1$	s	
m_s	0	1	$\cdots$	$*$	?	
$m_s + s$	0	2	$\cdots$	$*$		

この方法で，チャヌシッチの後手必勝形を与える m_s, m_s+s の表を書き上げることは機械的な仕事です．

s	0	1	2	3	4	5	6	7	8	9	10	11	12	13	$\cdots$
m_s	0	1	3	4	6	8	9	11	12	14	16	17	19	21	$\cdots$
m_s+s	0	2	5	7	10	13	15	18	20	23	26	28	31	34	$\cdots$

では，この数列 $\{m_s\}$ の一般項はどのように表わされるでしょうか．じつは，m_s を黄金比を用いて表わす見事な公式があります．その公式を求めるには，定理 9.2 の (3) の性質と次の整数論の定理が利用できます．

定理 9.3 (Rayleigh, Beatty) a, b を正の実数とするとき，次の 2 条件は同値である．

(i) a, b はともに正の無理数で，$\frac{1}{a} + \frac{1}{b} = 1$ を満たす．

(ii) 任意の正整数は

$$I := \{[a], [b], [2a], [2b], \ldots, [na], [nb], \ldots\}$$

の中にちょうど 1 回だけ必ず現れる．ただし，$[x]$ は x 以下で最大の整数を表す．

定理 9.3 の証明は後回しにして，これによって m_s を与える一般式をどのようにして求められるのかを説明しましょう．

定理 9.3 において，$b = a+1$, $\frac{1}{a} + \frac{1}{b} = 1$ となっていれば，

$$I := \{[a], [a]+1, [2a], [2a]+2, \ldots, [sa], [sa]+s, \ldots\}$$

は定理 9.2 の性質 (3) をもちます．このような a は

$$\frac{1}{a} + \frac{1}{1+a} = 1, \quad \text{整理して} \quad a^2 - a - 1 = 0$$

を解いて $a = \frac{1\pm\sqrt{5}}{2}$ となり，$a > 0$ ですから $a = \frac{1+\sqrt{5}}{2}$ と求まります．これは有

名な**黄金比**です. 定理 9.2 の性質 (3) を持つ単調増加数列 $m_1, m_2, \ldots$ は, 定理 9.2 (1) の漸化式を満たしただ一通りに定まりますから, 次の定理が証明されたことになります.

定理 9.4 (Wythoff) m_s $(s = 1, 2, 3, \ldots)$ は

$$m_s = [s\alpha], \quad \alpha = \frac{1 + \sqrt{5}}{2}$$

で与えられる.

黄金比 $\frac{1+\sqrt{5}}{2}$ は数学の多くの場面に現れてきますが, こんなところにも突然登場してくるのは, 大変興味深いことです[1]. さて, 上の結果を用いると, 自分の手番で石の数が (m, n) $(m \geq n)$ だったときの必勝法は次のようになります.

定理 9.5 (必勝法) (1) $m = n$ **のとき**: 先手必勝形であり, 両方の山から石をすべて取ると勝ち.

(2) $m > n$ **のとき**: $s = m - n$ とおき, $q = [s\alpha]$ を計算する.

$q = n$ **のとき**: $(m, n) = ([s\alpha] + s, [s\alpha])$ で後手必勝形だから, 相手のミスに期待するしかない.

$q < n$ **のとき**: 両方の山から $n - q$ 個ずつ取ると, $(q + (m - n), q) = ([s\alpha] + s, [s\alpha])$ となり, 後手必勝形で相手に渡せるので勝ち.

$q > n$ **のとき**: さらに $p = [n/\alpha]$ を計算する.

$(p+1)\alpha < n+1 \implies m$ を $p + 1 + n$ に減らして勝ち

$(p+1)\alpha > n+1 \implies m$ を p に減らして勝ち

証明 $m = n$ の場合, および, $m > n$ かつ $q \leq n$ の場合は定理 9.4 より明らかである. $m > n$ かつ $q > n$ だとする. このとき, (m, n) を通る対角線上に移行可能な後手必勝形は存在しない. また, n を減らして後手必勝形に移行できたとすると, $m - n$ が増えるが, これは m_s の単調増加性に矛盾する. よって, m を減らす手しか存在しないことに注意しておこう. さて, 第 1 のケースは $p = $

---

[1] 黄金比について詳しいことは, [19] を見てください.

$[n/\alpha]$ より $p < n/\alpha < p+1$ だから

$$p\alpha < n < (p+1)\alpha < n+1$$

が成り立つ. したがって, $n = [(p+1)\alpha]$ である. ここで, $q = [(m-n)\alpha] > n = [(p+1)\alpha]$ より $m - n > p + 1$, したがって (m, n) で m を $n + (p+1)$ に減らすことができ, $(n + (p+1), n) = ([(p+1)\alpha] + (p+1), [(p+1)\alpha])$ は後手必勝である. 最後に第 2 のケースを考える. このとき, $p\alpha < n < n+1 < (p+1)\alpha$ となるから, $n = [\ell\alpha]$ となる自然数 ℓ は存在せず, 定理 9.3 により $n = [\ell(\alpha+1)]$ と表され, m を $m' = [\ell\alpha]$ に減らせば後手必勝形で相手に手を渡せることになる. あとは $[\ell\alpha] = [n/\alpha] = p$ であることを示せばよい. $\alpha^2 = \alpha + 1$ であったことに注意すると,

$$\ell(\alpha+1) = \ell\alpha^2 > n > \ell\alpha^2 - 1$$

である. 両辺を α で割ると,

$$\ell\alpha > \frac{n}{\alpha} > \ell\alpha - \frac{1}{\alpha}$$

となる. ここで, $[\ell\alpha] \neq [n/\alpha]$ だとすると, $\ell\alpha > k > \frac{n}{\alpha}$ となる自然数 k が存在しなくてはならないが, このとき, $\ell\alpha^2 > k\alpha > n > \ell\alpha^2 - 1$ となるから, $[k\alpha] = n$ が得られる. いまの場合, これはありえないから, $[\ell\alpha] = [n/\alpha] = p$ が示された. □

次は, 定理 9.5 が与える必勝法の適用例です.

例 9.1 $(m, n) = (14, 11)$ とする. $s = 14 - 11 = 3$ である. $\alpha = 1.680...$ で $s\alpha = 4.85...$ だから, $q = [s\alpha] = 4 < 11 = n$ である. よって, m, n の両方から $n - q = 7$ を取ると, $(7, 4)$ が後手必勝形である.

例 9.2 $(m, n) = (19, 11)$ とする. $s = 19 - 11 = 8$ である. $s\alpha = 12.9...$ だから, $q = [s\alpha] = 12 > 11 = n$ である. $n/\alpha = 6.798...$ で $p = [n/\alpha] = 6$. $(p+1)\alpha = 11.3... < 12 = n+1$ だから, $m = 19$ を $p + 1 + n = 6 + 1 + 11 = 18$ にする $(18, 11)$ が後手必勝形である.

例 9.3 $(m,n) = (19, 10)$ とする. $s = 19 - 10 = 9$ である. $s\alpha = 14.5...$ だから, $q = [s\alpha] = 14 > 10 = n$ である. $n/\alpha = 6.18...$ で $p = [n/\alpha] = 6$. $(p+1)\alpha = 11.32... > 11 = n+1$ だから, $m = 19$ を $p = 6$ にする $(6, 10)$ が後手必勝形である.

では, 定理 9.3 を証明しましょう.

定理 9.3 の証明 ((ⅰ) $\Longrightarrow$ (ⅱ)) もし, $[ma] = [nb] = k$ となる自然数 m, n, k が存在したとする. このとき,

$$k < ma < k+1, \quad k < nb < k+1$$

である. a, b は無理数なので, この不等式で等号は成り立たないことに注意する. これを変形すると,

$$\frac{m}{k+1} < \frac{1}{a} < \frac{m}{k}, \quad \frac{n}{k+1} < \frac{1}{b} < \frac{n}{k}$$

となる. 2 つの不等式を加え合わせると,

$$\frac{m+n}{k+1} = \frac{m}{k+1} + \frac{n}{k+1} < \frac{1}{a} + \frac{1}{b} = 1 < \frac{m}{k} + \frac{n}{k} = \frac{m+n}{k}$$

を得る. これより

$$k < m+n < k+1$$

となるが, m, n, k は自然数だから, このようなことはありえない. よって, I の中に同じ自然数が 2 回現れることはない.

次に, もし, ある自然数 k が I の中に現れなかったとする. このとき,

$$ma < k < k+1 < (m+1)a, \quad nb < k < k+1 < (n+1)b$$

となる m, n が存在する. これを変形すると,

$$\frac{m}{k} < \frac{1}{a} < \frac{m+1}{k+1}, \quad \frac{n}{k} < \frac{1}{b} < \frac{n+1}{k+1}$$

となる. 2 つの不等式を加え合わせると,

$$\frac{m+n}{k} = \frac{m}{k} + \frac{n}{k} < \frac{1}{a} + \frac{1}{b} = 1 < \frac{m+1}{k+1} + \frac{n+1}{k+1} = \frac{m+n+2}{k+1}$$

を得る. これより

$$k - 1 < m + n < k$$

となるが, m, n, k は自然数だから, このようなことはありえない. したがって, どの自然数も I の中に現れる.

((ii) $\Longrightarrow$ (i)) p を任意の自然数とし, $1, 2, \ldots, p$ の中で $[ma]$ の形のものが r 個, $[nb]$ の形のものが s 個だとする. このとき, $r + s = p$ である.

$$[ma] \leq p \iff ma < p + 1 \iff m < \frac{p+1}{a}$$

だから,

$$\frac{p+1}{a} - 1 \leq r < \frac{p+1}{a}$$

である. 同様にして

$$\frac{p+1}{b} - 1 \leq s < \frac{p+1}{b}$$

が得られる. この不等式を加え合わせると,

$$(p+1)\left(\frac{1}{a} + \frac{1}{b}\right) - 2 \leq p < (p+1)\left(\frac{1}{a} + \frac{1}{b}\right)$$

となる. これを変形すると,

$$\frac{p}{p+1} < \frac{1}{a} + \frac{1}{b} \leq \frac{p+2}{p+1}$$

を得る. p は任意だから, $p \to \infty$ とすると,

$$\frac{1}{a} + \frac{1}{b} = 1$$

でなくてはいけないことが分かる. ここで, a, b の一方が有理数であれば他方も有理数である. 仮に a, b が有理数だとしよう. $a = v_1/u_1, b = v_2/u_2$ と既約分数に表すと,

$$[(nu_1 v_2)a] = nv_1 v_2 = [(nu_2 v_1)b]$$

となり, 自然数 $nv_1 v_2$ が 2 回現れてしまう. したがって, (ii) が成り立つためには a, b はともに無理数でなければならない. □

9.3 グランディ数の加法的周期性

すでに触れたように、チャヌシッチのグランディ数 $g(m,n)$ の決定は未解決なので、現在でもいろいろと研究がされています．その中で、ここでは、m を固定して $g(m,n)$ を n の関数と見たときに加法的周期性をもつという結果 (Dress-Flammenkamp-Pink (1999), Landman (2002)) を紹介しましょう．

補題 9.6 グランディ数 $g(m,n)$ は不等式

$$\max\{m-2n, n-2m\} \leq g(m,n) \leq m+n$$

を満たす．

証明 まず、右側の不等式を $m+n$ についての数学的帰納法で示す．$m+n=0$, すなわち、$(m,n)=(0,0)$ のときには明らかに正しい．$m+n>0$ とする．(m,n) から移行できる局面のグランディ数は帰納法の仮定により

$$g(m,n') \leq m+n' < m+n \qquad (n'<n),$$
$$g(m',n) \leq m'+n < m+n \qquad (m'<m),$$
$$g(m-i,n-i) \leq m+n-2i < m+n \quad (1 \leq i)$$

を満たすから、$g(m,n) \leq m+n$ である．

次に左側の不等式を示そう．$g = g(m,n)$ とおく．1つの行、列、対角線上には同じグランディ数が2回現れることはないことに注意しておく．とくに、$g(m,n') \neq g \ (n > n' \geq 0)$ である．また、$g(m,n') < g$ となる $n' \ (n > n' \geq 0)$ は高々 g 個しかない．一方、$g(m,n') > g$ となる $n' \ (n > n' \geq 0)$ を考えると、(m,n') から移行できる局面 (m',n'') で $g(m',n'') = g$ となるものが存在する．そのような局面 (m',n'') は $m' \leq m, \ n'' < n$ の範囲にあり、各行には高々1個だから、全体でも高々 m 個しかない．したがって、(m',n'') に移行できる局面で m が一定のものは 2 個だけだから、$g(m,n') > g$ となる $n' \ (n > n' \geq 0)$ は高々 $2m$ 個である．よって、$n \leq g + 2m$, すなわち、$n - 2m \leq g$ が得られた．$m - 2n \leq g$ もまったく同様にして得られる． □

いま、

$$h(m,n) = g(m,n) - (n-2m)$$

とおくと，補題 9.6 の不等式により，

$$0 \leq h(m,n) \leq 3m$$

が成り立ちます．これは，m を固定したとき，$h(m,n)$ は n によらず一定の範囲におさまっていることを示しています．このことから，$h(m,n)$ は n の関数と見たとき周期性をもつのではないかと予想するのは自然です．この予想は正しく，$h(m,n)$ の周期性から $g(m,n)$ の加法的周期性を導くことができます．すなわち，次の定理が成り立つのです．

定理 9.7 非負整数 m を固定したとき，(m に依存する) 正整数 p, n_0 があり，

$$g(m, n+p) = g(m,n) + p \quad (n \geq n_0)$$

が成り立つ．

次のグランディ数の表をみると，実際に，

$$g(0, n+1) = g(0,n) + 1, \quad g(1, n+3) = g(1,n) + 3,$$

$$g(2, n+3) = g(2,n) + 3, \quad g(3, n+6) = g(3,n) + 6 \ (n \geq 8)$$

が成り立つことが分かります．

n	0	1	2	3	4	5	6	7	8	9	10	11
$g(0,n)$	0	1	2	3	4	5	6	7	8	9	10	11
$g(1,n)$	1	2	0	4	5	3	7	8	6	10	11	9
$g(2,n)$	2	0	1	5	3	4	8	6	7	11	9	10
$g(3,n)$	3	4	5	6	2	0	1	9	10	12	8	7

n	12	13	14	15	16	17	18	19	20	21	22
$g(0,n)$	12	13	14	15	16	17	18	19	20	21	22
$g(1,n)$	13	14	12	16	17	15	19	20	18	22	23
$g(2,n)$	14	12	13	17	15	16	20	18	19	23	21
$g(3,n)$	15	11	16	18	14	13	21	17	22	24	20

ここで, $g(m,n) = g(n,m)$ ですから, n を固定し m の関数とみても, 加法的周期性をもつことに注意しておきます. まず, $h(m,n)$ の周期性から $g(m,n)$ の加法的周期性が導かれることを確認しておきましょう.

$h(m,n)$ が n の関数として周期性を持ったとします. すなわち, 正整数 p, n_0 があり,

$$h(m, n+p) = h(m,n) \quad (n \geq n_0)$$

を満たすとします. このとき, $n \geq n_0$ に対し

$$\begin{aligned}g(m, n+p) &= h(m, n+p) + (n+p-2m) \\ &= h(m,n) + (n+p-2m) \\ &= g(m,n) - (n-2m) + (n+p-2m) \\ &= g(m,n) + p\end{aligned}$$

となり, $g(m,n)$ が周期 p, 増分 p の加法的周期性を満たすことが導かれました. したがって, 次の補題を証明すれば十分です.

補題 9.8 $h(m,n) = g(m,n) - (n-2m)$ とおくと, 正整数 p と非負整数 n_0 があり,

$$h(m, n+p) = h(m,n) \quad (n \geq n_0)$$

を満たす.

証明の前に少し記号を用意します. $n \geq 2m$ として,

$$\begin{aligned}U(m,n) &= \{g(0,n), g(1,n), \ldots, g(m-1,n)\}, \\ L(m,n) &= \{g(m,0), g(m,1), \ldots, g(m,n-1)\}, \\ D(m,n) &= \{g(m-1,n-1), g(m-2,n-2), \ldots, g(0,n-m)\}, \\ \bar{U}(m,n) &= \{n-2m, \ldots, m+n-1, m+n\} \setminus U(m,n), \\ \bar{L}(m,n) &= \{n-2m, \ldots, m+n-1, m+n\} \setminus L(m,n), \\ \bar{D}(m,n) &= \{n-2m, \ldots, m+n-1, m+n\} \setminus D(m,n), \\ \bar{u}(m,n) &= \{k-(n-2m) \mid k \in \bar{U}(m,n)\}, \\ \bar{l}(m,n) &= \{k-(n-2m) \mid k \in \bar{L}(m,n)\}, \\ \bar{d}(m,n) &= \{k-(n-2m) \mid k \in \bar{D}(m,n)\}\end{aligned}$$

とおきます. $U(m,n)$, $L(m,n)$, $D(m,n)$ は, それぞれ, (m,n) の上側, 左側, 左上への対角線上に現れる局面のグランディ数の集合です. したがって, 補題 12.6 を考慮すると,

$$g(m,n) = \min\{\bar{U}(m,n) \cap \bar{L}(m,n) \cap \bar{D}(m,n)\},$$
$$h(m,n) = \min\{\bar{u}(m,n) \cap \bar{l}(m,n) \cap \bar{d}(m,n)\} \qquad (9.1)$$

です. また, $\bar{u}(m,n)$, $\bar{l}(m,n)$, $\bar{d}(m,n)$ はいずれも $\{0,1,\ldots,3m\}$ に含まれています. さらに, 整数の集合 A と整数 p に対して,

$$A + p = \{a + p \mid a \in A\}, \quad A - p = \{a - p \mid a \in A\}$$

と定義します. この記法を用いると, $\bar{u}(m,n) = \bar{U}(m,n) - (n - 2m)$ などと書くことができます. では, 以上を準備として, 補題 9.8 の証明にとりかかりましょう.

補題 9.8 の証明　m についての数学的帰納法で証明する. $m = 0$ のとき, $h(0,n) = g(0,n) - n = n - n = 0$ だから, $p = 1$, $n_0 = 0$ として周期性が成り立っている. $m > 0$ とする. 帰納法の仮定により, $h(m',n)$ $(0 \leq m' < m)$ は周期的だとしてよい. したがって, 正整数 p と非負整数 n_0 を

$$h(m', n + p) = h(m', n) \quad (n \geq n_0)$$

が成り立つようにとれる (各 $m' < m$ に対する周期の最小公倍数を p とすればよい). このとき, $g(m',n)$ $(0 \leq m' < m)$ について $n \geq n_0$ のときに加法的周期性が成り立つから, $n \geq n_0 + m$ のとき,

$$U(m, n+p) = U(m,n) + p, \quad D(m, n+p) = D(m,n) + p$$

を得る. したがって, $n \geq n_0 + m$ のとき,

$$\bar{u}(m, n+p) = \bar{u}(m,n), \quad \bar{d}(m, n+p) = \bar{d}(m,n)$$

となる. 特に, $\bar{u}(m,n)$, $\bar{d}(m,n)$ は $(n \geq n_0 + m$ のとき$)$ $n \bmod p$ で定まる. 次に, $L(m, n+1) = L(m,n) \cup \{g(m,n)\}$ だから,

$$\bar{L}(m, n+1) = \{n+1-2m, \ldots, m+n, m+n+1\} \setminus L(m, n+1)$$
$$= (\bar{L}(m,n) \cup \{m+n+1\}) \setminus \{g(m,n), n-2m\}$$

である．これより，

$$\bar{l}(m, n+1) = ((\bar{l}(m,n) - 1) \cup \{3m\}) \setminus \{h(m,n) - 1, -1\}$$

となる．$h(m,n)$ は (9.1) により，$\bar{u}(m,n), \bar{d}(m,n), \bar{l}(m,n)$ から定まる．したがって，$\bar{l}(m, n+1)$ は $\bar{u}(m,n), \bar{d}(m,n), \bar{l}(m,n)$ が与えられれば，自動的に定まる．以上により，$\{0, 1, 2, \ldots, 3m\}$ の 3 つの部分集合 $\bar{u}(m,n), \bar{d}(m,n), \bar{l}(m,n)$ から，$\bar{u}(m, n+1), \bar{d}(m, n+1), \bar{l}(m, n+1)$ を作り出すルールが分かったが，$\{0, 1, 2, \ldots, 3m\}$ の部分集合は 2^{3m+1} 通りであるので，ある $r > 0$ に対して，

$$\bar{u}(m, n+rp) = \bar{u}(m,n), \quad \bar{l}(m, n+rp) = \bar{l}(m,n),$$
$$\bar{d}(m, n+rp) = \bar{d}(m,n)$$

となる．これは，$h(m, n+rp) = h(m,n)$ を意味する． □

第 10 章

マヤゲーム

10.1 マヤゲームとは

この章では，いよいよマヤゲームを研究します．いよいよと言うのは，マヤゲームの理論は石取りゲームの中でも，最高峰といってもよい内容を含んでいるからです．

マヤゲームは，定理 4.3 でグランディ数を決定したシルバーダラーと同様に，

| 0 | 1 | ● | 3 | 4 | ● | 6 | 7 | ● | 9 | ● | 11 | ● | 13 | ⋯ |

のように区切られた帯の上にコインを置いてゲームします．このゲームで許される指し手は，1 つのコインをその位置より左側の (小さい番号の位置の) 空き地に動かすことです．例えば，

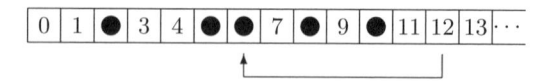

| 0 | 1 | ● | 3 | 4 | ● | ● | 7 | ● | 9 | ● | 11 | 12 | 13 | ⋯ |

のように動かすことができます．シルバーダラーと違うところは，左側にあるコインを飛び越えてもよいことです．終了局面は，

| ● | ● | ● | ● | ● | 5 | 6 | 7 | 8 | 9 | 10 | 11 | 12 | 13 | ⋯ |

のようにコインが左詰めになって動かせなくなった局面で，動かせなくなったプレイヤーが負けとします．

さて，一般に r 個のコインが $m_1, m_2, \ldots, m_r$ の位置に置かれている局面を $(m_1, m_2, \ldots, m_r)$ と表しましょう．$m_1, \ldots, m_r$ の順番を入れ替えても同じ局面を表しています．たとえば，最初の図の局面は $(2, 5, 8, 10, 12)$ と，そして 12 を 6 に移した第 2 の図の局面は $(2, 5, 8, 10, 6) = (2, 5, 6, 8, 10)$ と表されます．マヤ

ゲームで許されている指し手は, ある m_i を $0 \leq m'_i < m_i$ で $m'_i \neq m_j$ $(j \neq i)$ を満たす m'_i に取り替えることです. 終了局面は $(0, 1, \ldots, r-1)$ となります.

マヤゲームは必勝判定の大変難しいゲームです. コインの個数が 4 以下ならば, 第 10.3 節で述べるように, 後手必勝の条件を求めることは難しくありませんが, コインの個数が 5 以上だと非常に困難になります. 自明ではない最初の場合, すなわち, 5 個のコインの場合は, グランディ数の発見者の一人 Sprague [33] によって調べられました. これがマヤゲーム研究のもっとも初期の論文です.

マヤゲームの完全な理論は C. P. Welter [34] (1954) によって発表されました. 数学的ゲームの研究の第一人者である Berlekampf は「このゲームを研究したものの多くは, もし Welter がその理論を発見していなかったら, 今でも知られていなかったのではないかと思ったものである」 (1972) と記しています. ところが, Berlekampf の想像に反して, 日本でも (おそらく, Welter に少し先行する時期に) 佐藤幹夫氏によって「マヤゲーム」という名前の下に理論が作られていたのでした[1]. マヤゲームの佐藤理論は, 佐藤幹夫氏自身の講演に基づく記録 [6], [7], [8] がありますが, 論文として発表されることはなかったので, このゲームは, 国際的には「ウェルターのゲーム」として知られています. 一方日本では, Welter の仕事は 1970 年代後半まではほとんど知られていなかったようで,「佐藤のゲーム」,「マヤゲーム」とよばれています. 以上のような経緯を見ると「佐藤・ウェルターのゲーム」とよぶのが公平のようですが, ここでは,「マヤゲーム」という短いが神秘的な呼び方を使うことにしました.

10.2 マヤゲームの別の表現

マヤゲームには, コインずらしゲームとは見かけの違った遊び方もあります.

● 石取りゲームとしてのマヤゲーム

マヤゲームを石取りゲームの一種として見ることもできます. 局面 $(m_1, \ldots, m_r)$ を, 石の個数がそれぞれ $m_1, \ldots, m_r$ 個である石の山がある状態とみなせば, m_i

---

[1] [10] に収録されている木村達雄氏による佐藤幹夫氏のインタビューでは, マヤゲームを考察することとなった経緯や基本的なアイディアを語られていて興味深いものがあります.

にあるコインを m_i' $(m_i' < m_i)$ に動かすということは, i 番目の山の石の個数を m_i から m_i' に減らすことに相当します. これだけだと通常のニム (r 山くずし) ですが, マヤゲームでは

$$\text{同数の石を含む山が 2 つできてはいけない} \tag{10.1}$$

という制限がつきます. 石取りゲームとして遊ぶときに気をつけなければいけない点は, この制限により, ある山から石を全部取ってしまったとき, 他の山から石を全部取ることは禁止されることです. したがって, 1 山が消え去ってしまっても, そこには前に山があったということを覚えておかなければなりません. つまり, 1 番目の山が消えた状態 $(0, m_2, \ldots, m_r)$ とその山が初めからなかった状態 $(m_2, \ldots, m_r)$ とは同等ではないのです. じつは, 次の補題が成り立ちます.

補題 10.1 局面 $(0, m_2, \ldots, m_r)$ は局面 $(m_2 - 1, \ldots, m_r - 1)$ と同等である.

このことは, コインずらしゲームとしてみれば, すぐに分かります. 例えば, コインの 1 つが 0 の位置にある局面

| ● | 1 | 2 | 3 | ● | ● | 6 | 7 | ● | 9 | ● | 11 | 12 | 13 | ⋯ |

は, 左端の●を取り除いて番号を 1 ずらした局面

| 0 | 1 | 2 | ● | ● | 5 | 6 | ● | 8 | ● | 10 | 11 | 12 | ⋯ |

と同等であることは明らかでしょう.

このように, 石取りゲームとして遊ぶのは, なくなった山の存在を記憶していなければならない等の不便があり, お勧めできません. しかし, 制限 (10.1) のついたニムとみなして, 通常のニムの理論と比較しながら進むと, 今後の議論の意味も分かりやすく, 一方でマヤゲームがニムと比べてどれだけ複雑かも理解しやすいと思います.

● マヤゲームとヤング図形

下図のように,正方形を左上詰めで 1 行の長さが下に行くほど小さくなる (正確には非増加となる) ように並べてできる図形を**ヤング図形**といいます.

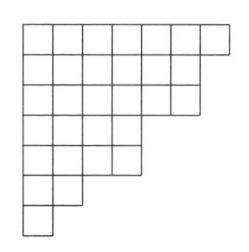

ヤング図形は群の (特に,対称群,一般線形群の) 表現論や組み合わせ論で活躍する重要な対象です (ヤング図形については,寺田至 [15], G.E. アンドリュース・K. エリクソン [16] を,マヤゲームと表現論については,佐藤幹夫氏の講義録 [9] や,川中宣明 [12], [13] を参照してください.)

ヤング図形とマヤゲームの局面とは (補題 10.1 によって同等となるものは同じとみなして) 1 対 1 に対応し,マヤゲームをヤング図形を操作するゲームと解釈することができるのです. この場合,ゲームの指し手は,正方形のうちの 1 個を選んでそれより下にある正方形と右にある正方形でできる鍵形 (フックとよばれる) を取り除いて,その右下側にある図形を左上に詰めて新しいヤング図形を作ることです.

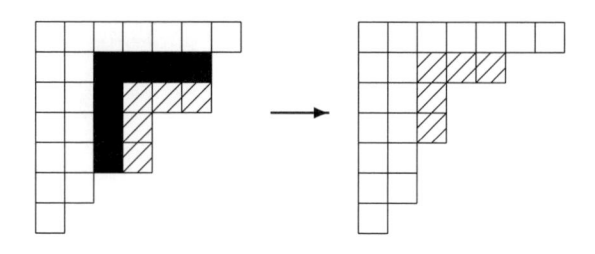

この操作を 2 人のプレイヤーが交代で行い,最後にすべての正方形を取り去ったプレイヤーが勝ちとなります.

では,ヤング図形とマヤゲームの局面の対応を説明しましょう. ヤング図形の一番左下の横の辺から一番右上の縦の辺まで,ヤング図形の縁に沿った辺に 0 から順に番号をふっていきます.

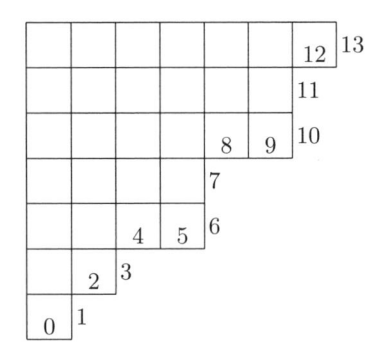

```
 ┌─┬─┬─┬─┬─┬─┬─┐
 │ │ │ │ │ │ │12│13
 ├─┼─┼─┼─┼─┼─┼─┤
 │ │ │ │ │ │ │11│
 ├─┼─┼─┼─┼─┼─┤
 │ │ │ │ │ 8│9 │10
 ├─┼─┼─┼─┼─┤
 │ │ │ │ │ 7│
 ├─┼─┼─┼─┼─┤
 │ │ │ │ 4│5 │6
 ├─┼─┼─┼─┤
 │ │ │ 2│3
 ├─┼─┼─┤
 │ 0│1
 └─┴─┘
```

このとき，縦の辺に対応する番号の位置 $(1, 3, 6, 7, 10, 11, 13)$ にコインを置いた局面

```
┌─┬─┬─┬─┬─┬─┬─┬─┬─┬─┬─┬─┬─┐
│0│●│2│●│4│5│●│●│8│9│●│●│12│●│…
└─┴─┴─┴─┴─┴─┴─┴─┴─┴─┴─┴─┴─┘
```

が，対応するマヤゲームの局面です．フックは，縦の辺とそれより若い番号に対応する横の辺で定まります．上の例では，縦の辺 11 と横の辺 4 とで定まるフックが選ばれています．このフックを抜く操作は，11 にあったチップを 4 に移すことに対応することが分かるでしょう．

10.3 コインの個数が少ない場合のマヤゲーム

本格的な理論に取り掛かる前に，コインの個数が少ない場合を調べてみましょう．コイン 1 個の場合は自明ですから，コイン 2 個の場合から始めます．

● 2 コインの場合

m_1, m_2 が小さいときには，局面 (m_1, m_2) $(m_1 \neq m_2)$ のグランディ数は，終了局面 $(0, 1)$ のグランディ数を 0 とするところから出発して，帰納的に求めることができます．

(m_1, m_2) のグランディ数

m_1 \ m_2	0	1	2	3	4	5	6	7
0	×	0	1	2	3	4	5	6
1	0	×	2	1	4	3	6	5
2	1	2	×	0	5	6	3	4
3	2	1	0	×	6	5	4	3
4	3	4	5	6	×	0	1	2
5	4	3	6	5	0	×	2	1
6	5	6	3	4	1	2	×	0
7	6	5	4	3	2	1	0	×

この表と第1章のニム和の表 (p. 8) とを比べると，

$$F(m_1, m_2) = m_1 \stackrel{*}{+} m_2 - 1$$

がグランディ数だと気がつくのではないでしょうか．ここで，ニム和 $\stackrel{*}{+}$ と通常の加法・減法 $\pm$ が入り混じった式では，ニム和を先に計算すると約束しておきます．

定理 10.2 2コインのマヤゲームの局面 (m_1, m_2) $(m_1 \neq m_2)$ のグランディ数は

$$F(m_1, m_2) = m_1 \stackrel{*}{+} m_2 - 1$$

で与えられる．したがって，局面 (m_1, m_2) が後手必勝形となるための必要十分条件は $m_1 \stackrel{*}{+} m_2 = 1$ である．

グランディ数の定義に基づいてこの定理を証明することは，それほど難しくありません．練習問題として，取り組んでみてください．

● 3コイン，4コインの場合

3コイン，4コインの場合も，試行錯誤すると，後手必勝条件が発見できるかもしれません．特に簡単なのは，4コインの場合です．

定理 10.3 4コインのマヤゲームの局面 (m_1, m_2, m_3, m_4) が後手必勝形となる必要十分条件は
$$m_1 \stackrel{*}{+} m_2 \stackrel{*}{+} m_3 \stackrel{*}{+} m_4 = 0$$
である．

証明 $f(m_1, m_2, m_3, m_4) = m_1 \stackrel{*}{+} m_2 \stackrel{*}{+} m_3 \stackrel{*}{+} m_4$ とおく．終了局面 $(0, 1, 2, 3)$ について，$f(0, 1, 2, 3) = 0 \stackrel{*}{+} 1 \stackrel{*}{+} 2 \stackrel{*}{+} 3 = 0$ である．m_1, m_2, m_3, m_4 のうちのどれかを変化させれば，f の値も変わることは明らかである．$f(m_1, m_2, m_3, m_4) \neq 0$ のとき，f の値を 0 にする手があることを示せばよい．そのためには，f の値を 0 とするニムの手が，マヤゲームとしても許される手であることが示されれば十分である．そのようなニムの手が，m_1 を m_1' ($< m_1$) に変えることで与えられるとしよう．このとき，$m_1' \stackrel{*}{+} m_2 \stackrel{*}{+} m_3 \stackrel{*}{+} m_4 = 0$ だから，$m_1' = m_2$ だとすれば，$m_3 \stackrel{*}{+} m_4 = 0$ となり，$m_3 = m_4$ でなければならない．しかし，(m_1, m_2, m_3, m_4) はマヤゲームの局面だったから，これはありえない．よって，$m_1' \neq m_2$ である．同様にして，$m_1' \neq m_3, m_4$ でもある．よって，$(m_1, m_2, m_3, m_4) \to (m_1', m_2, m_3, m_4)$ はマヤゲームで許される指し手である．これで，$f(m_1, m_2, m_3, m_4) = 0$ が後手必勝形の条件であることが分かった． □

じつは，3コインの場合の後手必勝条件は，定理 10.3 からただちに得られるのです．実際，補題 10.1 により，3コインの局面 (m_1, m_2, m_3) は 4コインの局面 $(0, m_1 + 1, m_2 + 1, m_3 + 1)$ に同等ですから，次の結果が得られます．

系 10.4 3コインのマヤゲームの局面 (m_1, m_2, m_3) が後手必勝形となる必要十分条件は
$$(m_1 + 1) \stackrel{*}{+} (m_2 + 1) \stackrel{*}{+} (m_3 + 1) = 0$$
である．

以上の結果によって，コインの個数が 4 以下のときには，必勝判定だけならばニムの場合とあまり変わらず，比較的簡単にできることが分かりました．しかし，コインの個数が 5 以上のマヤゲームについては，上のような簡単な必勝判定条件は存在しないようです．

さらに問題なのは, 3 コインの後手必勝条件を与える $(m_1+1) \stackrel{*}{+} (m_2+1) \stackrel{*}{+} (m_3+1)$ も, 4 コインの後手必勝条件を与える $m_1 \stackrel{*}{+} m_2 \stackrel{*}{+} m_3 \stackrel{*}{+} m_4$ も, グランディ数ではないことです. 反例をあげることは簡単です.

反例. 局面 $(0,1,2,4)$ について, $(0,1,2,4)$ から移行できる局面は終了局面 $(0,1,2,3)$ だけだから, グランディ数 $= 1 \neq 7 = 0 \stackrel{*}{+} 1 \stackrel{*}{+} 2 \stackrel{*}{+} 4$.

3 コインや 4 コインの場合, さらには一般の場合にも, 2 コインの場合 (定理 10.2) を一般化したようなグランディ数の公式があるに違いありません. それをこれから求めていきましょう.

10.4　ニムからマヤへ

マヤゲームの必勝法のアイディアを得るために, ニムについてもう少し深く研究してみましょう.

● **ニムのグランディ数の意味づけ**

ニムの局面 $(m_1, \ldots, m_r)$ のグランディ数は
$$g(m_1, \ldots, m_r) = m_1 \stackrel{*}{+} \cdots \stackrel{*}{+} m_r$$
で与えられました. 次の定理は, このグランディ数の 2 進整数表示の係数の意味を明らかにしています.

定理 10.5　$s \geq 0$ に対し, ニムの局面 $(m_1, \ldots, m_r)$ において許されている指し手のうちで, 取る石の個数が 2^s で割れる指し手が偶数通りあるとき $a_s = 0$, 奇数通りあるとき $a_s = 1$ と定める. このとき,
$$m_1 \stackrel{*}{+} \cdots \stackrel{*}{+} m_r = \sum_{s=0}^{\infty} a_s 2^s$$
が成り立つ. 特に, 局面 $(m_1, \ldots, m_r)$ が後手必勝形であるための必要十分条件は, すべての $s \geq 0$ に対して, 取る石の個数が 2^s で割れる指し手が偶数通りあることである.

証明 いつものように ガウス記号 $[x]$ で x 以下で最大の整数を表わすことにすると, m 個の石を含む山から石を取る指し手のうちで, 取る石の個数が 2^s で割れる手は $k = 1, 2, \ldots, [m/2^s]$ に対し $k2^s$ 個取る手であり, $[m/2^s]$ 通りある. m の 2 進展開を $m = (f_t f_{t-1} \ldots f_1 f_0)_2 = \sum_{i=0}^{t} f_i 2^i$ とするとき, $[m/2^s] = (f_t f_{t-1} \ldots f_{s+1} f_s)_2 = \sum_{i=s}^{t} f_i 2^{i-s}$ である. よって, $[m/2^s]$ が偶数ならば $f_s = 0$, 奇数ならば $f_s = 1$ である. 定理はこの観察からただちに従う. □

● マヤゲームのグランディ数

では, 定理 10.5 の考え方をマヤゲームの局面

$$(m_1, m_2, \ldots, m_r) \quad (0 \leq m_1 < m_2 < \cdots < m_r)$$

に適用するとどうなるでしょう. 制限 (10.1) によって禁じられる手は, $i < j$ に対して j 番目の山から $m_j - m_i$ 個の石を取り除く手です. $m_j - m_i$ が 2^e で割り切れ, 2^{e+1} で割り切れないとすると, この手が禁じられることにより, $s = 0, 1, \ldots, e$ に対し 2^s で割り切れる手がニムの場合より 1 つ減ることになります. そこで, x と y の**マヤ距離**[2]といわれる

$$M(x, y) = 2^{e+1} - 1 = (\overbrace{11 \ldots 11}^{e+1})_2 \tag{10.2}$$

$$(x \equiv y \pmod{2^e},\ x \not\equiv y \pmod{2^{e+1}})$$

という量を考え,

$$F(m_1, m_2, \ldots, m_r) = m_1 \overset{*}{+} \cdots \overset{*}{+} m_r \overset{*}{+} \left(\sum_{i<j}^{*} M(m_i, m_j) \right)$$

と定義すると, 次の補題が成り立ちます. ここで, $M(m_i, m_j)$ $(i < j)$ のニム和からなる項が制限 (10.1) による禁じ手の影響を表しています.

補題 10.6 $s \geq 0$ に対し, マヤゲームの局面 $(m_1, \ldots, m_r)$ において許され

---

[2] 距離といっても, 位相空間 (距離空間) 論における距離の公理を満たしているわけではありません. 2 つの数 x, y の間の距離感のようなものを感じさせる量だというふうに理解してください.

ている指し手のうちで, 取る石の個数が 2^s で割れる指し手が偶数通りあるとき $a_s = 0$, 奇数通りあるとき $a_s = 1$ と定める. このとき,

$$F(m_1, m_2 \ldots, m_r) = \sum_{s=0}^{\infty} a_s 2^s$$

が成り立つ.

じつは, ニムの場合と同様に, マヤゲームでもこの量がグランディ数を与えるのです. すなわち, 次の定理が成り立ちます.

定理 10.7 (マヤゲームの基本定理) マヤゲームの局面 $(m_1, \ldots, m_r)$ のグランディ数は

$$F(m_1, m_2, \ldots, m_r) = m_1 \stackrel{*}{+} \cdots \stackrel{*}{+} m_r \stackrel{*}{+} \left(\sum_{i<j}^{*} M(m_i, m_j) \right)$$

で与えられる.

この定理の証明は長くかなり難しいため, その説明は後回しにして, 例を見てみましょう.

例 10.1 もっとも簡単な $r = 2$ の場合には,

$$F(m_1, m_2) = m_1 \stackrel{*}{+} m_2 \stackrel{*}{+} M(m_1, m_2)$$

となります. $m_1 - m_2$ がちょうど 2^e で割り切れるということは, m_1, m_2 の 2 進展開の下 e 桁が一致して, 下から $e+1$ 桁目が異なっているということですから,

$$m_1 \stackrel{*}{+} m_2 = (*****1\overbrace{0\ldots 0}^{e})_2$$

となります. したがって,

$$m_1 \stackrel{*}{+} m_2 \stackrel{*}{+} M(m_1, m_2) = (*****0\overbrace{1\ldots 1}^{e})_2$$
$$= m_1 \stackrel{*}{+} m_2 - 1$$

が成り立ちます. これは, 定理 10.2 の結果と一致しています.

例 10.2 終了局面 $(0, 1, \ldots, r-1)$ では $F(0, 1, \ldots, r-1) = 0$ となっていることは，補題 10.6 から明らかです．

例 10.3 $(m_1, m_2, m_3, m_4, m_5) = (1, 4, 7, 11, 13)$.
$M(m_i, m_j)$ $(i < j)$ の表を作ると，

$m_i \backslash m_j$	13	11	7	4
11	3	×	×	×
7	3	7	×	×
4	1	1	1	×
1	7	3	3	1

$M(m_i, m_j)$

となり，

$$F(1, 4, 7, 11, 13) = (1 \overset{*}{+} 4 \overset{*}{+} 7 \overset{*}{+} 11 \overset{*}{+} 13)$$
$$+ (1 \overset{*}{+} 1 \overset{*}{+} 1 \overset{*}{+} 1 \overset{*}{+} 3 \overset{*}{+} 3 \overset{*}{+} 3 \overset{*}{+} 3 \overset{*}{+} 7 \overset{*}{+} 7)$$
$$= 4$$

が得られます．したがって，基本定理によれば，$(1, 4, 7, 11, 13)$ は先手必勝形であり，$F(1, 0, 7, 11, 13) = 0$ となるので，$4 \mapsto 0$ が先手のとるべき指し手であることが分かります．

ここで注意をしておくと，どんなゲームでも定理 10.5 や補題 10.6 のような考え方でグランディ数が決まってくるというわけではありません．しかし，川中宣明氏は，この考え方が通用する，すなわち，指し手の個数をうまく数えることによってグランディ数の 2 進整数表示が得られるようなゲームのクラスを発見し，「平明アルゴリズム」と名付け，表現論とも関係づけて研究しています．これは，マヤゲームを一般化し新しい視点から見る興味ある理論です．これについては，[13] を見てください．

● ニムに証明の手掛かりを求める

ニムの場合には, 局面 $P = (m_1, \ldots, m_r)$ に対し $g(P) = m_1 \overset{*}{+} \cdots \overset{*}{+} m_r$ と定義すると, $g(P)$ がニムのグランディ数を与えることは, 系 3.5 でゲームの和定理 (定理 3.4) を用いて簡単に証明されました. 一方, マヤゲームの場合には, 制限 (10.1) のためにゲームの和定理が利用できないところで大きな困難にぶつかります.

しかし, ニムについて次の定理が知られています.

定理 10.8 ニムの局面 P について, $s = g(P)$ とおく. 非負整数 $s'\ (\neq s)$ に対し, P から移行できる局面 P' で $g(P') = s'$ となるものの数は, $s' < s$ ならば奇数 (したがって, ≥ 1 で必ず存在), $s' > s$ ならば偶数 (0 で存在しないかもしれない) である.

この定理から, ただちに $g(P) = m_1 \overset{*}{+} \cdots \overset{*}{+} m_r$ がニムのグランディ数であることがでてきます. じつは, この定理はゲームの和定理を利用せずに証明することができ, その証明がマヤゲームの基本定理の証明にもヒントを与えてくれるのです.

では, 定理 10.8 の証明のために, 少し準備をしましょう.

負整数の 2 進整数表示とニム和の一般化

よく知られているように, 無限等比級数の和の公式

$$1 + x + x^2 + \cdots + x^n + \cdots = \frac{1}{1-x}$$

が意味をもつためには, $|x| < 1$ が必要です. しかし, 形式的に $x = 2$ についてもこの式を書いてみると

$$1 + 2 + 2^2 + \cdots + 2^n + \cdots = \frac{1}{1-2} = -1 \tag{10.3}$$

となります. そこで, これを -1 の 2 進展開と考えましょう. したがって, -1 の 2 進整数表示は

$$-1 = (\ldots 11111)_2$$

だとするのです．等式 (10.3) は普通の実数ではもちろん成立しませんが，2 進数という数体系の中では $\lim_{n\to\infty} 2^n = 0$ と考えることができ，正しい等式として意味づけることができます．(2 進数，より一般に p を素数として p 進数，については，斎藤秀司 [14]，J. P. セール [17] などを見てください．この負の整数の 2 進整数表示は，コンピュータの内部における負の整数の表示法とも関係があります．これについては，本章末の補足 6 (p. 185) も参照してください．)

$-(1+n)$ $(n \geq 1)$ の 2 進整数表示を定めるために，まず n の 2 進整数表示

$$n = (a_r a_{r-1} \ldots a_2 a_1 a_0)_2 \quad (a_i = 0, 1)$$

を考えます．$-(1+n) = (-1) - n$ という関係を 2 進整数表示を利用して

$$\begin{array}{ccccccccc}
& \ldots\ldots & 1 & 1 & \ldots & 1 & 1 & = & -1 \\
-) & & a_r & a_{r-1} & \ldots & a_1 & a_0 & = & n \\
\hline
& & & & & & & = & -1-n
\end{array}$$

と計算してみると，繰り下がりはまったく生じませんから，-1 の 2 進整数表示を n の 2 進整数表示で 1 となっている桁だけ 0 に変えたものが $-(1+n)$ の 2 進整数表示と考えることができます (これも，2 進数としては正当化できる計算です)．このようにすると，2 進整数表示

$$(\ldots\ldots a_r \ldots a_1 a_0)_2$$

において，十分大きい r に対しては a_r がすべて 0 となるものが非負の整数を表し，十分大きい r に対しては a_r がすべて 1 となるものが負の整数を表すことになります．

また，ニム和は各桁ごとに $0+0 = 1+1 = 0, 1+0 = 0+1 = 1$ のルールで加え合わせればよいのですから，負の整数を含めてニム和 $m \stackrel{*}{+} n$ $(m, n \in \mathbb{Z})$ を定義することができます．このとき，

$$-(1+n) = (-1) \stackrel{*}{+} n \quad (n \geq 0)$$

が成り立っています．また

$$\begin{cases} 非負整数 \stackrel{*}{+} 非負整数 = 非負整数 \\ 非負整数 \stackrel{*}{+} 負整数 = 負整数 \\ 負整数 \stackrel{*}{+} 非負整数 = 負整数 \\ 負整数 \stackrel{*}{+} 負整数 = 非負整数 \end{cases} \quad (10.4)$$

が分かります．整数の全体 $\mathbb{Z}$ がニム和に関してアーベル群となり，0 が単位元，n の逆元は n 自身となることはほとんど明らかでしょう．

命題 1.2 (iv) も，負の整数も含めて次の形で成立します．

補題 10.9 (ⅰ) $a \in \mathbb{Z}, 0 \leq m < 2^k$ のとき，

$$2^k a + m = 2^k a \stackrel{*}{+} m$$

(ⅱ) $a, b \in \mathbb{Z}, 0 \leq m, n < 2^k$ のとき，

$$(2^k a + m) \stackrel{*}{+} (2^k b + n) = 2^k(a \stackrel{*}{+} b) + (m \stackrel{*}{+} n)$$

が成り立つ．

定理 10.8 の証明 $m_1 \stackrel{*}{+} \cdots \stackrel{*}{+} m_r = s, s \neq s'$ とし，i 番目の山の石の数 m_i を m_i' に変えてニム和が s から s' になったとすると，

$$m_1 \stackrel{*}{+} \cdots \stackrel{*}{+} m_{i-1} \stackrel{*}{+} m_i' \stackrel{*}{+} m_{i+1} \stackrel{*}{+} \cdots \stackrel{*}{+} m_r = s'$$

だから，$m_i' = m_i \stackrel{*}{+} s \stackrel{*}{+} s'$ と一通りに定まる．(10.4) により，$m_1, \ldots, m_r, s, s'$ がすべて非負整数ならば，m_i' も非負整数であることに注意しておこう．さて，この手がニムで許される指し手となるのは，$m_i' < m_i$ でなくてはいけない．そこで，定理を示すには，

$$(s' - s) \stackrel{*}{+} \sum_{i=1}^{r}{}^{*} (m_i' - m_i) \geq 0 \quad (10.5)$$

を示せば十分である．この不等式が成立していれば，(10.4) により，$m_i' < m_i$ となる i は $s' > s$ ならば偶数個，$s' < s$ ならば奇数個だと分かるからである．(10.5) の左辺を少し変形した不等式

$$(s' - s) \stackrel{*}{+} s' \stackrel{*}{+} s \stackrel{*}{+} \sum_{i=1}^{r}{}^{*} \{(m_i' - m_i) \stackrel{*}{+} m_i \stackrel{*}{+} m_i'\} \geq 0 \quad (10.6)$$

からも同じ結論を得られるが, じつはこちらを考えるのが便利である. というのは, (10.6) では等号が成り立っていることが, 次の補題を用いてすっきりと証明できるからである.

補題 10.10 $t \in \mathbb{Z}$ に対し, 写像 $f_t : \mathbb{Z} \to \mathbb{Z}$ を $f_t(x) = ((x \stackrel{*}{+} t) - x) \stackrel{*}{+} t$ と定義する. このとき, f_t は
$$f_t(x \stackrel{*}{+} y) = f_t(x) \stackrel{*}{+} f_t(y) \quad (x, y \in \mathbb{Z})$$
を満たす. (すなわち, $\mathbb{Z}$ をニム和でアーベル群と見たとき, f_t は群 $\mathbb{Z}$ の自己準同型である.)

この補題は認めることにして, 定理 10.8 の証明を完成させてしまおう.

定理 10.8 の証明 (続き) まず,
$$(m_i' - m_i) \stackrel{*}{+} m_i \stackrel{*}{+} m_i'$$
$$= (m_i \stackrel{*}{+} (s \stackrel{*}{+} s') - m_i) \stackrel{*}{+} m_i \stackrel{*}{+} (m_i \stackrel{*}{+} (s \stackrel{*}{+} s'))$$
$$= (m_i \stackrel{*}{+} (s \stackrel{*}{+} s') - m_i) \stackrel{*}{+} (s \stackrel{*}{+} s')$$
$$= f_{s \stackrel{*}{+} s'}(m_i),$$
そして,
$$(s' - s) \stackrel{*}{+} s \stackrel{*}{+} s' = f_{s \stackrel{*}{+} s'}(s)$$
となるから, 補題 10.10 を用いると
$$(10.6) \text{ の左辺} = f_{s \stackrel{*}{+} s'}(s) \stackrel{*}{+} \sum_{i=1}^{r} {}^{*} f_{s \stackrel{*}{+} s'}(m_i)$$
$$= f_{s \stackrel{*}{+} s'}(s) \stackrel{*}{+} f_{s \stackrel{*}{+} s'}(m_1 \stackrel{*}{+} \cdots \stackrel{*}{+} m_r)$$
$$= f_{s \stackrel{*}{+} s'}(s) \stackrel{*}{+} f_{s \stackrel{*}{+} s'}(s) = 0$$
となる. □

補題 10.10 の証明 t の 2 進展開を
$$t = \sum_{i=1}^{N} 2^{r_i} \quad (0 \le r_1 < r_2 < \cdots)$$

とする．ここで, $t \geq 0$ なら $N < \infty$ だが, $t < 0$ のときは $N = \infty$ となること に注意する．さらに, $t \geq 0$, $N < \infty$ のとき, $r_{N+1} = \infty$ とし $2^\infty = 0$ と考える ことにしておく (p. 158 で注意したように, 2 進数の世界では $n \to \infty$ のとき $2^n \to 0$ だった). また, $x \in \mathbb{Z}$ の 2 進展開を

$$x = \sum_{k=0}^{\infty} 2^k x_k \quad (x_k = 0, 1)$$

とする．このとき, $x \stackrel{*}{+} t$ の 2 進展開

$$x \stackrel{*}{+} t = \sum_{k=0}^{\infty} 2^k x'_k$$

において, k がある r_i に等しいときには x'_k は x_k と異なり (すなわち, $x_k = 0$ なら $x'_k = 1$, $x_k = 1$ なら $x'_k = 0$), そうでないときには $x'_k = x_k$ である．した がって, $(x \stackrel{*}{+} t) - x$ は 2^{r_i} の形の項以外はすべて消えて

$$(x \stackrel{*}{+} t) - x = \sum_{i=1}^{N} 2^{r_i} y_i, \quad y_i = \begin{cases} 1 & (x_{r_k} = 0) \\ -1 & (x_{r_k} = 1) \end{cases}$$

となる．$-2^{r_i} = \sum_{j=r_i}^{\infty} 2^j$ に注意すると,

$$2^{r_i} y_i = 2^{r_i} + x_{r_i} \sum_{j=r_i+1}^{\infty} 2^j$$

と表せるから,

$$(x \stackrel{*}{+} t) - x = \sum_{i=1}^{N} \left(2^{r_i} + x_{r_i} \sum_{j=r_i+1}^{\infty} 2^j \right)$$
$$= 2^{r_1} + \sum_{i=1}^{N} \left(x_{r_i} \sum_{j=r_i+1}^{\infty} 2^j + 2^{r_{i+1}} \right)$$

と変形できる．ただし, 冒頭の約束にしたがって, $t \geq 0$ (したがって, $N < \infty$) のときは $i = N$ に対応する項の $2^{r_{N+1}}$ は 0 と考えることに注意しておく．こ こで,

$$x_{r_i} \sum_{j=r_i+1}^{\infty} 2^j + 2^{r_{i+1}} = \begin{cases} 2^{r_{i+1}} & (x_{r_i} = 0) \\ \sum_{j=r_i+1}^{r_{i+1}-1} 2^j & (x_{r_i} = 1) \end{cases}$$

$$= x_{r_i} \sum_{j=r_i+1}^{r_{i+1}} 2^j \stackrel{*}{+} 2^{r_{i+1}}$$

が成り立つから,

$$\begin{aligned}
f_t(x) &= ((x \stackrel{*}{+} t) - x) \stackrel{*}{+} t \\
&= \left\{ 2^{r_1} + \sum_{i=1}^{N} \left(x_{r_i} \sum_{j=r_i+1}^{r_{i+1}} 2^j \stackrel{*}{+} 2^{r_{i+1}} \right) \right\} \stackrel{*}{+} \left(\sum_{i=1}^{N} 2^{r_i} \right) \\
&= \sum_{i=1}^{N} x_{r_i} \sum_{j=r_i+1}^{r_{i+1}} 2^j
\end{aligned}$$

が得られる. 補題 10.10 の関係式 $f_t(x \stackrel{*}{+} y) = f_t(x) \stackrel{*}{+} f_t(y)$ は, この式より明らかである. □

● マヤ距離の性質

マヤゲームのグランディ数に現れるマヤ距離 $M(x, y)$ の性質は, 基本定理 (定理 10.7) の証明にとってポイントになりますから, 準備としてここで調べておきましょう.

補題 10.11 $x \in \mathbb{Z}$ に対し, $N(x) = (x-1) \stackrel{*}{+} x$ とおく. このとき,

$$N(x) = \begin{cases} 2^{e+1} - 1 & (x \neq 0) \\ -1 & (x = 0) \end{cases}$$

が成り立つ. ただし, $x \neq 0$ のとき, e は x が 2^e で割り切れ, 2^{e+1} で割り切れないような整数である.

証明 $x = 0$ のときは明らかである. $x \neq 0$ とする. e の定義により, $x = 2^{e+1}y + 2^e$ $(y \in \mathbb{Z})$ と表される. このとき, 補題 10.9 により

$$\begin{aligned}
(x-1) \stackrel{*}{+} x &= (2^{e+1}y + (2^e - 1)) \stackrel{*}{+} (2^{e+1}y + 2^e) \\
&= (2^{e+1}y \stackrel{*}{+} (2^e - 1)) \stackrel{*}{+} (2^{e+1}y \stackrel{*}{+} 2^e) \\
&= (2^e - 1) \stackrel{*}{+} 2^e = 2^e + (2^e - 1) = 2^{e+1} - 1
\end{aligned}$$

となる. □

この補題の $N(x)$ は x の**マヤノルム**とよばれます. $x,y \in \mathbb{Z}$ のマヤ距離 $M(x,y)$ が $M(x,y) = N(x-y)$ と表わされることは, マヤ距離の定義 (10.2) から明らかです.

補題 10.12 $x,y \in \mathbb{Z}$ とする. このとき,

(i) $M(x,y) = N(x-y) = N(x \stackrel{*}{+} y)$

(ii) $M(x,y) = M(x+k, y+k) = M(x \stackrel{*}{+} k, y \stackrel{*}{+} k)$ $(k \in \mathbb{Z})$

(iii) $M(x,y) \geq 0$ $(x \neq y)$, $M(x,x) = -1$

が成り立つ.

証明 $M(x,y) = N(x-y)$ と (iii) は $M(x,y)$ の定義と補題 10.11 からただちに従う. $M(x,y) = N(x \stackrel{*}{+} y)$ を示すには, $2^e | (x-y) \iff 2^e | (x \stackrel{*}{+} y)$ を確かめればよい. (ここで $a|b$ で a は b を割り切ることを意味する.) $x = 2^e a + m$, $y = 2^e b + n$ $(0 \leq m, n < 2^e)$ と表したとき, $x \stackrel{*}{+} y = 2^e(a \stackrel{*}{+} b) + (m \stackrel{*}{+} n)$, $0 \leq m \stackrel{*}{+} n < 2^e$ だから,

$$2^e | (x \stackrel{*}{+} y) \iff m \stackrel{*}{+} n = 0$$
$$\iff m = n \iff 2^e | (x - y)$$

である. (ii) は (i) から明らかである. □

補題 10.13 $x, y, z \in \mathbb{Z}$ がどの 2 つも互いに相異なる整数だとする. このとき, $M(x,y), M(y,z), M(z,x)$ のうちで最大のものを $M(x,y)$ だとすると,

$$M(x,y) > M(x,z) = M(y,z)$$

が成り立つ.

証明 $M(x,y) = 2^{e+1} - 1$ とする. この e を用いて $x = 2^e a + m$, $y = 2^e b + n$ と表すと, $m = n$ かつ $a - b$ は奇数である. さらに $z = 2^e c + r$ と表す. $a - b$ が奇数だから, $a - c$ か $b - c$ のどちらかは偶数となる. 例えば, $a - c$ が偶数だとしよう. ここで, もし $r = m = n$ だとすると, $x - z$ は 2^{e+1} で割り切れてしまうから, $M(x,z) \geq 2^{e+2} - 1 > 2^{e+1} - 1 = M(x,y)$ となり, $M(x,y)$ が最大であることに反する. よって, $r \neq m = n$ である. よって, 2^e は $x - z$, $y - z$ を割

り切らず, $M(x,y) > M(x,z), M(y,z)$ である. また, $x-z$ を割り切る最大の 2 ベキは $m-r$ を割り切る最大の 2 ベキに等しく, $m=n$ だから, $y-z$ を割り切る最大の 2 ベキにも等しい. これは, $M(x,z) = M(y,z)$ を意味する. □

10.5 マヤゲームの基本定理の証明

● 基本定理の証明のアイディア

定理 10.8 とその証明からアイディアを借用して, 次の定理を証明することを考えましょう.

定理 10.14 マヤゲームの局面 $P = (m_1, \ldots, m_n)$, $m_i \neq m_j$ $(i \neq j)$ について

$$s = F(P) := m_1 \overset{*}{+} \cdots \overset{*}{+} m_n \overset{*}{+} \sum_{1 \leq i < j \leq n}^{*} M(m_i, m_j)$$

とおく. このとき, 非負整数 s' $(\neq s)$ に対し, P から移行できる局面 P' で $F(P') = s'$ となるものの数は, $s' < s$ ならば奇数 (したがって, ≥ 1), $s' > s$ ならば偶数 (0 かもしれない) である.

すぐ後の命題 10.15 から分かるように, 局面の移行によって $F(P)$ は変化します. したがって, ニムの場合とまったく同様に, この定理から, $F(P)$ が実際にグランディ数を与えることがただちに出てくるのです.

さて, 定理 10.8 の証明にならうと, $F(m_1, \ldots, m_r) = s$ のとき, 各 i に対して

$$F(m_1, \ldots, m_{i-1}, m'_i, m_{i+1}, \ldots, m_r) = s'$$

となるような m'_i を求め,

$$(s' - s) \overset{*}{+} s' \overset{*}{+} s + \sum_{i=1}^{r}{}^{*} \{(m'_i - m_i) \overset{*}{+} m_i \overset{*}{+} m'_i\}$$

$$= f_{s + s'}^{*}(s) \overset{*}{+} \sum_{i=1}^{r}{}^{*} f_{m_i + m'_i}^{*}(m_i) \geq 0 \tag{10.7}$$

を示してやるという定理 10.14 の証明方針が出てきます.

では, このアイディアに従ってマヤゲームの基本定理 (定理 10.14) の証明に取り掛かります. 以下では, $F(P)$ はまだグランディ数かどうかわかっていませんから, 単に局面 P の F-数とよぶことにしましょう.

● m_i' を求める

証明のための最初の仕事として, F-数が s のとき, 与えられた s' ($s' \neq s$) に対し, m_i を m_i' に変えて F-数を s' にするにはどうしたらよいかを調べます. $F(P)$ を m_i に注目して

$$F(P) = \left(m_i \overset{*}{+} \overset{*}{\underset{j \neq i}{\sum}} M(m_i, m_j) \right)$$
$$\overset{*}{+} \left(m_1 \overset{*}{+} \cdots \overset{*}{+} m_{i-1} \overset{*}{+} m_{i+1} \overset{*}{+} \cdots \overset{*}{+} m_n \overset{*}{+} \overset{*}{\underset{\substack{j<k \\ j,k \neq i}}{\sum}} M(m_j, m_k) \right)$$

と変形してみます. $P^{(i)} = (m_1, \ldots, m_{i-1}, m_{i+1}, \ldots, m_n)$ とおき, また一般に $A = (a_1, \ldots, a_r) \in \mathbb{Z}^r$ に対し

$$\phi_A(x) = x \overset{*}{+} \overset{*}{\underset{j=1}{\overset{r}{\sum}}} M(x, a_i) \tag{10.8}$$

とおくと, 上の変形は

$$F(P) = \phi_{P^{(i)}}(m_i) \overset{*}{+} F(P^{(i)}) \tag{10.9}$$

と表せます. したがって,

$$\phi_{P^{(i)}}(x) = s' \overset{*}{+} F(P^{(i)}) \tag{10.10}$$

の解を $x = m_i'$ とし, m_i を m_i' に変えれば F-数を s' に等しくすることができます. そこで, $\phi_A(x)$ の性質を調べましょう.

命題 10.15 $A = (a_1, \ldots, a_r) \in \mathbb{Z}^r$ に対し, (10.8) で定義した ϕ_A を写像 $\phi_A : \mathbb{Z} \to \mathbb{Z}$ と考える. また, $A = (a_1, \ldots, a_r) \in \mathbb{Z}^r$, $B = (b_1, \ldots, b_s) \in \mathbb{Z}^s$ に対し, $AB = (a_1, \ldots, a_r, b_1, \ldots, b_s) \in \mathbb{Z}^{r+s}$ と定め, さらに, $\phi_A(B) = (\phi_A(b_1), \ldots, \phi_A(b_s))$ とおく. このとき,

 (i) $M(\phi_A(x), \phi_A(y)) = M(x,y)$ $(x, y \in \mathbb{Z})$,
 (ii) $\phi_{AB}(x) = \phi_{\phi_A(B)}(\phi_A(x))$,
 (iii) ϕ_A は全単射で, 逆写像は $\phi_A^{-1} = \phi_{\phi_A(A)}$ で与えられる,

が成り立つ.

証明 A の成分の個数 r についての数学的帰納法によって証明する.

ステップ 1. $r = 1$ のとき, (i) は成立する.

$A = (a)$ とすると, $\phi_A(x) = x \stackrel{*}{+} M(x, a) = (x \stackrel{*}{+} a - 1) \stackrel{*}{+} a$ である. したがって, $M(\phi_A(x), \phi_A(y)) = M(x, y)$ は補題 10.12 (ii) からただちに従う.

ステップ 2. ϕ_A について (i) が成り立つならば, 任意の B について (ii) が成り立つ.

実際,

$$\phi_{AB}(x) = \left(x \stackrel{*}{+} \sum_{j=1}^{r}{}^* M(x, a_i)\right) \stackrel{*}{+} \left(\sum_{k=1}^{s}{}^* M(x, b_k)\right)$$
$$= \phi_A(x) \stackrel{*}{+} \sum_{k=1}^{s}{}^* M(\phi_A(x), \phi_A(b_k)) = \phi_{\phi_A(B)}(\phi_A(x))$$

となる. ただし, 2 番目の等号で ϕ_A が (i) を満たすことを用いた.

ステップ 3. 一般の A について (i) が成り立つ.

$A = A'A''$, $A' = (a_1)$, $A'' = (a_2, \ldots, a_r)$ とする. ステップ 1 により, $\phi_{A'}$ は (i) を満たすから, ステップ 2 により, $\phi_A = \phi_{\phi_{A'}(A'')} \circ \phi_{A'}$ である. 帰納法の仮定により, $\phi_{\phi_{A'}(A'')}$ も (i) を満たすとしてよいから,

$$M(\phi_A(x), \phi_A(y)) = M(\phi_{\phi_{A'}(A'')}(\phi_{A'}(x)), \phi_{\phi_{A'}(A'')}(\phi_{A'}(y)))$$
$$= M(\phi_{A'}(x), \phi_{A'}(y)) = M(x, y)$$

を得る. これで (i) が任意の A について示された. そこで, ステップ 2 に戻ると, 任意の A, B について (ii) が成り立つことが分かる.

ステップ 4. (iii) を証明する.

(ii) により, $\phi_{AA}(x) = \phi_{\phi_A(A)} \circ \phi_A$ である. 一方,

$$\phi_{AA}(x) = x \stackrel{*}{+} \sum_{j=1}^{r}{}^* M(x, a_i) \stackrel{*}{+} \sum_{j=1}^{r}{}^* M(x, a_i) = x$$

である. したがって, 任意の A について $\phi_{\phi_A(A)} \circ \phi_A$ は恒等写像, 特に, ϕ_A は単射である. また $\phi_{\phi_A(A)}$ も単射である. ϕ_A が全射であることを示すために, $y \in \mathbb{Z}$ に対して $x = \phi_{\phi_A(A)}(y)$ とおく. このとき, $x = \phi_{\phi_A(A)}(\phi_A(x))$ でもあ

るから, $\phi_{\phi_A(A)}$ の単射性により, $y = \phi_A(x)$ である. これは $y \in \phi_A(\mathbb{Z})$ を意味する. よって, ϕ_A は全射, したがって全単射で, $\phi_A^{-1} = \phi_{\phi_A(A)}$ となる. □

命題 10.15 (iii) により, (10.10) を満たす整数 x はただ 1 つ存在し,

$$x = \phi_{P^{(i)}}^{-1}(s' \stackrel{*}{+} F(P^{(i)})) = \phi_{\phi_{P^{(i)}}(P^{(i)})}(s' \stackrel{*}{+} F(P^{(i)}))$$

で与えられます. したがって, 次の補題が得られました. さらに, m_i を変えれば F-数も必ず変化することも分かります.

補題 10.16 $i = 1, \ldots, n$ に対し,

$$m_i' = \phi_{\phi_{P^{(i)}}(P^{(i)})}(s' \stackrel{*}{+} F(P^{(i)}))$$

とおくと,

$$F(m_1, \ldots, m_{i-1}, m_i', m_{i+1}, \ldots, m_n) = s'$$

が成り立つ.

ここで m_i' を使いやすい形に変形しておきましょう.

補題 10.17 $t = s \stackrel{*}{+} s'$, $y_i = \phi_{P^{(i)}}(m_i)$ とおくと,

$$m_i' = t \stackrel{*}{+} y_i \stackrel{*}{+} \sum_{\substack{1 \le j \le n \\ j \ne i}}^{*} M(y_i, (-t) \stackrel{*}{+} y_j)$$

と表される.

証明 $s' \stackrel{*}{+} F(P^{(i)}) = t \stackrel{*}{+} F(P) \stackrel{*}{+} F(P^{(i)}) = t \stackrel{*}{+} \phi_{P^{(i)}}(m_i) = t \stackrel{*}{+} y_i$ である. よって,

$$m_i' = t \stackrel{*}{+} y_i \stackrel{*}{+} \sum_{\substack{1 \le j \le n \\ j \ne i}}^{*} M(t \stackrel{*}{+} \phi_{P^{(i)}}(m_i), \phi_{P^{(i)}}(m_j))$$

である. ここで,

$$\phi_{P^{(i)}}(m_i) = \phi_P(m_i) \stackrel{*}{+} M(m_i, m_i) = \phi_P(m_i) \stackrel{*}{+} (-1),$$
$$\phi_{P^{(i)}}(m_j) = \phi_P(m_j) \stackrel{*}{+} M(m_i, m_j)$$

であるから, 補題 10.12 (ii) と命題 10.15 (i) より

$$M(t \overset{*}{+} \phi_{P(i)}(m_i), \phi_{P(i)}(m_j))$$
$$= M(t \overset{*}{+} \phi_P(m_i) \overset{*}{+} (-1), \phi_P(m_j) \overset{*}{+} M(m_i, m_j))$$
$$= M(t \overset{*}{+} (-1), \phi_P(m_i) \overset{*}{+} \phi_P(m_j) \overset{*}{+} M(\phi_P(m_i), \phi_P(m_j)))$$
$$= M(t \overset{*}{+} (-1), \phi_P(m_i) \overset{*}{+} \phi_P(m_j) - 1)$$
$$= M(-(t+1), \phi_P(m_i) \overset{*}{+} \phi_P(m_j) - 1)$$
$$= M(-t, \phi_P(m_i) \overset{*}{+} \phi_P(m_j))$$
$$= M(-t, \phi_{P(i)}(m_i) \overset{*}{+} (-1) \overset{*}{+} \phi_{P(j)}(m_j) \overset{*}{+} (-1))$$
$$= M(-t, y_i \overset{*}{+} y_j) = M(y_i, (-t) \overset{*}{+} y_j)$$

となる. 補題はこれよりただちに従う. □

補題 10.18 $A = (a_1, \ldots, a_r) \in \mathbb{Z}^r$ が $a_1, \ldots, a_r \geq 0$, $a_i \neq a_j$ ($i \neq j$) を満たすとき, 整数 x に対し

$$\phi_A(x) \geq 0 \iff x \geq 0 \text{ かつ } x \neq a_i \ (i = 1, \ldots, r)$$

が成り立つ.

証明 $x < 0$ のとき, 任意の i に対し, $x \neq a_i$ であり $M(x, a_i) \geq 0$. よって, (10.8) の右辺の各項のうち負のものは x だけであり, $\phi_A(x) < 0$ である. 次に, $x \geq 0$, $x = a_i$ だとすると, $M(x, a_i) = -1$, $M(x, a_j) \geq 0$ ($j \neq i$). よって, (10.8) の右辺の各項のうち負のものは $M(x, a_i)$ だけであり, やはり $\phi_A(x) < 0$ である. 最後に, $x \geq 0$, $x \neq a_i$ ($i = 1, \ldots, r$) のときには, (10.8) の右辺の各項はすべて非負であるから, このときには, $\phi_A(x) \geq 0$ となる. □

この補題によれば, $s' \geq 0$ のとき, (10.10) の解である m_i' は m_j ($j \neq i$) のいずれとも異なる非負整数であり, $(m_1, \ldots, m_{i-1}, m_i', m_{i+1}, \ldots, m_n)$ はマヤゲームで許された局面となります. したがって, $P = (m_1, \ldots, m_n)$ から $(m_1, \ldots, m_{i-1}, m_i', m_{i+1}, \ldots, m_n)$ への移行が許されるためには, $m_i' < m_i$ であれば十分です. そこで, ニムの場合の定理 10.8 の証明にならって,

$$\left((s'-s)\stackrel{*}{+}s\stackrel{*}{+}s'\right)\stackrel{*}{+}\sum_{i=1}^{n}{}^{*}\left((m_i'-m_i)\stackrel{*}{+}m_i\stackrel{*}{+}m_i'\right) \geq 0 \tag{10.11}$$

を示すことによって，定理 10.14 を証明しましょう．$s' = t\stackrel{*}{+}s$ とおくと，この左辺は，

$$\Phi_t(P) := f_t(F(P)) \stackrel{*}{+} \sum_{i=1}^{n}{}^{*} f_{m_i \stackrel{*}{+} m_i'}(m_i) \tag{10.12}$$

と書くことができることに注意しておきます．

● $\Phi_t(P) \geq 0$ の証明の手順

任意の $t \geq 0$ とマヤゲームの局面 P について $\Phi_t(P) \geq 0$ が成り立つことを示すには，次の 3 つの性質を証明すれば十分です．

(I) $P = (m_1)$ のときには，$\Phi_t(P) \geq 0$．

(II) $P = (m_1-1, \ldots, m_n-1)$ に対して $\Phi_t(P) \geq 0$ ならば，$\bar{P} = (0, m_1, \ldots, m_n)$ に対しても $\Phi_t(\bar{P}) \geq 0$．

(III) $P = (m_1, \ldots, m_n)$ に対して $\Phi_t(P) \geq 0$ ならば，
$k \geq 0$ として $\tilde{P} = (m_1 \stackrel{*}{+} k, \ldots, m_n \stackrel{*}{+} k)$ に対しても $\Phi_t(\tilde{P}) \geq 0$．

実際，$\Phi_t(P) \geq 0$ ($P = (m_1, \ldots, m_n)$) は，この 3 つの性質から n に関する数学的帰納法で証明できます．まず，(I) は $n = 1$ のときに主張が成立していることを述べています．$n \geq 2$ としましょう．このとき，$m_2 \stackrel{*}{+} m_1, \ldots, m_n \stackrel{*}{+} m_1$ はすべて互いに相異なり，また，$m_1 \neq m_i$ ($i \neq 1$) だから，$m_2 \stackrel{*}{+} m_1, \ldots, m_n \stackrel{*}{+} m_1 \geq 1$ です．よって，$P' = (m_2 \stackrel{*}{+} m_1 - 1, m_3 \stackrel{*}{+} m_1, \ldots, m_n \stackrel{*}{+} m_1 - 1)$ はマヤゲームの局面で，帰納法の仮定より $\Phi_t(P') \geq 0$ が成り立つとしてかまいません．(II) より，さらに，$P'' = (0, m_2 \stackrel{*}{+} m_1, m_3 \stackrel{*}{+} m_1, \ldots, m_n \stackrel{*}{+} m_1)$ に対して $\Phi_t(P'') \geq 0$ が成り立ちます．最後に $P = (0 \stackrel{*}{+} m_1, m_2 \stackrel{*}{+} m_1 \stackrel{*}{+} m_1, \ldots, m_n \stackrel{*}{+} m_1 \stackrel{*}{+} m_1)$ なので，(III) より $\Phi_t(P) \geq 0$ が成り立つことになります．

さて，(I) が成り立つことは簡単です．$P = (m_1)$ のとき，$s = m_1$, $s' = m_1'$ ですから，

$$\Phi_t(P) = (m_1' - m_1) \stackrel{*}{+} m_1 \stackrel{*}{+} m_1' \stackrel{*}{+} (m_1' - m_1) \stackrel{*}{+} m_1 \stackrel{*}{+} m_1' = 0$$

が得られます.

以下, (II), (III) を証明します.

● **(II) の証明**

補題 10.19 $m_1, \ldots, m_n \geq 1$ を互いに相異なる自然数とし, $P = (m_1 - 1, \ldots, m_n - 1)$, $\bar{P} = (0, m_1, \ldots, m_n)$ とおくと, $F(P) = F(\bar{P})$ が成り立つ.

証明 補題 10.11 および補題 10.12 により

$$F(\bar{P}) = 0 \overset{*}{+} m_1 \overset{*}{+} \cdots \overset{*}{+} \sum_{i=1}^{n} {}^*M(m_i, 0) \overset{*}{+} \sum_{1 \leq i < j \leq n}^{*} M(m_i, m_j)$$

$$= m_1 \overset{*}{+} \cdots \overset{*}{+} \sum_{i=1}^{n} {}^*((m_i - 1) \overset{*}{+} m_i) \overset{*}{+} \sum_{1 \leq i < j \leq n}^{*} M(m_i - 1, m_j - 1)$$

$$= \sum_{i=1}^{n} {}^*(m_i - 1) \overset{*}{+} \sum_{1 \leq i < j \leq n}^{*} M(m_i - 1, m_j - 1) = F(P)$$

となる. □

(II) の証明 $F(P) = F(\bar{P}) = s$, $s' \neq s$, $s' \geq 0$ とする. このとき,

$$F(m_0', m_1, \ldots, m_n) = F(0, m_1, \ldots, m_{i-1}, m_i', m_{i+1}, \ldots, m_n) = s'$$

となる $m_0', m_1', \ldots, m_n'$ をとる. 補題 10.19 によれば,

$$F(m_1 - 1, \ldots, m_{i-1} - 1, m_i' - 1, m_{i+1} - 1, \ldots, m_n - 1) = s' \quad (1 \leq i \leq n)$$

が成り立つ. よって, $t = s \overset{*}{+} s'$ のとき,

$$\Phi_t(\bar{P}) = (s' - s) \overset{*}{+} s \overset{*}{+} s' \overset{*}{+} ((m_0' - 0) \overset{*}{+} 0 \overset{*}{+} m_0')$$

$$\overset{*}{+} \sum_{i=1}^{n} {}^*\{(m_i' - m_i) \overset{*}{+} m_i \overset{*}{+} m_i'\}$$

$$= (s' - s) \overset{*}{+} s \overset{*}{+} s'$$

$$\overset{*}{+} \sum_{i=1}^{n} {}^*\left\{((m_i' - 1) - (m_i - 1)) \overset{*}{+} (m_i - 1) \overset{*}{+} (m_i' - 1)\right\}$$

$$\overset{*}{+} \sum_{i=1}^{n} {}^*\left\{m_i \overset{*}{+} m_i' \overset{*}{+} (m_i - 1) \overset{*}{+} (m_i' - 1)\right\}$$

$$= \Phi_t(P) \overset{*}{+} \sum_{i=1}^{n} {}^*(N(m_i) \overset{*}{+} N(m_i'))$$

となる．補題 10.18 から，m_i, m_i' $(i = 1, \ldots, n)$ は正整数だから，$N(m_i), N(m_i')$ ≥ 0 であり，$\Phi_t(\bar{P}) \geq 0 \iff \Phi_t(P) \geq 0$ が得られる． □

● **(III) の証明**

(III) の証明 $m_1, \ldots, m_n, k$ を非負整数とし，$i \neq j$ のとき，$m_i \neq m_j$ とする．マヤゲームの局面 $P = (m_1, \ldots, m_n)$, $\tilde{P} = (m_1 \overset{*}{+} k, \ldots, m_n \overset{*}{+} k)$ を考えると，じつは

$$\Phi_t(\tilde{P}) = \Phi_t(P) \tag{10.13}$$

が成り立つのである．これから (III) が従うことは明らかであるから，以下，(10.13) を証明しよう．まず，

$$F(\tilde{P}) = F(P) \overset{*}{+} \tilde{k}, \quad \tilde{k} = \begin{cases} k & (n \text{ が奇数のとき}) \\ 0 & (n \text{ が偶数のとき}) \end{cases}$$

である．実際，補題 10.12 (ii) により

$$F(\tilde{P}) = (m_1 \overset{*}{+} k) \overset{*}{+} \cdots \overset{*}{+} (m_n \overset{*}{+} k) \overset{*}{+} \sum_{1 \leq i < j \leq n}^{*} M(m_i \overset{*}{+} k, m_j \overset{*}{+} k)$$

$$= m_1 \overset{*}{+} \cdots \overset{*}{+} m_n \overset{*}{+} \tilde{k} \overset{*}{+} \sum_{1 \leq i < j \leq n}^{*} M(m_i, m_j) = F(P) \overset{*}{+} \tilde{k}$$

である．$y_i = \phi_{P(i)}(m_i)$, $\tilde{y}_i = \phi_{\tilde{P}(i)}(m_i \overset{*}{+} k)$ とおくと，やはり，補題 10.12 (ii) により

$$\tilde{y}_i = (m_i \overset{*}{+} k) \overset{*}{+} \sum_{j \neq i}^{*} M(m_i \overset{*}{+} k, m_j \overset{*}{+} k)$$

$$= (m_i \overset{*}{+} k) \overset{*}{+} \sum_{j \neq i}^{*} M(m_i, m_j) = y_i \overset{*}{+} k$$

となる．したがって，

$$m_i' = t \overset{*}{+} y_i \overset{*}{+} \sum_{j \neq i}^{*} M(y_i, (-t) \overset{*}{+} y_j),$$

$$\tilde{m}_i' = t \overset{*}{+} \tilde{y}_i \overset{*}{+} \sum_{j \neq i}^{*} M(\tilde{y}_i, (-t) \overset{*}{+} \tilde{y}_j)$$

とおくと，$\tilde{m}_i' = m_i' \overset{*}{+} k$ である．よって，

$$\Phi_t(\tilde{P}) = f_t(F(P) \overset{*}{+} \tilde{k}) \overset{*}{+} \sum_{i=1}^{n}{}^* \left\{ (\tilde{m}_i' - m_i \overset{*}{+} k) \overset{*}{+} \tilde{m}_i' \overset{*}{+} m_i \overset{*}{+} k \right\}$$

$$= f_t(F(P)) \overset{*}{+} f_t(\tilde{k}) \overset{*}{+} \sum_{i=1}^{n}{}^* \left\{ (m_i' \overset{*}{+} k - m_i \overset{*}{+} k) \overset{*}{+} m_i' \overset{*}{+} \tilde{m}_i \right\}$$

$$= f_t(F(P)) \overset{*}{+} f_t(\tilde{k}) \overset{*}{+} \sum_{i=1}^{n}{}^* f_{m_i' \overset{*}{+} \tilde{m}_i}(m_i \overset{*}{+} k)$$

$$= f_t(F(P)) \overset{*}{+} f_t(\tilde{k}) \overset{*}{+} \sum_{i=1}^{n}{}^* \left(f_{m_i' \overset{*}{+} \tilde{m}_i}(m_i) \overset{*}{+} f_{m_i' \overset{*}{+} \tilde{m}_i}(k) \right)$$

$$= \Phi_t(P) \overset{*}{+} f_t(\tilde{k}) \overset{*}{+} \sum_{i=1}^{n}{}^* f_{m_i' \overset{*}{+} \tilde{m}_i}(k)$$

を得られる.

$$f_t(\tilde{k}) \overset{*}{+} \sum_{i=1}^{n}{}^* f_{m_i' \overset{*}{+} \tilde{m}_i}(k) = (\tilde{k} \overset{*}{+} t - \tilde{k}) \overset{*}{+} t \overset{*}{+} \sum_{i=1}^{n}{}^* \left\{ (m_i' \overset{*}{+} m_i \overset{*}{+} k - k) \overset{*}{+} m_i' \overset{*}{+} m_i \right\}$$

であるから, 次の補題によって $f_t(\tilde{k}) \overset{*}{+} \sum_{i=1}^{n}{}^* f_{m_i' \overset{*}{+} \tilde{m}_i}(k) = 0$ となり, (10.13) が得られる. □

補題 10.20 n の偶奇に応じて, $n = 2n_0$ または $2n_0 + 1$ とおく. このとき, $m_1, \ldots, m_n$ の順番を適当に入れ替えると,

$$m_1' \overset{*}{+} m_1 = m_2' \overset{*}{+} m_2,$$
$$m_3' \overset{*}{+} m_3 = m_4' \overset{*}{+} m_4,$$
$$\ldots$$
$$m_{2n_0-1}' \overset{*}{+} m_{2n_0-1} = m_{2n_0}' \overset{*}{+} m_{2n_0}$$

が成り立つ. n が奇数のときは, さらに,

$$m_{2n_0+1}' \overset{*}{+} m_{2n_0+1} = t$$

が成り立つ.

証明 $y_i = \phi_{P^{(i)}}(m_i) = m_i \overset{*}{+} \sum_{i \neq j}^* M(m_i, m_j)$ だったから,

$$m_i = y_i \overset{*}{+} \sum_{i \neq j}^* M(m_i, m_j) = y_i \overset{*}{+} \sum_{i \neq j}^* M(\phi_P(m_i), \phi_P(m_j))$$

$$= y_i \stackrel{*}{+} \sum_{i \neq j}\!\!{}^* M(y_i \stackrel{*}{+} (-1), y_j \stackrel{*}{+} (-1)) = y_i \stackrel{*}{+} \sum_{i \neq j}\!\!{}^* M(y_i, y_j)$$

と表せる. 補題 10.17 と合わせると,

$$m'_i \stackrel{*}{+} m_i = t \stackrel{*}{+} \sum_{\substack{j=1 \\ j \neq i}}^{n}\!\!{}^* \left(M(y_i, y_j) \stackrel{*}{+} M(y_i, (-1) \stackrel{*}{+} y_j) \right)$$

となる. 必要なら番号を付けかえて,

$$M(y_i, y_j), M(y_i, (-1) \stackrel{*}{+} y_j) \quad (1 \leq i < j \leq n)$$

のうちで最大のものを $M(y_1, y_2)$ (または, $M(y_1, (-1) \stackrel{*}{+} y_2)$) としよう. このとき, 補題 10.13 より, 任意の y_i ($i \geq 3$) に対して $M(y_1, y_i) = M(y_2, y_i)$, $M(y_1, (-1) \stackrel{*}{+} y_i) = M(y_2, (-1) \stackrel{*}{+} y_i)$ が成り立つ. よって,

$$\begin{aligned}
m'_1 \stackrel{*}{+} m_1 &= t \stackrel{*}{+} \sum_{j=2}^{n}\!\!{}^* \left(M(y_1, y_j) \stackrel{*}{+} M(y_1, (-1) \stackrel{*}{+} y_j) \right) \\
&= t \stackrel{*}{+} \left(M(y_1, y_2) \stackrel{*}{+} M(y_1, (-1) \stackrel{*}{+} y_2) \right) \\
&\quad \stackrel{*}{+} \sum_{j=3}^{n}\!\!{}^* \left(M(y_1, y_j) \stackrel{*}{+} M(y_1, (-1) \stackrel{*}{+} y_j) \right) \\
&= t \stackrel{*}{+} \left(M(y_1, y_2) \stackrel{*}{+} M(y_2, (-1) \stackrel{*}{+} y_1) \right) \\
&\quad \stackrel{*}{+} \sum_{j=3}^{n}\!\!{}^* \left(M(y_2, y_j) \stackrel{*}{+} M(y_2, (-1) \stackrel{*}{+} y_j) \right) \\
&= m'_2 \stackrel{*}{+} m_2
\end{aligned}$$

が成り立つ. さらに, $i \geq 3$ について,

$$\begin{aligned}
m'_i \stackrel{*}{+} m_i &= t \stackrel{*}{+} \sum_{\substack{j=1 \\ j \neq i}}^{n}\!\!{}^* \left(M(y_i, y_j) \stackrel{*}{+} M(y_i, (-1) \stackrel{*}{+} y_j) \right) \\
&= t \stackrel{*}{+} \sum_{\substack{j=3 \\ j \neq i}}^{n}\!\!{}^* \left(M(y_i, y_j) \stackrel{*}{+} M(y_i, (-1) \stackrel{*}{+} y_j) \right) \\
&\quad \stackrel{*}{+} M(y_i, y_1) \stackrel{*}{+} M(y_i, (-1) \stackrel{*}{+} y_1) \\
&\quad \stackrel{*}{+} M(y_i, y_2) \stackrel{*}{+} M(y_i, (-1) \stackrel{*}{+} y_2)
\end{aligned}$$

$$= t \stackrel{*}{+} \sum_{\substack{j=3 \\ j\neq i}}^{n}{}^{*} \left(M(y_i, y_j) \stackrel{*}{+} M(y_i, (-1) \stackrel{*}{+} y_j) \right)$$

となる. (最大を与えるものが $M(y_1, (-1) \stackrel{*}{+} y_2)$ の場合も,
$M(y_1, y_i) = M(y_2, (-1) \stackrel{*}{+} y_i)$, $M(y_1, (-1) \stackrel{*}{+} y_i) = M(y_2, y_i)$ となり, 同様の議論で同じ結果が得られる.) 次に

$$M(y_i, y_j), M(y_i, (-1) \stackrel{*}{+} y_j) \quad (3 \leq i < j \leq n)$$

のうちで最大のものが, $M(y_3, y_4)$ (または, $M(y_3, (-1) \stackrel{*}{+} y_4)$) となるように番号を付け直せば,

$$m'_3 \stackrel{*}{+} m_3 = m'_4 \stackrel{*}{+} m_4,$$
$$m'_i \stackrel{*}{+} m_i = t \stackrel{*}{+} \sum_{\substack{5 \leq j \leq n \\ j \neq i}}{}^{*} \left(M(y_i, y_j) \stackrel{*}{+} M(y_i, (-1) \stackrel{*}{+} y_j) \right) \quad (i \geq 5)$$

となる. これを繰り返していけばよい. ただし, n が奇数のときは, 最後に $m'_n \stackrel{*}{+} m_n$ だけがペアを作れずに残り,

$$m'_n \stackrel{*}{+} m_n = t \stackrel{*}{+} \sum_{\substack{n \leq j \leq n \\ j \neq n}}{}^{*} \left(M(y_i, y_j) \stackrel{*}{+} M(y_i, (-1) \stackrel{*}{+} y_j) \right) = t$$

となる. □

以上でマヤゲームの基本定理は完全に証明されました. 以上の証明は, 山﨑 [3] にも簡潔に紹介されています. また, Conway [21] には別証明が書かれています.

10.6 グランディ数の計算法

前節で, マヤゲームの局面 $P = (m_1, \ldots, m_r)$ のグランディ数が

$$F(P) = m_1 \stackrel{*}{+} \cdots \stackrel{*}{+} m_r \stackrel{*}{+} \left(\sum_{i<j}{}^{*} M(m_i, m_j) \right) \tag{10.14}$$

で与えられることが証明されました. 原理的には, この式を用いて必勝判定, 最善手の計算ができるはずです. 残念ながら, 以下の説明を読むと分かるよう

に, その計算は簡単にできるレベルをいささか超えているので, ゲームをやりながら暗算するのは難しいでしょう. しかし, 簡単に必勝法が分かってしまったら, ゲームとしてはつまらなくなってしまうので, これは幸いなことかもしれません.

● グランディ数の計算法 1 (ペア作り法)

マヤゲームのグランディ数 (F-数) を計算するもっとも手早い方法は, 次のペア作り法でしょう. そのために, 2 進の世界での数の遠近関係を導入します[3]. 整数 m, n について, $m - n$ を割り切る最大の 2 ベキが 2^e だとすると, m と n の 2 進展開は小さい方から数えてちょうど e 桁が一致します. そこで, この e が大きいほど, m と n は近いと考えるのは自然でしょう. また, $m = n$ だと $e = \infty$ と考えられ, 等しいということは究極の近さを意味しているわけです.

定理 10.21 マヤゲームの局面 $P = (m_1, \ldots, m_n)$ に対し, 必要なら順番を変えて, $m_1, \ldots, m_n$ の中で, m_1, m_2 が上の意味でもっとも近く, その 2 つを除くと, m_3, m_4 がもっとも近く, と順次ペアを作っていく. n が奇数のときは, 最後に m_n がペアを作れずに残ることになる. このとき, $[a|b] = a \stackrel{*}{+} b - 1$ と定義すると,

$$F(P) = \begin{cases} [m_1|m_2] \stackrel{*}{+} [m_3|m_4] \stackrel{*}{+} \cdots \stackrel{*}{+} [m_{r-1}|m_r] & (r \text{ が偶数のとき}) \\ [m_1|m_2] \stackrel{*}{+} [m_3|m_4] \stackrel{*}{+} \cdots \stackrel{*}{+} [m_{r-2}|m_{r-1}] \stackrel{*}{+} m_r & (r \text{ が奇数のとき}) \end{cases}$$

が成り立つ.

証明 補題 10.13 により, $M(m_1, m_i) = M(m_2, m_i)$ $(3 \leq i \leq n)$ が成り立つ. よって,

$$\sum_{1 \leq i < j \leq r}^* M(m_i, m_j) = M(m_1, m_2) \stackrel{*}{+} \sum_{i=3}^{r*} (M(m_1, m_i) \stackrel{*}{+} M(m_2, m_i)) \stackrel{*}{+} \sum_{3 \leq i < j \leq r}^* M(m_i, m_j)$$

---

[3] もう少しきちんと定義すると, 2 進数での位相を考えていることになります. 詳しいことは, [17], [14] を見てください.

となる. 次に, この議論を $M(m_3, m_4)$ について行えば,

$$\sum_{1\le i<j\le r}^* M(m_i, m_j) = M(m_1, m_2) \stackrel{*}{+} M(m_3, m_4) \stackrel{*}{+} \sum_{5\le i<j\le r}^* M(m_i, m_j)$$

となり, 以下, この繰り返しにより,

$$\sum_{1\le i<j\le r}^* M(m_i, m_j) = \begin{cases} M(m_1, m_2) \stackrel{*}{+} \cdots \stackrel{*}{+} M(m_{r-1}, m_r) \\ \qquad (r \text{ が偶数のとき}) \\ M(m_1, m_2) \stackrel{*}{+} \cdots \stackrel{*}{+} M(m_{r-2}, m_{r-1}) \\ \qquad (r \text{ が奇数のとき}) \end{cases}$$

が得られる. したがって, 補題 10.12 の (i) により

$$a \stackrel{*}{+} b \stackrel{*}{+} M(a,b) = a \stackrel{*}{+} b \stackrel{*}{+} (a \stackrel{*}{+} b - 1) \stackrel{*}{+} a \stackrel{*}{+} b$$
$$= a \stackrel{*}{+} b - 1 = [a|b]$$

であることに注意すれば,

$$F(m_1, \ldots, m_r) = \begin{cases} [m_1|m_2] \stackrel{*}{+} [m_3|m_4] \stackrel{*}{+} \cdots \stackrel{*}{+} [m_{r-1}|m_r] \\ \qquad (r \text{ が偶数のとき}) \\ [m_1|m_2] \stackrel{*}{+} [m_3|m_4] \stackrel{*}{+} \cdots \stackrel{*}{+} [m_{r-2}|m_{r-1}] \stackrel{*}{+} m_r \\ \qquad (r \text{ が奇数のとき}) \end{cases}$$

となる. □

例 10.4 $(m_1, m_2, m_3, m_4, m_5) = (1, 4, 7, 11, 13)$ これは例 10.3 と同じものです. $m_j - m_i$ を割り切る最大の 2 のベキの表を作ると,

$m_i \backslash m_j$	13	11	7	4
11	2	×	×	×
7	2	4	×	×
4	1	1	1	×
1	4	2	2	1

となります.この表によると,ペアとなるのは, 13 と 1, 11 と 7 ですから,

$$F(1,4,7,11,13) = [13|1] \stackrel{*}{+} [11|7] \stackrel{*}{+} 4$$
$$= (13 \stackrel{*}{+} 1 - 1) \stackrel{*}{+} (11 \stackrel{*}{+} 7 - 1) \stackrel{*}{+} 4$$
$$= (12 - 1) \stackrel{*}{+} (12 - 1) \stackrel{*}{+} 4 = 4$$

と計算できます.例 10.3 での計算と比較すると,ニム和をとる回数がだいぶ減っていることが分かるでしょう.

例 10.5 先に与えた 4 コインのマヤゲームの後手必勝条件 (定理 10.3) も,上の定理 10.21 から容易に確かめられます.実際, (m_1, m_2, m_3, m_4) が m_1 と m_2, m_3 と m_4 がペアとなるように順序づけられているとすると,

$$F(m_1, m_2, m_3, m_4) = 0 \iff [m_1|m_2] \stackrel{*}{+} [m_3|m_4] = 0$$
$$\iff [m_1|m_2] = [m_3|m_4]$$
$$\iff m_1 \stackrel{*}{+} m_2 = m_3 \stackrel{*}{+} m_4$$
$$\iff m_1 \stackrel{*}{+} m_2 \stackrel{*}{+} m_3 \stackrel{*}{+} m_4 = 0$$

となるからです.

● **グランディ数の計算法 2 (マヤトライアングル)**

F-数は,「マヤトライアングル」を用いて計算することもできます.この方法は, F-数の手っ取り早い計算という点ではペア作り法にまったくかなわないのですが,後に説明するように最善手の計算にも発展させられる点で興味があります.

次の図は, $F(3, 7, 13, 22, 35)$ を計算するマヤトライアングルです.

```
    0    0    0    0    0    0
       3    7   13   22   35
          3    9   26   52
            14   31   59
               25   57
                  0
```

上図は次のように計算されています. まず, 第 2 行目に計算したいマヤゲームの局面 $m_1, \ldots, m_r$ を並べ, その上の第 1 行目に 0 を $r+1$ 個書きます. 上の例では,

$$\begin{array}{cccccc} 0 & 0 & 0 & 0 & 0 & 0 \\ & 3 & 7 & 13 & 22 & 35 \end{array} \qquad (10.15)$$

です. 第 3 行目から下は, 次のルールによって順次数値を記入していきます.

$$\boxed{\text{配列} \quad \begin{array}{c} a \\ b \quad\quad c \\ d \end{array} \text{ において } a \stackrel{*}{+} d + 1 = b \stackrel{*}{+} c} \qquad (10.16)$$

つまり, a, b, c の位置の数値が与えられたとき, $d = (b \stackrel{*}{+} c - 1) \stackrel{*}{+} a$ を計算して記入するのです. 例えば, 図 (10.15) の配列が与えられると, 第 3 行目は左から順に,

$$(3 \stackrel{*}{+} 7 - 1) \stackrel{*}{+} 0 = 4 - 1 = 3,$$
$$(7 \stackrel{*}{+} 13 - 1) \stackrel{*}{+} 0 = 10 - 1 = 9,$$
$$(13 \stackrel{*}{+} 22 - 1) \stackrel{*}{+} 0 = 27 - 1 = 26,$$
$$(22 \stackrel{*}{+} 35 - 1) \stackrel{*}{+} 0 = 53 - 1 = 52$$

と計算されます. 第 4 行目は

$$(3 \stackrel{*}{+} 9 - 1) \stackrel{*}{+} 7 = (10 - 1) \stackrel{*}{+} 7 = 14,$$
$$(9 \stackrel{*}{+} 26 - 1) \stackrel{*}{+} 13 = (19 - 1) \stackrel{*}{+} 13 = 31,$$
$$(26 \stackrel{*}{+} 52 - 1) \stackrel{*}{+} 22 = (46 - 1) \stackrel{*}{+} 22 = 59$$

となります. このように計算を続けてマヤトライアングルを完成させると, 求める $F(m_1, \ldots, m_r)$ が下向きの三角形の頂点の数値として現れるのです. 上の例では,

$$F(3, 7, 13, 22, 35) = 0$$

で, $(3, 7, 13, 22, 35)$ は後手必勝形でした.

では, 計算法の種明かしをしましょう. 秘密は, 次の再帰的関係式です.

命題 10.22 $r \geq 2$ について, 再帰的関係式

$$F(m_1, m_2, \ldots, m_{r-1}, m_r)$$
$$= (F(m_1, \ldots, m_{r-1}) \overset{*}{+} F(m_2, \ldots, m_r) - 1) \overset{*}{+} F(m_2, \ldots, m_{r-1})$$

が成り立つ. ただし, $r = 2$ のときは, $F(m_2, \ldots, m_{r-1}) = 0$ とみなす.

証明 $r = 2$ のとき, 命題の関係式は

$$F(m_1, m_2) = F(m_1) \overset{*}{+} F(m_2) - 1 = m_1 \overset{*}{+} m_2 - 1$$

を意味しており, 正しい. $r > 2$ としよう. $P' = (m_2, \ldots, m_{r-1})$ とおくと, (10.9) により

$$F(m_1, \ldots, m_{r-1}) = \phi_{P'}(m_1) \overset{*}{+} F(m_2, \ldots, m_{r-1}),$$
$$F(m_2, \ldots, m_r) = \phi_{P'}(m_r) \overset{*}{+} F(m_2, \ldots, m_{r-1})$$

であるから, 補題 10.12（ i ）と命題 10.15（ i ）により

$$(F(m_1, \ldots, m_{r-1}) \overset{*}{+} F(m_2, \ldots, m_r) - 1) \overset{*}{+} F(m_2, \ldots, m_{r-1})$$
$$= F(m_1, \ldots, m_{r-1}) \overset{*}{+} F(m_2, \ldots, m_r)$$
$$\overset{*}{+} M(F(m_1, \ldots, m_{r-1}), F(m_2, \ldots, m_r)) \overset{*}{+} F(m_2, \ldots, m_{r-1})$$
$$= \phi_{P'}(m_1) \overset{*}{+} \phi_{P'}(m_r)$$
$$\overset{*}{+} M(\phi_{P'}(m_1) \overset{*}{+} F(m_2, \ldots, m_{r-1}), \phi_{P'}(m_r) \overset{*}{+} F(m_2, \ldots, m_{r-1}))$$
$$\overset{*}{+} F(m_2, \ldots, m_{r-1})$$
$$= \phi_{P'}(m_1) \overset{*}{+} \phi_{P'}(m_r) \overset{*}{+} M(m_1, m_r) \overset{*}{+} F(m_2, \ldots, m_{r-1})$$
$$= F(m_1, m_2, \ldots, m_{r-1}, m_r)$$

となる. □

この再帰的関係式は,

$$F(m_2, \ldots, m_{r-1})$$
$$F(m_1, \ldots, m_{r-1}) \qquad F(m_2, \ldots, m_r)$$
$$F(m_1, \ldots, m_r)$$

が，マヤトライアングルの関係 (10.16) を満たしていることを意味しています．つまり，命題 10.22 の再帰的関係式による $F(m_1,\ldots,m_r)$ の計算を図式化したものがマヤトライアングルなのです．

マヤトライアングルを用いた計算例をもう 1 つあげておきましょう．

$$
\begin{array}{ccccccccccc}
0 && 0 && 0 && 0 && 0 && 0 \\
& 3 && 7 && 11 && 13 && 27 & \\
&& 3 && 11 && 5 && 21 && \\
&&& 0 && 6 && 2 &&& \\
&&&& 14 && 6 &&&& \\
&&&&& 1 &\longleftarrow& F(3,7,11,13,27) &&&&
\end{array}
$$

この計算により $F(3,7,11,13,27) = 1$ ですから，$(3,7,11,13,27)$ は先手必勝形です．では，このときの最善手，すなわち，F-数を 0 とする指し手はどのようにして求めたらよいのでしょうか．

10.7 最善手を求める (拡大マヤトライアングル)

補題 10.16 により，$s = F(m_1,\ldots,m_r)$ のとき，$s'\,(\neq s)$ に対して $m_i \to m_i'$ と変えて，F-数を s' にすることができました．この $m_i'\,(1 \leq i \leq n)$ を求めるのにも，マヤトライアングルを利用することができます．それには，マヤトライアングルを次のように拡大すればよいのです．

$$
\begin{array}{ccccccccc}
0 & 0 & 0 & \cdots & 0 & 0 & 0 & \cdots & \\
& m_1 & m_2 & \cdots & m_r & m_1' & m_2' & \cdots & \\
& & \ddots & & & & \ddots & & \\
& & & s & & s' & & s & \cdots
\end{array} \qquad (10.17)
$$

すなわち，まず，$F(m_1,\ldots,m_r)$ を求めるマヤトライアングルを書きます．そして，F-数を s から s' に変えたかったら，一番下の行に s, s' が，あわせて $r+1$ 個，交互に並ぶように配置します．一番上の行には，0 の並びを r 個付け加えて延長しておきます．そして，全体がマヤトライアングルの条件を満たすように数値を記入したときに，第 2 行目に現れる数値が $m_1', m_2', \ldots, m_r'$ となります．

例として，$F(3,7,11,13,27) = 1$ の状態から F-数を 0 として後手必勝形にもっていくことを考えましょう．このときには，まず

$$
\begin{array}{ccccccccccc}
0 & 0 & 0 & 0 & 0 & 0 & 0 & 0 & 0 & 0 & 0 \\
 & 3 & 7 & 11 & 13 & 27 & x_{11} & x_{12} & x_{13} & x_{14} & x_{15} \\
 & & 3 & 11 & 5 & 21 & x_{21} & x_{22} & x_{23} & x_{24} & x_{25} \\
 & & & 0 & 6 & 2 & x_{31} & x_{32} & x_{33} & x_{34} & x_{35} \\
 & & & & 14 & 6 & x_{41} & x_{42} & x_{43} & x_{44} & x_{45} \\
 & & & & & 1 & 0 & 1 & 0 & 1 & 0
\end{array}
$$

という図を描きます．x_{ij} の部分はまだ分かっていない部分です．全体がマヤトライアングルの条件 (10.16) を満たすように x_{ij} を決定するのですが，それには，左下 x_{41} から順に計算していくことができます．例えば，

$$x_{41} = (2 \stackrel{*}{+} 0 + 1) \stackrel{*}{+} 6 = 3 \stackrel{*}{+} 6 = 5,$$
$$x_{31} = (21 \stackrel{*}{+} x_{41} + 1) \stackrel{*}{+} 2 = (21 \stackrel{*}{+} 5 + 1) \stackrel{*}{+} 2$$
$$= 17 \stackrel{*}{+} 2 = 19$$

といった具合です．この図が完成したとき，

$$m'_1 = x_{11}, \quad m'_2 = x_{12}, \quad m'_3 = x_{13},$$
$$m'_4 = x_{14}, \quad m'_5 = x_{15}$$

となっています．計算の結果は，

$$
\begin{array}{ccccccccccc}
0 & 0 & 0 & 0 & 0 & 0 & 0 & 0 & 0 & 0 & 0 \\
 & 3 & 7 & 11 & 13 & 27 & 6 & 2 & 30 & 12 & 14 \\
 & & 3 & 11 & 5 & 21 & 28 & 3 & 27 & 17 & 1 \\
 & & & 0 & 6 & 2 & 19 & 24 & 21 & 23 & 3 \\
 & & & & 14 & 6 & 5 & 22 & 15 & 26 & 2 \\
 & & & & & 1 & 0 & 1 & 0 & 1 & 0
\end{array}
$$

となり，

$$m'_1 = 6, \quad m'_2 = 2, \quad m'_3 = 30, \quad m'_4 = 12, \quad m'_5 = 14$$

が得られます．すなわち，

$$F(6,7,11,13,27) = F(3,2,11,13,27)$$

$$= F(3, 7, 30, 13, 27)$$
$$= F(3, 7, 11, 12, 27)$$
$$= F(3, 7, 11, 13, 14) = 0$$

が成り立ちます. ただし, 実際のマヤゲームでは $m_i > m_i'$ となる手だけが許されるのですから,

$$m_2 = 7 \mapsto 2 = m_2',$$
$$m_4 = 13 \mapsto 12 = m_4',$$
$$m_5 = 27 \mapsto 14 = m_5'$$

の 3 通りの指し手が, 最善手として可能です. s をそれより小さい s' に変える指し手は奇数通り存在するというのが, 定理 10.14 の主張でした. 今の場合は 3 通りで, 確かに定理 10.14 のいうとおり, 奇数通りの指し手が存在しています.

実際のゲームでは意味のないことですが,

$$F(3, 7, 11, 13, 27) = 1$$

の状態から F-数を 2 に増やす手も計算してみると, 拡大マヤトライアングルは

```
 0    0    0    0    0    0    0    0    0    0    0
    3    7   11   13   27    4    0   28   14   12
       3   11    5   21   30    3   27   17    1
          0    6    2   17   24   23   21    1
            14    6    7   22   13   26    2
                1    2    1    2    1    2
```

となり,

$$m_1' = 4, \quad m_2' = 0, \quad m_3' = 28, \quad m_4' = 14, \quad m_5' = 12$$

が得られます. このときには, マヤゲームで許される指し手としては,

$$m_2 = 7 \mapsto 0 = m_2',$$
$$m_5 = 14 \mapsto 12 = m_5'$$

の 2 通りであり, F-数を増やす場合に定理 10.14 が主張しているように偶数通りです.

● なぜ最善手が求まるのか

以上の手順で $m'_1, m'_2, \ldots$ が求まることの理由を説明しましょう．その根拠となるのは，次の命題です．

命題 10.23 $F(m'_1, m_2, m_3, \ldots, m_r) = F(m_1, m'_2, m_3, \ldots, m_r)$
$$\iff F(m'_1, m'_2, m_3, \ldots, m_r) = F(m_1, m_2, m_3, \ldots, m_r).$$

証明 $F(m_1, \ldots, m_r)$ の値は，$m_1, \ldots, m_r$ の順序を入れ替えても変わらないから，命題 10.22 の再帰的関係式を

$F(m_1, m_2, m_3, \ldots, m_r)$
$= (F(m_1, m_3, \ldots, m_r) \stackrel{*}{+} F(m_2, m_3, \ldots, m_r) - 1) \stackrel{*}{+} F(m_3, \ldots, m_r)$

と書き直すことができる．この関係式を用いると，命題のどちらの条件も

$F(m_1, m_3, \ldots, m_r) \stackrel{*}{+} F(m_2, m_3, \ldots, m_r)$
$\stackrel{*}{+} F(m'_1, m_3, \ldots, m_r) \stackrel{*}{+} F(m'_2, m_3, \ldots, m_r) = 0$

という条件に同値であり，したがって，互いに同値であることが分かる． □

さて，拡大マヤトライアングル (10.17) において，最下段の s または s' を頂点とする逆三角形を考えてやると，

$$F(m'_1, \ldots, m'_i, m_{i+1}, \ldots, m_r) = \begin{cases} s & (i \text{ が偶数}) \\ s' & (i \text{ が奇数}) \end{cases} \tag{10.18}$$

となる $m'_1, \ldots, m'_r$ が求まっていることが分かります．この条件で定まる $m'_1, \ldots, m'_r$ と条件

$$F(m_1, \ldots, m_{i-1}, m'_i, m_{i+1}, \ldots, m_r) = s' \quad (1 \leq i \leq n) \tag{10.19}$$

で定まる $m'_1, \ldots, m'_r$ とが一致することを示してやればよいでしょう．補題 10.16 により，どちらの条件も $m'_1, \ldots, m'_r$ をただ一通りに定めますから，そのためには (10.19) で定まる $m'_1, \ldots, m'_r$ が (10.18) を満たすことを確かめれば十分です．このことは，より一般な次の命題から従います．

命題 10.24 $(m_1, \ldots, m_r)$ と $(m'_1, \ldots, m'_r)$ について (10.19) が成り立つとき, $(m_1, \ldots, m_r)$ のうちの偶数個の m_i を m'_i で置き換えたときの F-数は s, 奇数個の m_i を m'_i で置き換えたときの F-数は s' である.

証明 $m_1, \ldots, m_r$ のうちの 1 個だけを m'_i で置き換えたときの F-数が s' であることは, 条件 (10.19) に他ならない. 次に, $i < j$ とすると,

$$F(m_1, \ldots, m_{i-1}, m'_i, m_{i+1}, \ldots, m_r)$$
$$= F(m_1, \ldots, m_{j-1}, m'_j, m_{j+1}, \ldots, m_r) \quad (= s')$$

だから, 命題 10.23 により,

$$F(m_1, \ldots, m_{i-1}, m'_i, m_{i+1}, \ldots, m_{j-1}, m'_j, m_{j+1}, \ldots, m_r)$$
$$= F(m_1, \ldots, m_i, \ldots, m_j, \ldots, m_r) \quad (= s)$$

となる. よって, $m_1, \ldots, m_r$ のうちの 2 個を置き換えたときも, 命題は正しい. 一般に, $m_1, \ldots, m_r$ のうちの k 個以下を置き換えたとき, 命題が成立しているとする. このとき,

$$F(m'_{i_1}, \ldots, m'_{i_k}, m_{i_{k+1}}, \ldots) = F(m'_{i_1}, \ldots, m'_{i_{k-1}}, m_{i_k}, m'_{i_{k+1}}, \ldots)$$

であるが, 命題 10.23 より,

$$F(m'_{i_1}, \ldots, m'_{i_k}, m'_{i_{k+1}}, \ldots) = F(m'_{i_1}, \ldots, m'_{i_{k-1}}, m_{i_k}, m_{i_{k+1}}, \ldots)$$

が得られる (ここで, F-数は $m_1, \ldots, m_r$ の順番によらないから, $m_i \mapsto m'_i$ という置き換えにかかわる変数が始めに来るように書いている). よって, 任意の $k+1$ 個を置き換えたときの F-数は $k-1$ 個を置き換えたときの F-数に一致するから, 数学的帰納法により命題は成立することが分かった. □

補足 6
コンピュータにおける整数の表現と 2 進数

　第 10.4 節で説明した負の整数の 2 進展開は，コンピュータの内部で負の整数を表現する方法と深い関係があります．いま n ビットを用いると，$-2^{n-1} \leq m < 2^{n-1}$ の範囲の整数 m は

$$\underbrace{\boxed{0}\boxed{0}\cdots\boxed{0}\boxed{0}}_{n\text{ 個}} = 0 \qquad \underbrace{\boxed{0}\boxed{0}\cdots\boxed{0}\boxed{1}}_{n\text{ 個}} = 1$$

$$\cdots\underbrace{\boxed{0}\boxed{1}\cdots\boxed{1}\boxed{1}}_{n\text{ 個}} = 2^{n-1} - 1$$

$$\underbrace{\boxed{1}\boxed{0}\cdots\boxed{0}\boxed{0}}_{n\text{ 個}} = -2^{n-1} \qquad \underbrace{\boxed{1}\boxed{0}\cdots\boxed{0}\boxed{1}}_{n\text{ 個}} = -(2^{n-1} - 1)$$

$$\cdots\underbrace{\boxed{1}\boxed{1}\cdots\boxed{1}\boxed{1}}_{n\text{ 個}} = -1$$

のように表されます．最上位ビットが 0 のものは，そのまま 2 進整数として

$$\underbrace{\boxed{0}\boxed{a_{n-2}}\cdots\boxed{a_1}\boxed{a_0}}_{n\text{ 個}} = a_0 + 2a_1 + \cdots + 2^{n-2}a_{n-2}$$

と 2^{n-1} 未満の非負整数を表します．最上位ビットが 1 の場合は，

$$\underbrace{\boxed{1}\boxed{a_{n-2}}\cdots\boxed{a_1}\boxed{a_0}}_{n\text{ 個}} = -2^{n-1} + (a_0 + 2a_1 + \cdots + 2^{n-2}a_{n-2})$$

という負の整数を表します．これを**符号付き整数** (signed integer) といい，符号付き整数の最上位ビットを**符号ビット**とよびます．最上位ビットが 1 のとき，そのビットパターンが通常の意味で表す非負整数を x，符号付き整数を $-y$ とすると，

$$x + y = (2^{n-1} + a_0 + 2a_1 + \cdots + 2^{n-2}a_{n-2})$$
$$+ (2^{n-1} - (a_0 + 2a_1 + \cdots + 2^{n-2}a_{n-2})) = 2^n$$

となっています．$x + y = 2^n$ となる x, y を互いに他の **2 の補数**といいます．この意味で，符号付き整数として負の整数を表す上の方法は補数表現といわれます．

さて,一般に $-2^{n-1} \leq m < 2^{n-1}$ の範囲の整数 m を第 10.4 節で説明された意味で 2 進展開すると,その展開の形は, $m \geq 0$ ならば

$$\underbrace{\cdots \mid 0 \mid \cdots \mid 0 \mid \overbrace{0 \mid a_{n-2} \mid \cdots \mid a_1 \mid a_0}^{n \text{ 個}}} = a_0 + 2a_1 + \cdots + 2^{n-2}a_{n-2},$$

$m < 0$ ならば

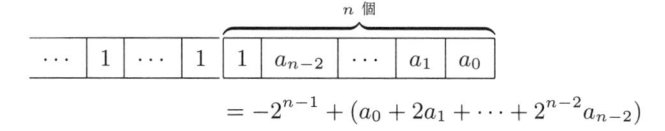

$$\underbrace{\cdots \mid 1 \mid \cdots \mid 1 \mid \overbrace{1 \mid a_{n-2} \mid \cdots \mid a_1 \mid a_0}^{n \text{ 個}}}$$
$$= -2^{n-1} + (a_0 + 2a_1 + \cdots + 2^{n-2}a_{n-2})$$

となり,第 n 番目のビットから先はすべて 0,または,すべて 1 となります.したがって, $-2^{n-1} \leq m < 2^{n-1}$ の範囲の整数に限定するかぎり, $n+1$ 番目から先のビットを省略しても何の情報も失われません.このようにしたものが,符号付整数による表現に他なりません.てすなわち,コンピュータの内部での整数の表現には,正負によらずいずれの場合でも 2 進展開が用いられているということになります.

第 11 章

ハッケンブッシュ

11.1 藪を切りひらく

　この章では，図形を使って遊ぶ**ハッケンブッシュ**というゲームを取り上げます．このゲームの局面は，下図のような図形です．

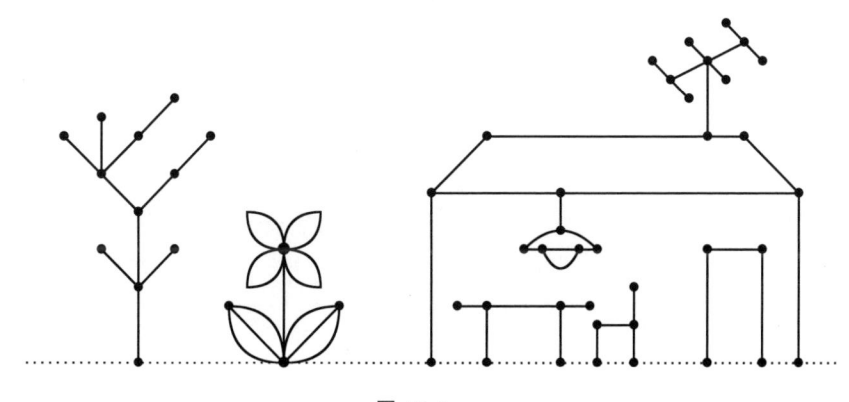

図 11.1

ハッケンブッシュの局面となる図形は
(1)　点線で表わされた基準線 (地面) と
(2)　点 (節点) と点を結ぶ有限個の辺で描かれた図形であって
(3)　図形のどの部分も辺をたどっていくと必ず地面につながっている
という条件を満たしていなければいけません．ゲームは，
　　(a)　2 人のプレイヤーが代わる代わる，図形から 1 つの辺を選んで取り除いていき，最後の辺をとったプレイヤーが勝ち
　　(b)　ただし，その辺を取り除くことで地面とつながらなくなってしまう部分は，辺と同時に消滅する

というルールで進行します.

例として, 図 11.1 の部分図形

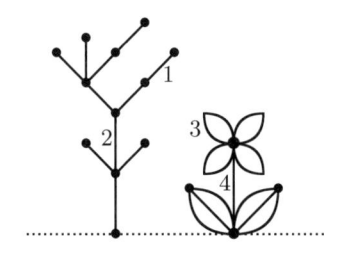

において, 番号づけられた辺を $1, 2, 3, 4$ の順に取り除いていったとしましょう. 1 の辺を除くと,

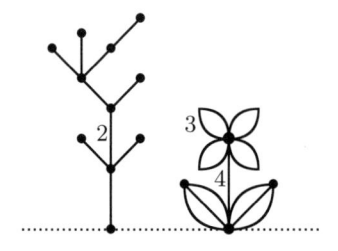

となります. 次に, 2 の辺を取り除くと, ルール (b) によって, それより上の部分はなくなって

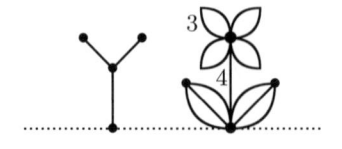

となります. 3 はループをなす辺ですから,

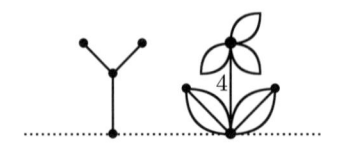

と花びら 1 枚が取り除かれます. 4 の茎をとると, ルール (b) により花もなくなってしまいます.

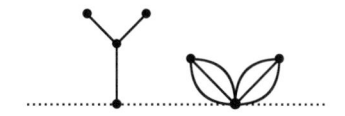

このように続けていって, 最後の辺を取り去ったプレイヤーが勝ちとなるわけです.

ハッケンブッシュとは, ドイツ語で「藪を切りひらく」というような意味です. もちろん, ゲームのこの名前は, ルールの (b) からきています. たとえば図 11.2 で, 左側の木を × 印をつけた辺で切れば, そこから上の枝は地面に落ちて片付けられてしまうことになります. 何本も木の生えた藪でゲームをしたとすると, 藪を切りひらいて更地にした人が勝ちというわけです.

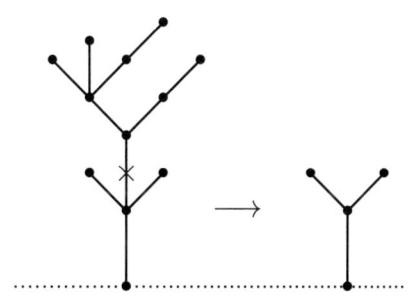

図 11.2

ハッケンブッシュでは, スタートの局面から移行できる局面は, 始めの図形の部分図形ですから, 有限通りであり, 一手指すごとに辺の個数は確実に減少していきますから, ゲームの局面が循環してしまうこともありません. これは, ハッケンブッシュも私たちが考察の対象としている有限型不偏ゲーム (第 2.2 節参照) であることを示しています. したがって, 図形が与えられれば, その局面が先手必勝形か後手必勝形かは定まっており, グランディ数を求めることがゲーム解明の目標となります. もちろん, ハッケンブッシュに現れる図形はあまりに多様ですから, グランディ数を 1 つの公式で与えようとするのは現実的ではありません. ここでの目標は, 図形が与えられたとき, より簡単な図形に変形していってグランディ数を計算するアルゴリズムを与えることです.

● 簡単な同値変形

まず,ハッケンブッシュの局面のパーツとなる図形に呼び名を与えておきましょう.

節点： 辺と辺の区切りをなす点 ● のこと.

ループ： 図 11.1 の花びらのように 1 つの節点から出て同じ節点に帰ってくる辺のこと.

サイクル： 複数の辺が輪になっている図形, たとえば, 図 11.1 の屋根の部分は 6 個の辺からなるサイクル.

木, 林： 木とは, 図 11.1 の一番左の図形のように, サイクルを含まない図形のこと. 複数の木からなる図形を林という.

棒： まったく枝別れのない木のこと.

さて,ハッケンブッシュ図形のグランディ数の計算は,図形をグランディ数を変えずにより簡単な図形へと変形していくことによってなされます. まず,簡単にわかる変形をみておきましょう.

ループの解消： まず,ループの上には,そこから先に辺を伸ばすことのできる節点はありませんから,最先端にある 1 本の辺と同じ効果しかありません.

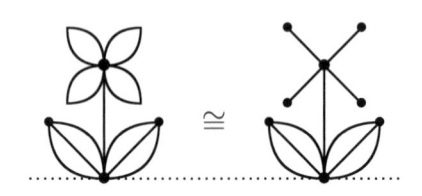

地上の節点の移動：次に,地面上にある節点は,ゲームの実質を変えることなく自由に移動することができます. ですから,花についている 2 枚の葉を切り離して移動して,

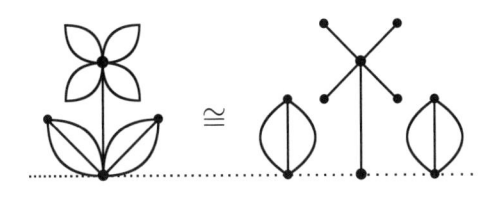

図 11.3

と3つの独立な図形に分解できます.逆に地上にある複数の節点を1つに合流させてもかまいません.例えば,図11.1の机,椅子,ドアは

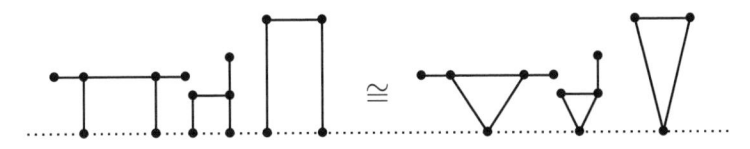

と変形できます.したがって,1つの連結な図形が2本(以上)の足で接地しているときには,サイクルを含んでいると考えることができます.そこで,ドアのような図形もサイクルとよぶことにします.

図形の和: 辺でつながっていない複数の図形はそれぞれが独立なゲームで,全体はそのゲーム和とみなすことができますから,そのグランディ数の計算にはゲームの和定理(定理3.4)が使えます.したがって,グランディ数をgで表わすと,$g(\text{図 11.1})$ は

$$g(\text{木}) \stackrel{*}{+} g(\text{花}) \stackrel{*}{+} g(\text{机}) \stackrel{*}{+} g(\text{椅子}) \stackrel{*}{+} g(\text{ドア}) \stackrel{*}{+} g(\text{家})$$

に等しくなります.さらに,$g(\text{花})$ は地上にある節点の移動により(図11.3参照),

$$g(\text{茎}+4\text{枚の花弁}) \stackrel{*}{+} g(\text{葉}) \stackrel{*}{+} g(\text{葉})$$

に等しくなり,さらにニム和の性質より $g(\text{葉}) \stackrel{*}{+} g(\text{葉}) = 0$ ですから,

$$g(\text{花}) = g(\text{茎}+4\text{枚の花弁})$$

となります.

● ニムとの関係

　おなじみのニムもハッケンブッシュの一種と思えます．もっとも簡単な図形として棒を考えます．長さ m, すなわち, m 個の辺からなるとして，上から i 番目の辺を取り除くと，その上も含めて i 個の辺が消えて $m-i$ 個の辺からなる棒が残ります．

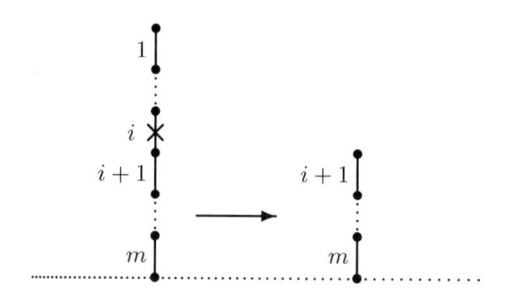

　これは, m 個の石の山からなる一山くずしで i 個の石を取ることと同じです．特に，長さ m の棒のグランディ数は m になります．したがって，長さ $m_1, \ldots, m_n$ の n 本の棒からなるハッケンブッシュは，石の個数 $m_1, \ldots, m_n$ の n 山ニムと同等です．

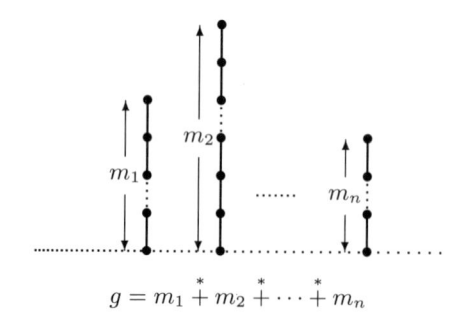

$$g = m_1 \stackrel{*}{+} m_2 \stackrel{*}{+} \cdots \stackrel{*}{+} m_n$$

11.2　置き換え原理

　図形の同値変形法としてもっと強力なのは，次の置き換え原理です．
　記号を用意しておきましょう．地面についている図形 G と宙に浮いている図形 H が 1 つの節点 a のみを共有してできる図形を $H \underset{a}{\cup} G$ と記します．

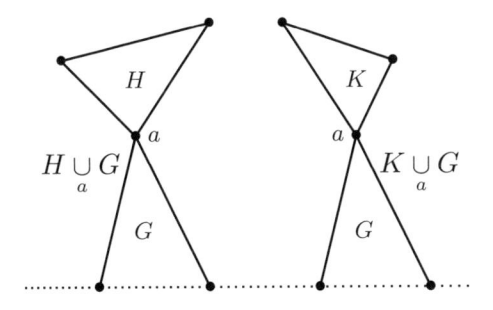

定理 11.1 (置き換え原理)　宙に浮いている図形 H, K が $g(H) = g(K)$ を満たすならば, $g(H \underset{a}{\cup} G) = g(K \underset{a}{\cup} G)$ である.

証明　$H \underset{a}{\cup} G$ と $K \underset{a}{\cup} G$ の 2 つの図形を並べたゲームの和 $H \underset{a}{\cup} G + K \underset{a}{\cup} G$ を考える. ゲームの和定理 (定理 3.4) により $g(H \underset{a}{\cup} G) = g(K \underset{a}{\cup} G)$ は $g(H \underset{a}{\cup} G) \overset{*}{+} g(K \underset{a}{\cup} G) = g(H \underset{a}{\cup} G + K \underset{a}{\cup} G) = 0$ と同値であるから, $g(H) = g(K)$ のとき, $H \underset{a}{\cup} G + K \underset{a}{\cup} G$ に後手の必勝戦略が存在することを示せばよい. まず, 先手が $H \underset{a}{\cup} G$ から G の辺を取り除いて G' にしたとする. このとき, 後手は, $K \underset{a}{\cup} G$ から G の同じ辺を取り除けばよい. 次に先手が H の辺を取り除いて H' にしたとする. もし, $g(H) > g(H')$ ならば, $g(K) = g(H)$ であるから, K から辺を取り除いて移行できる K' で $g(K') = g(H')$ となるものがある. 後手は, $K \to K'$ とすればよい. もし, $g(H) < g(H')$ ならば, H' から辺を取り除いて移行できる H'' で $g(H'') = g(H) = g(K)$ となるものがあるので, 後手は $H' \to H''$ とすればよい. . □

　置き換え原理により, $H \underset{a}{\cup} G$ において, 全体のグランディ数を変えずに, H をグランディ数が等しい別の図形に置き換えることができます. したがって, グランディ数が $g(H) = k$ と分かっていれば, H を長さ k の一本棒に置き換えてもかまいません. この手続きで図形は著しく簡単になります.

　特に, 木のグランディ数は置き換え原理だけで簡単に計算できます. たとえば, 次のようになります.

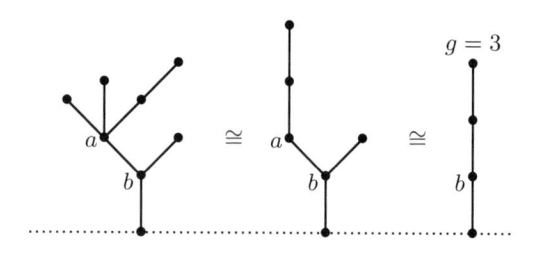

ここで, 一番左の木で節点 a の上にある図形のグランディ数は $1 \stackrel{*}{+} 1 \stackrel{*}{+} 2 = 2$, 真ん中の木で節点 b の上にある図形のグランディ数は $3 \stackrel{*}{+} 1 = 2$ であることを使っています.

図 11.1 の部分図形に置き換え原理を適用してみると,

$$g(木) = 3, \quad g(花) = 1, \quad g(アンテナ) = 1$$

が分かります. これからさらに, $g(家)$ の計算の際には, アンテナは長さ 1 の棒に置き換えてかまわないことになります.

11.3 木のグランディ数

前節で説明した木のグランディ数の計算を, 図形を変形せずに実行する方法を考えましょう. はじめに, 言葉を少し用意します.

木に含まれる辺 x について, x を取り去ると同時に消滅する (x 以外の) 辺の全体を $L(x)$ と記し, x の**荷物**といいます. 荷物 $L(x)$ に属す辺のうちで, x から直接伸びている辺の全体を $B(x)$ と表します. 辺 x の**ストレス** $\sigma(x)$ を

$$\sigma(x) = \left(\sideset{}{^*}\sum_{y \in B(x)} \sigma(y) \right) + 1 \tag{11.1}$$

によって, 帰納的に定義します. さらに,

$$w(x) = N(\sigma(x)) \tag{11.2}$$

を辺 x の**重さ**ということにしましょう. ここで, $N(x) = (x-1) \stackrel{*}{+} x$ で, 前章の補題 10.11 で調べたマヤノルムです. 下図の例では, 各辺のストレスと重さ (( ) 内が重さ) を記入してあります.

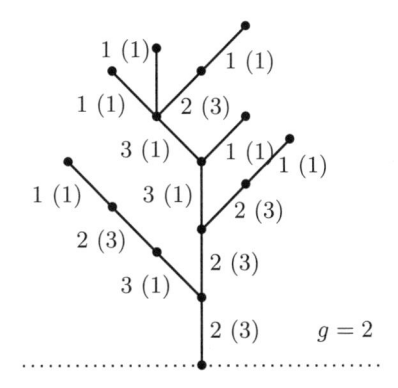

この図を見ると分かるように，1 つの辺のストレスとは，その辺と背負っている荷物を置き換え原理により 1 本の棒に変形したときの長さに他なりません．したがって，接地している辺のストレス 2 が全体の図形のグランディ数となります．このように，図にストレスを書き込んでいけば，木のグランディ数を計算することができます．慣れれば，暗算も可能です．また，ストレスは，その辺の重さと荷物の重さの (ニム和の意味での) 総和になります．

このことを一般的な定理として述べると，次のようになります．

定理 11.2 (木のグランディ数) （ⅰ） 木に含まれる辺 x について

$$\sigma(x) = w(x) \stackrel{*}{+} \sum_{y \in L(x)}^{*} w(y)$$

が成り立つ．

（ⅱ） ハッケンブッシュの局面 P が林のとき，接地している辺を $x_1, \ldots, x_r$ とすると，P のグランディ数は

$$g(P) = \sigma(x_1) \stackrel{*}{+} \cdots \stackrel{*}{+} \sigma(x_r) = \sum_{x \in E(P)}^{*} w(x)$$

で与えられる．ここで $E(P)$ は図形 P に含まれるすべての辺の集合を表わす．

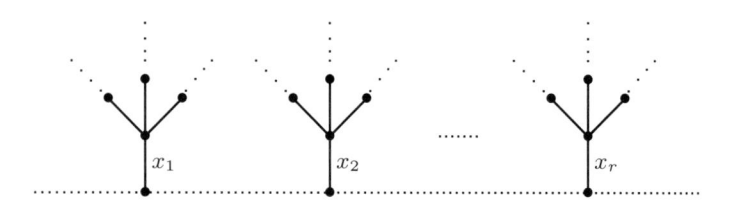

証明 (i) $L(x)$ の元の個数に関する数学的帰納法で証明する．$\sharp(L(x)) = 0$ のときは $L(x) = B(x) = \emptyset$ で $\sigma(x) = 1 = N(1) = w(x)$ となり，定理の (i) は正しい．$\sharp(L(x)) > 0$ のとき，

$$\sigma(x) = \left(\sum_{y \in B(x)}^{*} \sigma(y)\right) + 1$$
$$= \left\{\sum_{y \in B(x)}^{*} \left(w(y) \stackrel{*}{+} \sum_{z \in L(y)}^{*} w(z)\right)\right\} + 1$$

となる．ここで 2 つ目の等号において，帰納法の仮定を用いた．$L(x) = \bigcup_{y \in B(x)} (\{y\} \cup L(y))$ に注意すれば，さらに

$$\sigma(x) - 1 = \sum_{y \in L(x)}^{*} w(y)$$

と書くことができる．ここで，$w(x) = (\sigma(x) - 1) \stackrel{*}{+} \sigma(x)$ だったから，

$$\sigma(x) = w(x) \stackrel{*}{+} (\sigma(x) - 1) = w(x) \stackrel{*}{+} \left(\sum_{y \in L(x)}^{*} w(y)\right)$$

を得る．

(ii) ゲームの和定理 (定理 3.4) により，$r = 1$，すなわち，P が木の場合に証明すればよい．x を接地している辺とすると $g(P) = \sigma(x)$, $E(P) = \{x\} \cup L(x)$ である．したがって，(i) により

$$g(P) = \sigma(x) = w(x) \stackrel{*}{+} \sum_{y \in L(x)}^{*} w(y) = \sum_{y \in E(P)}^{*} w(y)$$

が得られる． □

系 11.3 木のグランディ数は，含まれている辺の個数と偶奇が一致する．

証明 $w(x) = N(\sigma(x))$ は N の定義によりつねに奇数だから，P が木ならば定理 11.2 により

$$g(P) = \sum_{x \in E(P)}^{*} w(x) \equiv |E(P)| \pmod{2}$$

である．ここで，$|E(P)|$ は $E(P)$ の元の個数，すなわち，P に含まれる辺の個数を表わしている． □

11.4 里山のグランディ数

次に，置き換え原理だけでは計算できないもっとも簡単な図形として

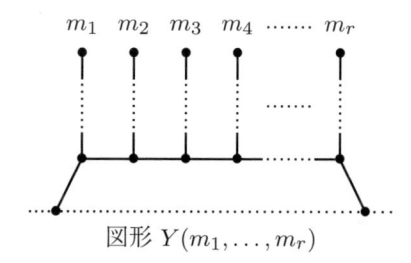

図形 $Y(m_1, \ldots, m_r)$

を調べてみましょう．上に立っている長さ $m_1, \ldots, m_r \geq 0$ の棒の代わりに同じグランディ数をもつ木が生えていても，置き換え原理 (定理 11.1) によりこの形に変形できますから，この図形は山の上に林がある状態に見立てることができます．そこで，このタイプの図形を**里山**とよぶことにし，立っている棒の長さ $m_1, \ldots, m_r$ によって $Y(m_1, \ldots, m_r)$ と名付けておきます．また，この図形の山の部分の辺が作る道を**山道**とよびましょう．

さて，里山のグランディ数は次の定理で与えられます．これを用いると，図 11.1 で

$$g(机) = g(ドア) = 1, \quad g(椅子) = 0$$

となることが分かります．

定理 11.4 里山 $Y(m_1, \ldots, m_r)$ のグランディ数は

$$g(Y(m_1, \ldots, m_r))$$
$$= m_1 \stackrel{*}{+} \cdots \stackrel{*}{+} m_r \stackrel{*}{+} \begin{cases} 0 & (r \equiv 1 \pmod{2}) \\ 1 & (r \equiv 0 \pmod{2}) \end{cases}$$

で与えられる．

証明 $Y'(m_1, \ldots, m_r)$ を

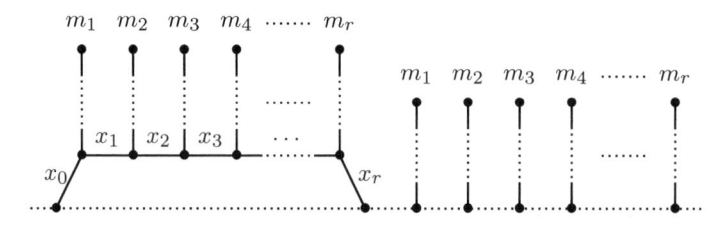

とする．ここで，$x_0, x_1, \ldots, x_r$ は山道をなす辺に付けた名前である．このとき，示すべきことは

$$g(Y'(m_1, \ldots, m_r)) = \begin{cases} 0 & (r \equiv 1 \pmod{2}), \\ 1 & (r \equiv 0 \pmod{2}) \end{cases}$$

である．

$r \equiv 1 \pmod{2}$ の場合：$Y'(m_1, \ldots, m_r)$ が後手必勝形であることを示せばよい．先手が長さ m_i の棒から辺を取り除いたときには，後手はもう1本ある長さ m_i の棒から対応する辺を取り除けばよい．先手がある x_i を取り除いたときは，残った図形は木であり，系 11.3 により，そのグランディ数 g は残った辺の個数と偶奇が一致する．したがって，$r \equiv 1 \pmod{2}$ の仮定より，$g \equiv 1 \pmod{2}$，とくに，$g \neq 0$ である．よって，後手は $g = 0$ の形に移行できる．これは，$r \equiv 1 \pmod{2}$ のとき，$Y'(m_1, \ldots, m_r)$ が後手必勝形であることを示す．

$r \equiv 0 \pmod{2}$ の場合：下の命題 11.5 を認めておいて，$m_1 + \cdots + m_r$ に関する数学的帰納法で示そう．まず，グランディ数の定義と命題 11.5 により，立っている棒の1つを切り詰めたときに現れる図形のグランディ数が1でないこと

をみればよい. $m_1 + \cdots + m_r = 0$ のときは棒を切り詰める手は存在しないから, これ以上の証明は必要ない. 次に, $m_1 + \cdots + m_r \geq 1$ とする. 長さ m_i の棒を長さ m'_i ($< m_i$) に切り詰めたとする. このとき, さらに次の手で対応するもう 1 本を同じく長さ m'_i に切り詰めた図形のグランディ数は帰納法の仮定により 1 だから, 棒を切り詰める手で出てくる図形のグランディ数は 1 ではありえない. □

命題 11.5 $r \equiv 0 \pmod 2$ のとき, $Y'(m_1, \ldots, m_r)$ から辺 x_i ($i = 0, 1, \ldots, r$) を取り除いた図形のグランディ数を g_i とおくと, g_i はすべて偶数であり, さらに, $g_i = 0$ となる i が存在する.

命題 11.5 の証明は少し長いので, 節を改めて説明しましょう.

● **命題 11.5 の証明**

辺 x_i を取り除くと残った図形は木であり, その辺の個数は $2(m_1 + \cdots + m_r) + r$ で偶数だから, 系 11.3 により, g_i はつねに偶数である. $g_i = 0$ となる i が存在することの証明には, 準備がいる.

補題 11.6 辺 x_i を取り除いた図形における辺 x_j の重さを $w_i(x_j)$ と記す. このとき, $w_i(x_j) = w_j(x_i)$ が成り立つ.

証明 辺 x_i を取り除いた図形における辺 x_j のストレスに $\sigma_i(x_j)$ と記号を与えておく. $j = i+1$ のときは, $\sigma_i(x_{i+1}) = m_{i+1} + 1 = \sigma_{i+1}(x_i)$ であり, したがって, $w_i(x_{i+1}) = N(\sigma_i(x_{i+1})) = N(\sigma_{i+1}(x_i)) = w_{i+1}(x_i)$ である. $j = i+2$ のときには, 下の 2 つの図形

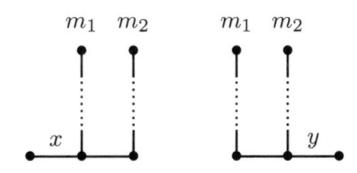

において, $w(x) = w(y)$ を示せばよい. このとき,

$$\sigma(x) = ((m_2 + 1) \overset{*}{+} m_1) + 1, \quad \sigma(y) = ((m_1 + 1) \overset{*}{+} m_2) + 1$$

だから、マヤ距離 M の性質 (補題 10.12 の (i), (ii)) を用いると,

$$
\begin{aligned}
w(x) &= N(((m_2+1) \stackrel{*}{+} m_1) + 1) \\
&= M(((m_2+1) \stackrel{*}{+} m_1) + 1, 0) \\
&= M((m_2+1) \stackrel{*}{+} m_1, -1) \\
&= M(m_2+1, (-1) \stackrel{*}{+} m_1) \\
&= M(m_2+1, -(1+m_1)) \\
&= M(m_1+m_2+2, 0)
\end{aligned}
$$

となる. 同様に, $w(y) = M(m_1+m_2+2, 0)$ も得られるから, $w(x) = w(y)$ である. 最後に, $i+3 \leq j$ の一般の場合を考えよう. このときは, 任意の i $(1 \leq i \leq r-1)$ に対し

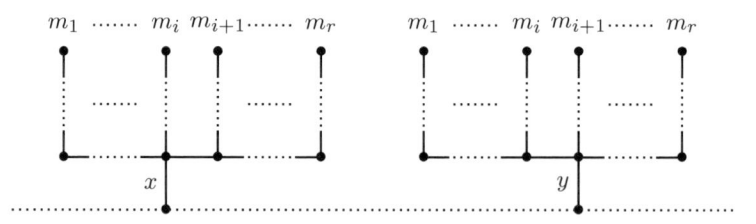

という 2 つの図形において, $w(x) = w(y)$ を示せば十分である. 実際, これは, 上の r 本の棒を支える辺 x がどの位置にあっても $w(x)$ が変わらないことを示しているからである. さて, 置き換え原理によれば,

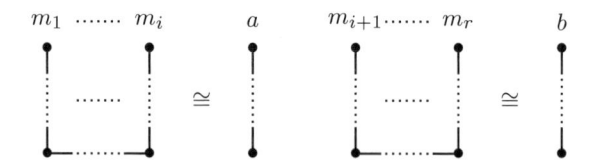

と, 棒に置き換えられる. この置き換えを行うと, $w(x) = w(y)$ は $j = i+2$ の場合に帰着する. □

補題 11.7 i, j, k $(0 \leq i < j < k \leq r)$ について, $w_i(x_j), w_j(x_k), w_k(x_i)$ のうちの 2 つは相等しく, 第 3 のものはそれらより真に大きい.

証明 下図から容易に分かるように, 次の式が成り立つ.

$$\sigma_k(x_i) = ((\cdots((((\sigma_k(x_j) \overset{*}{+} m_j) + 1) \overset{*}{+} m_{j-1}) + 1) \cdots) \overset{*}{+} m_{i+1}) + 1$$

$$\sigma_j(x_i) = ((\cdots(((m_j + 1) \overset{*}{+} m_{j-1}) + 1) \cdots) \overset{*}{+} m_{i+1}) + 1$$

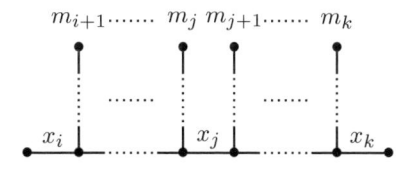

これより, マヤ距離 M の性質 (補題 10.12 (ii)) を繰り返し用いると

$$\begin{aligned}
M(\sigma_k(x_i), \sigma_j(x_i)) &= M(\cdots + 1, \cdots + 1) \\
&= M(\cdots \overset{*}{+} m_{i+1}, \cdots \overset{*}{+} m_{i+1}) \\
&= \cdots \\
&= M(\sigma_k(x_j), 0) \\
&= w_k(x_j) = w_j(x_k)
\end{aligned}$$

となる. また,

$$w_i(x_j) = w_j(x_i) = M(\sigma_j(x_i), 0),$$

$$w_k(x_i) = M(\sigma_k(x_i), 0)$$

だから, 補題 11.7 は補題 10.13 からただちに従う. □

命題 11.5 の証明 $w_i(x_j)$ ($0 \leq i, j \leq r$) のうちで最大のものが $w_0(x_1)$ に, $w_i(x_j)$ ($2 \leq i, j \leq r$) のうちで最大のものが $w_2(x_3)$ に, と, 辺の番号を付け替えて順次辺のペアを作っていく. r が偶数であったから, 最後に x_r がペアになれずに残る. このとき, 補題 11.7 により, $w_r(x_0) = w_r(x_1)$, $w_r(x_2) = w_r(x_3)$, $\ldots$, $w_r(x_{r-2}) = w_r(x_{r-1})$ である. $Y'(m_1, \ldots, m_r)$ からこの辺 x_r を取り除くと, そのグランディ数 g_r は 0 になることを示そう. E で $Y'(m_1, \ldots, m_r)$ の辺の全体を表すと, 定理 11.2 (ii) により,

$$g_r = \sum_{x \in E - \{x_r\}}^{*} w(x)$$

である．いま示したように，$w(x)$ は山道をなす辺については 2 つずつペアになって等しい．棒については，長さ m_i の 2 本の棒の対応する辺の重みは等しいから，$g_r = 0$ であることが分かる． □

これで，里山のグランディ数が分かりました．

さて，第 11.3 節と第 11.4 節の議論を見ると，ハッケンブッシュとマヤゲームには親近性があることが示唆されます．実際，川中宣明氏はマヤゲームと木に対するハッケンブッシュの両方を含むあるゲームのクラスに対して，マヤノルムを用いたグランディ数の公式を導いています（[12] 参照）．

11.5　融合原理

木はサイクルを含まず，里山はサイクルが 1 個だけでした．サイクルが複数ある一般の場合には，次の「融合原理」を用いてグランディ数が計算できます．

定理 11.8 (融合原理)　図形 G に対して，

- 1 つのサイクルに含まれる複数の節点を同一視

という**融合操作**を行ってできる図形を G' とするとき，G と G' のグランディ数は等しい：$g(G) = g(G')$．

サイクルに融合操作を施すと，サイクル上の節点は 1 つにまとまり，サイクル上の辺はその節点から出るループに変換されます．ループは長さ 1 の棒と同等でしたから，n 辺からなるサイクルは，結局，1 つの節点から出る長さ 1 の棒 n 本に変換できます．

融合操作の繰り返しですべての図形はサイクルを持たない木にまで変換され，第 11.3 節の方法でグランディ数を求めることができます．

例 11.1 融合原理を里山 $Y(m_1,\ldots,m_r)$ に適用してみましょう．このとき，山道は地上の節点の移動でサイクルとみなされるので，山道上の節点をすべて地上の節点と同一視すると，$Y(m_1,\ldots,m_r)$ は長さ 1 の棒が $r+1$ 本と長さ $m_1,\ldots,m_r$ の r 本の棒が地上から生えている図形と同等です．よって，定理 11.8 によれば

$$g(Y(m_1,\ldots,m_r))$$
$$= (\overbrace{1 \stackrel{*}{+} \cdots \stackrel{*}{+} 1}^{r+1}) \stackrel{*}{+} m_1 \stackrel{*}{+} \cdots \stackrel{*}{+} m_r$$
$$= m_1 \stackrel{*}{+} \cdots \stackrel{*}{+} m_r \stackrel{*}{+} \begin{cases} 0 & (r \equiv 1 \pmod 2), \\ 1 & (r \equiv 0 \pmod 2) \end{cases}$$

となりますが，これは先に定理 11.4 で与えられた値と一致しています．

例 11.2 図 11.1 の家のグランディ数を計算してみます．電灯は，融合操作により，棒の先から 6 本の長さ 1 の棒が出ている図形と同等ですから，置き換え原理により $g(電灯) = 1$ です．$g(アンテナ) = 1$ も利用すると，家のグランディ数は，屋根のサイクルを融合させて

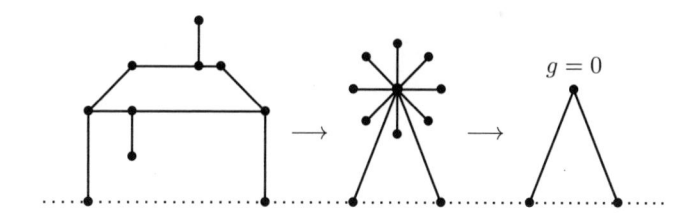

と計算されます．これより，$g(図 11.1) = 2$ も得られます．

では，融合原理の使い方が分かったところで，証明に取り掛かりましょう．

定理 11.8 (融合原理) の証明 融合原理に反例が存在するとして矛盾を導く．G をこの定理の反例で辺の個数が最小であり，その中で節点の個数が最小なものとする．特に，地面上にある節点は 1 つである．このような G を「融合原理の最小反例」ということにしよう．最小反例では，サイクル上のどの 2 点を融合させてもグランディ数は変化する．

補題 11.9 G を融合原理の最小反例とすると, 相異なる節点 a, b について, a, b を結び辺をまったく共有しないような道は 2 本までしか存在しない.

証明 a, b を結ぶ, 辺を共有しない 3 本の道があったと仮定し, a, b を同一視してできる図形を H とする. G は最小反例だから, $g(H) \neq g(G)$ である. このとき, $g(G + H) \neq 0$ であり, $G + H$ は先手必勝である. したがって, $G \to G'$ で $g(G' + H) = 0$ となるものか, または, $H \to H'$ で $g(G + H') = 0$ となるものが存在する. どちらの場合も同様であるから, 前者の場合を考えよう. G の辺と H の辺とは対応しているから, G' に移行する際に取り除く辺に対応する辺を H から取り除いたものを H' とする. このとき, a, b は G' においてもサイクルの上にあるが, G の最小性により G' はもはや融合原理の反例とはならないので, a, b を融合した図形を G'' とすると $g(G'') = g(G')$ である. 仮定より, $g(G') = g(H)$ であるから, $g(G'') = g(H)$ となる. 一方, 構成法より $G'' = H'$ であるので, $g(G'') = g(H')$ である. したがって, $g(H) = g(H')$ となるが, $H \to H'$ のとき, $g(H) \neq g(H')$ だから, これは矛盾である. □

補題 11.10 G を融合原理の最小反例とすると, 宙に浮いたサイクルは存在しない.

証明 サイクル C が宙に浮いているとする. C に含まれている辺をすべて取り除いたときに消える図形を H, 残る図形を G' とする. C が宙に浮いているから, $G' \neq \emptyset$ である. G' と C が 2 点を共有しているとすると, G' 内の道 (地面を通ってもいい) と C 内の 2 つの道という, 辺を共有しない 3 本の道が存在してしまうから, G' と C は 1 点 a のみを共有する (次ページの図を見よ). したがって, $G = H \underset{a}{\cup} G'$ である. H において, サイクル C に含まれる節点を融合した図形を H' とすると, G の最小性により $g(H) = g(H')$ であり, 置き換え原理により, $g(G) = g(H \underset{a}{\cup} G') = g(H' \underset{a}{\cup} G')$ となる. $H' \underset{a}{\cup} G'$ は G においてサイクル C に含まれる節点を融合した図形であるから, これは G が融合原理の反例であることに矛盾する. □

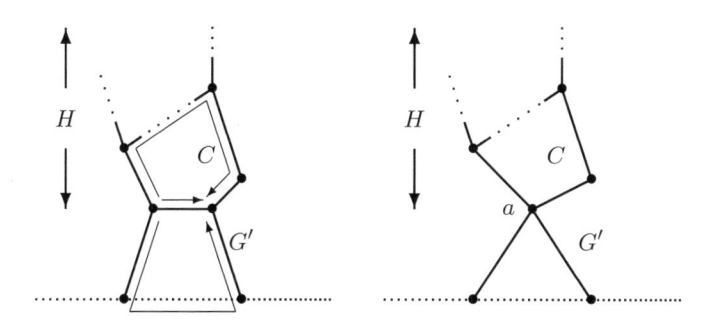

補題 11.11　G を融合原理の最小反例とすると，接地したサイクルがただ 1 つだけ存在する．

証明　前の補題により，サイクルはすべて接地している．接地したサイクルが 2 つあったとし，それらを C_1, C_2 とする．もし，C_1, C_2 が連結していないとすると，G は $G = G_1 + G_2$ とより小さい図形の和に表せ (下図左)，G の最小性から，G_1, G_2 においては融合原理が成り立ち，したがって，G についても融合原理が成り立ってしまうので，矛盾である．一方，C_1, C_2 が連結していたとすると，C_1 上の節点と C_2 上の節点とを結ぶ辺を共有しない道が 3 本できてしまうので (下図右)，やはり矛盾する．最後に，サイクルがなければその図形は林であり，融合原理の反例にはならないので，G には接地したサイクルが 1 つだけ存在しなくてはならない． □

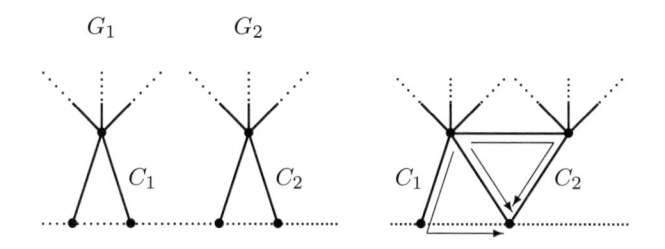

以上により，G が融合原理の最小反例ならば，1 点で接地したサイクルが 1 つだけ存在し，そのサイクルから出る枝はもはやサイクルを持たない．枝には置き換え原理が適用できるから，枝分かれはないとしてよい．したがって，

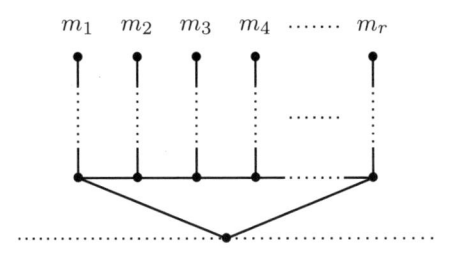

の形の図形ということになる．これは，すでに調べた里山図形 $Y(m_1,\ldots,m_r)$ と同等である．しかし，すでに例 11.1 で確認したように，定理 11.8 によって与えられる $Y(m_1,\ldots,m_r)$ のグランディ数は融合原理によって与えられる数値と一致しているから，これは反例にはならない．したがって，融合原理はつねに成り立っていなければならない． □

第 12 章

最後は負けるが勝ち

いよいよ最終章です．この章の話題は，最後に石を取ったプレイヤーが負けとなる逆形のゲームです．

ここまで読んできていただいた読者の方は，最後に石を取ったプレイヤーが勝ちとなる正規形のゲームについては，かなり多くのゲームの必勝法をマスターしているでしょう．しかし，友達とゲームを楽しんでいるときには，自分ばかり勝ちっぱなしでは友達を失ってしまいます．親戚の甥や姪と遊んでいるときに勝ちっぱなしたら，泣き出してしまうかもしれません．たまには負けてあげる必要があります．負けるが勝ちの場合もあるのです．

負けてあげるには，いつも相手が正規形のゲームの先手必勝形になるように指せばよいような気がします．しかし，それだけでは，相手が自滅するのを防げません．例えば，ニムで相手が最後の 1 山に 1 個の石を残してしまったら，いやでもこちらが勝ってしまいます．相手がどんなヘマな手を指しても必ず自分が負けるにはどうしたらよいでしょう．これこそが逆形のゲームの必勝法に他なりません．

しかし，逆形ゲームの理論は極めて難しいものです．逆形ゲームについて詳しく調べている [22] の第 13 章の末尾には，

> 「逆形ゲームの理論はこの本の中でもっともややこしい理論である．ここまでついてきた読者にはおめでとうと言いたい．この後はリラックスして学べるだろう．」

とあり，逆形ゲームの理論の難しさを象徴しています．

私たちも，すでに第 4.2 節で，逆形ゲームについても必勝判定の基本原理 (補題 4.4) やグランディ数を定義し，逆形のニムを調べました．そこでも見ました

が, 逆形ゲームのグランディ数に対しては, ゲームの和定理 (定理 3.4) が成り立たず, この点が, 大きな複雑さを引き起こします. ここでは, まず, マヤゲームやチャヌシッチを含めて, これまでに取り上げたゲームの主要なものについて, 逆形のゲームの必勝判定を与える山﨑洋平氏の結果を紹介します. 次に, 最近発展した Plambeck (と Aaron Siegel) による逆形商を用いた 逆形ゲームの解析を紹介します.

12.1 先手必勝と後手必勝が入れ替わる特異局面

定義 有限型不偏ゲームの各局面 P は先手必勝か, 後手必勝かが定まっていますが, 正規形のゲームとして考えるときと, 逆形のゲームとして考えるときで, 先手必勝か, 後手必勝かが入れ替わってしまう局面のことを, **特異局面**といいます.

もし特異局面を完全に決定できれば, 正規形ゲームでのグランディ数を調べることによって逆形のゲームについても必勝判定ができることになります.

例 12.1 n 山くずしの場合には, 第 4.2 節の定理 4.5 で調べたように, $(m_1, \ldots, m_n)$ が特異局面となる条件はすべての i について $m_i = 0, 1$ となることでした.

逆形のゲームは正規形のゲームに比べて著しく難しいのですが, 例 12.1 のように, グランディ数が $0, 1$ の局面だけが特異局面となるようなゲームも多いのです. ここでは, そのようなゲームに適用できる特異局面の判定法を紹介します. 第 4.2 節では, 逆形のゲームにもグランディ数 $g^-(P)$ を定義しましたが, 以下でグランディ数というときには, 正規形のゲームとしてのグランディ数を意味することに注意しておきます.

これまで, 局面 P から Q へ一手で移行できるとき, $P \to Q$ と記しましたが, 判定法の条件の記述を簡潔にするために, 局面 P と局面の集合 $\mathcal{Q}$ についても, この記号を流用しましょう. すなわち,

- $P \to \mathcal{Q} \iff P \to Q$ となる $Q \in \mathcal{Q}$ がある
- $P \stackrel{\times}{\to} \mathcal{Q} \iff P \to Q$ となる $Q \in \mathcal{Q}$ はない

とします.

定理 12.1 (山﨑) 局面の部分集合 $\mathcal{F}^{(0)}$ と $\mathcal{F}^{(1)}$ が以下の条件 (1) 〜 (5) を満たすとき, $\mathcal{F} = \mathcal{F}^{(0)} \cup \mathcal{F}^{(1)}$ は特異局面の全体と一致する. より詳しく, 特異局面のグランディ数は 0 または 1 であり, $i = 0, 1$ に対して $\mathcal{F}^{(i)}$ はグランディ数が i に等しい特異局面の全体と一致する.

(1) $\mathcal{F}^{(0)} \cap \mathcal{F}^{(1)} = \emptyset$, $\mathcal{F}^{(0)} \supset \mathcal{E}$. ただし, $\mathcal{E}$ はこのゲームの終了局面の全体を表す.

(2) $P \in \mathcal{F}^{(0)} - \mathcal{E}$ ならば, $P \to \mathcal{F}^{(1)}$,
$$P \in \mathcal{F}^{(1)} \text{ ならば}, P \to \mathcal{F}^{(0)}.$$

(3) $i = 0, 1$ に対し, $P \in \mathcal{F}^{(i)}$ ならば $P \stackrel{\times}{\to} \mathcal{F}^{(i)}$.

(4) $P \notin \mathcal{F} = \mathcal{F}^{(0)} \cup \mathcal{F}^{(1)}$ ならば,
$$P \to \mathcal{F}^{(0)} \iff P \to \mathcal{F}^{(1)}.$$

(5) $P \in \mathcal{F}$, $P' \notin \mathcal{F}$ で $P \to P'$ ならば, $P' \to \mathcal{F}$.

この定理の条件を満たす $\mathcal{F}^{(0)}, \mathcal{F}^{(1)}$ が存在するようなゲームは, **射影的**といわれます. 証明に入る前に, この定理がどのように利用できるかを見ておきましょう.

● 逆形のニム

n 山くずしを考えます.

$$\mathcal{F}^{(0)} = \{(m_1, \ldots, m_n) \in \{0, 1\}^n \mid m_i = 1 \text{ となる } i \text{ は偶数個}\},$$
$$\mathcal{F}^{(1)} = \{(m_1, \ldots, m_n) \in \{0, 1\}^n \mid m_i = 1 \text{ となる } i \text{ は奇数個}\}$$

とおきましょう. この $\mathcal{F}^{(0)}, \mathcal{F}^{(1)}$ が上の定理の条件 (1) 〜 (5) を満たしていることは容易に確かめられます. これで, 定理 4.5 の結果が定理 12.1 の特別な場合であることが分かりました.

● 逆形の制限ニム

次に, 第 5 章で調べた $S = \{s_1, s_2, \ldots\}$ ($1 \leq s_1 < s_2 < \cdots$) を除外数集合とする制限ニム $G(S)$ の逆形のゲームを考えます. この場合は,

$$\mathcal{F}^{(0)} = \{n \in \mathbb{N} \mid g(n) = 0\},$$
$$\mathcal{F}^{(1)} = \{n \in \mathbb{N} \mid g(n) = 1\}$$

とおくと, 定理 12.1 の条件 (1) 〜 (5) を満たします.

実際, 条件 (1) から (5) のうちで, グランディ数の定義から明らかでないものは,

(2) の前半: $n \in \mathcal{F}^{(0)} - \mathcal{E}$ ならば, $n \to \mathcal{F}^{(1)}$

だけですから, 証明すべきことは $g(n) = 0$ $(n \geq s_1)$ ならば $g(n - s_i) = 1$ となる s_i が存在することです. そこで, $g(n) = 0$ $(n \geq s_1)$ と仮定します. もし, $g(n - s_1) = 1$ ならば主張はすでに成り立っていますから, $g(n - s_1) \geq 2$ だとします. このとき, グランディ数の定義により $g(n - s_1 - s_i) = 0$ となる s_i が存在します. ここでファーガソンの定理 (定理 5.1) により, $g(n - s_i) = 1$ となります.

● 逆形のマヤゲーム

今度は n コインのマヤゲームの逆形を考えます.

$$\mathcal{F} = \{(m_1, \ldots, m_n) \mid m_i = i - 1 \text{ または } 2n - i \ (i = 1, 2, \ldots, n)\}$$

とおき,

$$\mathcal{F}^{(0)} = \{(m_1, \ldots, m_n) \in \mathcal{F} \mid m_i \geq n \text{ となる } i \text{ は偶数個}\}$$
$$\mathcal{F}^{(1)} = \{(m_1, \ldots, m_n) \in \mathcal{F} \mid m_i \geq n \text{ となる } i \text{ は奇数個}\}$$

と定めます. このとき, $\mathcal{F}^{(0)}, \mathcal{F}^{(1)}$ は定理 12.8 の条件 (1) 〜 (5) を満たし, $\mathcal{F}$ がマヤゲームの特異局面の全体となります.

条件 (1) 〜 (5) の証明 (1) 終了局面は $(0, 1, \ldots, n-1)$ のみで $\mathcal{F}^{(0)}$ に含まれている. また, $\mathcal{F}^{(0)} \cap \mathcal{F}^{(1)} = \emptyset$ は明らかである.

(2) $P = (m_1, \ldots, m_n) \in \mathcal{F} - \mathcal{E}$ とする. このとき, $m_i \geq n$ となる i が少なくとも 1 個存在する. そこで, $m_i' = 2n - 1 - m_i$ とおけば, $m_i \geq n > m_i'$ だから, $P \to P' := (m_1, \ldots, m_{i-1}, m_i', m_{i+1}, \ldots, m_n)$ かつ $P' \in \mathcal{F}$ である. $P \in \mathcal{F}^{(0)}$ ならば $P' \in \mathcal{F}^{(1)}$, $P \in \mathcal{F}^{(1)}$ ならば $P' \in \mathcal{F}^{(0)}$ であることも明らかであ

る. これより, (3) が成り立っていることも分かる.

(4)　$P = (m_1, \ldots, m_n) \notin \mathcal{F}$ とする. このとき,
(a)　$m_i \geq 2n$ となる i が存在する
(b)　$m_i + m_j = 2n - 1$ となる i, j が存在する

のいずれかが成り立っている. まず, (a) が成り立っているとし, $P \to P'$ で $P' \in \mathcal{F}$ だとする. このとき, P' は $m_i \geq 2n$ となっている m_i を m'_i ($< 2n$) に減らすことによって得られる. ここで, m_i を $m''_i = 2n - m'_i - 1$ に減らした局面を P'' とすると, P'' も $\mathcal{F}$ に属す. P' と P'' の一方が $\mathcal{F}^{(0)}$ に属すならば, 他方は $\mathcal{F}^{(1)}$ に属す. これは, 条件 (4) が成り立つことを示している. 次に (a) は成り立たないが, (b) が成り立っているとする. このとき, ある k ($0 \leq k \leq n-1$) があって, k と $2n - k - 1$ は $m_1, \ldots, m_n$ の中には現れない. したがって, $P \to P'$ で $P' \in \mathcal{F}$ だとすると, m_i, m_j のどちらか片方を $k, 2n - k - 1$ のどちらか一方に減らすことで P' が得られている. $m_i < m_j$ だとして $m_j > 2n - k - 1$ ならば, m_j を $2n - k - 1$ に減らすことも k に減らすこともできる. もし, $m_j < 2n - k - 1$ ならば, m_j を k に減らすことも m_i を k に減らすこともできる. これでいずれの場合にも, $\mathcal{F}^{(0)}$ に属す局面に移行することも, $\mathcal{F}^{(1)}$ に属す局面に移行することも, どちらも可能であることが分かった.

(5)　$P = (m_1, \ldots, m_n) \in \mathcal{F}$ で, $P \to P'$ ($P' \notin \mathcal{F}$) という移行が可能だとする. この移行が $m_i \to m'_i$ ($m_i > m'_i$) として得られているとすると, $m_j = 2n - m'_i - 1$ となる m_j が存在する ((4) の証明の (b) のケース). このとき, $m'_j = 2n - m_i - 1 < 2n - m'_i - 1 = m_j$ だから, $m_j \to m'_j$ とすれば $P' \to P''$ で $P'' \in \mathcal{F}$ である. □

● 逆形のチャヌシッチ

前節で調べたチャヌシッチの場合には,
$$\mathcal{F}^{(0)} = \{(0,0), (2,1), (1,2)\}$$
$$\mathcal{F}^{(1)} = \{(1,0), (0,1), (2,2)\}$$

とすると, 定理 12.8 の条件 (1) 〜 (5) を満たすことは容易に確かめられます.

● 射影的ゲームの和

射影的という条件は, ゲームの和ともなかなか相性がいいことが分かります. 2 つのゲーム G_1 と G_2 がともに射影的だとしましょう. すなわち, $i = 1, 2$ について G_i のすべての局面の集合 $\mathcal{P}_i$ の部分集合 $\mathcal{F}_i^{(0)}, \mathcal{F}_i^{(1)}$ があり, 定理 12.1 の条件 (1) 〜 (5) を満たしているとします. このとき, 次の定理が示すように, この 2 つのゲームの和 $G_1 + G_2$ も射影的になります.

定理 12.2 ゲームの和 $G_1 + G_2$ のすべての局面の集合 $\mathcal{P}_1 \times \mathcal{P}_2$ の部分集合 $\mathcal{F}^{(0)}, \mathcal{F}^{(1)}$ を

$$\mathcal{F}^{(0)} = (\mathcal{F}_1^{(0)} \times \mathcal{F}_2^{(0)}) \cup (\mathcal{F}_1^{(1)} \times \mathcal{F}_2^{(1)}),$$
$$\mathcal{F}^{(1)} = (\mathcal{F}_1^{(0)} \times \mathcal{F}_2^{(1)}) \cup (\mathcal{F}_1^{(1)} \times \mathcal{F}_2^{(0)})$$

と定義すると, 定理 12.1 の条件 (1) 〜 (5) を満たす.

証明は, 条件 (1) 〜 (5) を一つひとつ確かめるだけで, 難しくありませんから, 試してみてください.

この定理によれば, n 山くずしの逆形も一山くずしの逆形についてのやさしい結果から得られます. また, 制限 n 山くずしの逆形も次のように分かります.

系 12.3 $i = 1, 2, \ldots, n$ に対して, 除去可能数集合 S_i の制限 (一山) ニム $G(S_i)$ を考え, そのグランディ数を $g_i(n)$ で表わす. このとき, 制限 n 山くずし $G(S_1) + G(S_2) + \cdots + G(S_n)$ の特異局面の集合は

$$\mathcal{F} = \{(m_1, \ldots, m_n) \in \mathbb{N}^n \mid g_i(m_i) = 0, 1 \ (i = 1, \ldots, n)\}$$

で与えられる.

● 定理 12.1 の証明

まず, 定理 12.1 のグランディ数についての主張を証明しましょう.

補題 12.4 $i = 0, 1$ について, $P \in \mathcal{F}^{(i)}$ ならば, $g(P) = i$ である.

証明 $N(P)$ で P から (何手かかっても良いから) 移行可能な局面の全体を表す. 補題を $\ell(P) = \sharp(N(P))$ に関する数学的帰納法で証明しよう. まず, $\ell(P) = 0$ だとする. このとき, P は終了局面であり, $P \in \mathcal{E} \subset \mathcal{F}^{(0)}$ で $g(P) = 0$ である. 次に $\ell(P) > 0$ とする. $P \in \mathcal{F}^{(0)}$ で $P \to P'$ だとする. ここで, $\ell(P') < \ell(P)$ だから P' について帰納法の仮定が適用でき, $P' \in \mathcal{F}$ ならば, 条件 (3) により $P' \in \mathcal{F}^{(1)}$ で, 帰納法の仮定により $g(P') = 1$ である. また, $P' \notin \mathcal{F}$ ならば, 条件 (5) により, $P' \to P''$ となる $P'' \in \mathcal{F}$ が存在するが, 条件 (4) により P'' は $\mathcal{F}^{(0)}$ からも $\mathcal{F}^{(1)}$ からもとることができる. したがって, $g(P') \neq 0, 1$ である. これから, $g(P) = 0$ が分かる. $P \in \mathcal{F}^{(1)}$ のときも同様である. □

さて, $\mathcal{F} = \mathcal{F}^{(0)} \cup \mathcal{F}^{(1)}$ が特異局面の全体となることを示すには, 次の補題を示せば十分です. 実際, 補題 12.4 と補題 12.5 をあわせれば, 正規形のゲームと逆形のゲームで先手必勝と後手必勝とが入れ替わる局面は $\mathcal{F} = \mathcal{F}^{(0)} \cup \mathcal{F}^{(1)}$ に属す局面だけであることが分かります.

補題 12.5 グランディ数が 0 となる局面の全体を $\mathcal{P}_0$, 逆形のゲームでの後手必勝局面の全体を $\mathcal{G}^-$ と表わすと,

$$\mathcal{G}^- = \mathcal{F}^{(1)} \cup (\mathcal{P}_0 \setminus \mathcal{F}^{(0)})$$

が成り立つ.

証明 $\mathcal{F}^- = \mathcal{F}^{(1)} \cup (\mathcal{P}_0 \setminus \mathcal{F}^{(0)})$ とおく. $\mathcal{F}^-$ が $\mathcal{G}^-$ と一致することを示すには, 補題 4.4 により,

(a) $\mathcal{F}^- \cap \mathcal{E} = \emptyset$,

(b) $P \in \mathcal{F}^-$ で $P \to P'$ ならば $P' \notin \mathcal{F}^-$,

(c) $P \notin \mathcal{F}^- \cup \mathcal{E}$ ならば $P \to P'$ となる $P' \in \mathcal{F}^-$ がある,

を示せばよい. まず, 条件 (1) より $\mathcal{E} \subset \mathcal{F}^{(0)}$ だから, (a) は明らかである. (b) を示す. $P \in \mathcal{F}^{(1)}$ で $P \to P'$ とする. 条件 (3) により $P' \notin \mathcal{F}^{(1)}$ である. もし, $P' \in \mathcal{P}_0 \setminus \mathcal{F}^{(0)}$ だったとすると, (4), (5) により $P' \to P''$ となる $P'' \in \mathcal{F}^{(0)}$ がとれる. 補題 12.4 により $g(P'') = 0$ だが, これは $P' \in \mathcal{P}_0$ に矛盾する. よって, $P' \notin \mathcal{P}_0 \setminus \mathcal{F}^{(0)}$, したがって, $P' \notin \mathcal{F}^-$ である. 次に, $P \in \mathcal{P}_0 \setminus \mathcal{F}^{(0)}$ で $P \to P'$ とする. $g(P) = 0$ だから, $P' \in \mathcal{F}^-$ ならば $P' \in \mathcal{F}^{(1)}$ でなければならない.

しかし, 条件 (4) により $P \to P''$ となる $P'' \in \mathcal{F}^{(0)}$ が存在しなくてはいけないが, これは $g(P) = 0$ に反する. 以上で, (b) が示された.

最後に (c) を示す. $P \notin \mathcal{F}^- \cup \mathcal{E}$ だとすると, $P \in \mathcal{F}^{(0)} \setminus \mathcal{E}$ か $P \notin \mathcal{F}$ で $g(P) > 0$ かのいずれかが成り立つ. $P \in \mathcal{F}^{(0)} \setminus \mathcal{E}$ だとする. このときは, 条件 (3) により, $P \to P'$ となる $P' \in \mathcal{F}^{(1)}$ が存在する. $P \notin \mathcal{F}$ で $g(P) > 0$ だとする. このときは, $P \to P'$ で $g(P') = 0$ となる P' が存在する. $P' \notin \mathcal{F}^{(0)}$ なら $P' \in \mathcal{F}^-$ である. $P' \in \mathcal{F}^{(0)}$ なら条件 (5) により $P \to P''$ で $P'' \in \mathcal{F}^{(1)}$ となるものがある. したがって, (c) が示された. □

これで, チャヌシッチやマヤゲームを含め, 結構難しいゲームの逆形も必勝判定ができるようになりました. しかし, この章の結果が適用できるゲームは必ずしも多くありません. 例えば, 第 6 章で取り上げたケイルズというゲームで試してみると, 9 個の石からなる 1 山の局面はグランディ数は 4 ですが, 逆形ゲームでは後手必勝局面となり, 特異局面であることが分かります. これは, ケイルズ (より一般に, 分割型の制限ニムの多く) には, 定理 12.1 が適用できないことを示しています.

12.2 逆形商の理論

T.N.Plambeck ([28], [29]) は分割型の制限ニムも扱えるような逆形ゲームの取り扱いを見出しました. それを説明するために, まずは正規形ゲームに対するゲームの和定理 (定理 3.4) について振り返ってみましょう.

● グランディ数とゲームの和定理を見直す

いま, ゲームの局面の集合 $\mathcal{P}$ が
(i) $P_1, P_2 \in \mathcal{P}$ ならば, その和 $P_1 + P_2$ も $\mathcal{P}$ に含まれる,
(ii) $P \in \mathcal{P}$ で $P \to P'$ ならば, P' も $\mathcal{P}$ に含まれる,
という 2 条件を満たしているとき, ゲームの局面の**閉半群**ということにします. ゲームの和は結合法則を満たしているので, 条件 (i) が半群の条件になります. また, 「閉」という言葉で (ii) の性質を表しています. なお, 以下では, 半群が大活躍しますが, つねに積が可換な可換半群だけを扱うので, 可換という形容詞

を省略します.

さて, $\mathcal{P}$ の例として三山くずしの局面の全体を考えてみます. このとき, 2つの三山くずしの和は 6 山くずしになるので, 初めの方の条件を満たさず, 閉半群にはなりません. しかし, すべての $n \geq 1$ に対する n 山くずしの局面の全体を考えると, 閉半群が得られます.

$\mathcal{P}$ をゲームの局面の閉半群とすると, 定理 3.4 により, グランディ数を与える写像は

$$g : \mathcal{P} \longrightarrow \mathbb{N}, \quad g(P_1 + P_2) = g(P_1) \overset{*}{+} g(P_2)$$

を満たし, 半群 $\mathcal{P}$ から群 $(\mathbb{N}, \overset{*}{+})$ への準同型写像でした. とくに, $\mathcal{P}$ に含まれる後手必勝局面の全体を $\mathcal{G}$ と表すと,

$$\mathcal{G} = g^{-1}(0)$$

となります. この結果の素晴らしいところは, どんなゲームを持ってきても $(\mathbb{N}, \overset{*}{+})$ という群で対応できること, また, g の準同型性からゲームをよりやさしいゲームの和に分けて調べてから, あとでニム和でまとめ上げられるということでした.

ところが, 逆形ゲームのグランディー数 g^- では, 準同型性が成り立ちません. そこで, グランディー数をあきらめて次のように考えましょう.

> $\mathcal{P}$ をゲームの局面の閉半群, $\mathcal{P}$ に含まれる逆形での後手必勝局面の全体を $\mathcal{G}$ とする. このとき, 半群 $\mathcal{Q}$ とその部分集合 $\mathcal{H}$, $\mathcal{P}$ から $\mathcal{Q}$ への半群の準同型 $\phi : \mathcal{P} \longrightarrow \mathcal{Q}$ で $\mathcal{G} = \phi^{-1}(\mathcal{H})$ を満たすできるだけ簡単なものを探そう.

● 必勝形保存準同型

今後はつねに逆形のゲームを考えます.

定義 $\mathcal{P}$ をゲームの局面の閉半群とする. $\mathcal{P}$ から半群 $\mathcal{Q}$ への半群の準同型 $\phi : \mathcal{P} \longrightarrow \mathcal{Q}$ は, 条件

> 任意の $P_1, P_2 \in \mathcal{P}$ について, $\phi(P_1) = \phi(P_2)$ ならば, P_1, P_2 はともに先手必勝形か, ともに後手必勝形かのいずれかである

を満たすならば,**必勝形保存準同型**といわれる.

必勝形保存準同型 $\phi: \mathcal{P} \longrightarrow \mathcal{Q}$ が得られれば, $\mathcal{P}$ に含まれている局面 P の必勝判定は $\phi(P)$ によって定まります. $\mathcal{Q}$ が十分に簡単なら, これで必勝判定ができるようになると考えられます.

ゲームの局面の閉半群 $\mathcal{P}$ から半群 $\mathcal{Q}$ への半群の準同型 $\phi: \mathcal{P} \longrightarrow \mathcal{Q}$ が必勝形を保存するための条件を調べましょう. そのために, ϕ に付随する**推移半群** T_ϕ を

$$T_\phi = \{(\phi(P), \phi(N(P))) \mid P \in \mathcal{P}\}, \quad \phi(N(P)) = \{\phi(P') \mid P' \in N(P)\}$$

と定義します. すなわち, T_ϕ の元は $\mathcal{Q}$ の元 $\phi(P)$ と $\mathcal{Q}$ の部分集合 $\phi(N(P))$ の組です.

また, $(x, X), (y, Y) \in T_\phi$ に対し, その積を

$$(x, X) \cdot (y, Y) = (xy, yX \cup xY)$$

と定義します. ここで, $(x, X) = (\phi(P_1), \phi(N(P_1))), (y, Y) = (\phi(P_2), \phi(N(P_2)))$ となる $P_1, P_2 \in \mathcal{P}$ をとれば,

$$\begin{aligned}
(x, X) &\cdot (y, Y) \\
&= (\phi(P_1)\phi(P_2), \phi(N(P_1))\phi(P_2) \cup \phi(P_1)\phi(N(P_2))) \\
&= (\phi(P_1 + P_2), \{\phi(P_1' + P_2) \mid P_1' \in N(P_1)\} \\
&\qquad \cup \{\phi(P_1 + P_2') \mid P_2' \in N(P_2)\}) \\
&= (\phi(P_1 + P_2), \phi(N(P_1 + P_2)))
\end{aligned}$$

となりますから, $(x, X) \cdot (y, Y) \in T_\phi$ であり, T_ϕ も半群で

$$\psi: \mathcal{P} \longrightarrow T_\phi, \quad P \longmapsto \psi(P) := (\phi(P), \phi(N(P)))$$

は半群の準同型写像になります. T_ϕ から $\mathcal{Q}$ への射影を

$$\mathrm{pr}: T_\phi \longrightarrow \mathcal{Q}, \quad \mathrm{pr}(x, X) = x$$

と表すと, $\phi = \mathrm{pr} \circ \psi$ と分解することは明らかです. 次の補題は, 逆形ゲームに対する必勝判定の基本原理 (補題 4.4) から容易に示されます.

補題 12.6 $\mathcal{P}$ をゲームの局面の閉半群, $\mathcal{E}$ を $\mathcal{P}$ に含まれる終了局面の全体, $\mathcal{Q}$ を半群とする. このとき, 半群の準同型写像 $\phi\colon \mathcal{P} \longrightarrow \mathcal{Q}$ と $\mathcal{Q}$ の部分集合 $\mathcal{H}$ について, 次は同値である.

(1) ϕ は必勝形保存準同型で, $\mathcal{G} = \phi^{-1}(\mathcal{H})$ は $\mathcal{P}$ に含まれる後手必勝局面の全体.

(2) $\phi(\mathcal{E}) \cap \mathcal{H} = \varnothing$, かつ, 任意の $(x, X) \in T_\phi$ $(X \neq \varnothing)$ に対し, $x \in \mathcal{H}$ か $X \cap \mathcal{H} \neq \varnothing$ のいずれか一方のみが成り立つ.

補題 12.7 $\mathcal{P}$ をゲームの局面の閉半群, $\mathcal{Q}$ を半群, $\phi\colon \mathcal{P} \longrightarrow \mathcal{Q}$ を必勝形保存全射準同型とする. また, $\mathcal{H} = \phi(\mathcal{G})$ とおく. ここで, $\mathcal{G}$ は $\mathcal{P}$ に含まれる後手必勝形の全体とする. また, $x \in \mathcal{Q}$ に対し,

$$\mathcal{M}_x := \{y \in \mathcal{Q} \mid xz, yz \in \mathcal{H} \text{ となる } z \in \mathcal{Q} \text{ は存在しない}\}$$

とおく. このとき, 任意の $P \in \mathcal{P}$ に対し,

$$\phi(N(P)) \subset \mathcal{M}_x, \quad x = \phi(P)$$

が成り立つ.

証明 もし定理が成り立たなかったとすると, $P \in \mathcal{P}$ と $P' \in N(P)$ で $\phi(P)z, \phi(P')z \in \mathcal{H}$ となる $z \in \mathcal{Q}$ が存在する. ここで, $z = \phi(P_0)$ となる $P_0 \in \mathcal{P}$ をとると, $\phi(P + P_0), \phi(P' + P_0) \in \mathcal{H}$ となる. ϕ は必勝形を保存するから, $P + P_0, P' + P_0$ はともに後手必勝形である. しかし, $P' + P_0$ は $P + P_0$ の後続局面だからこれは矛盾である. □

● 逆形商

定義 2 つの局面 $P_1, P_2 \in \mathcal{P}$ は

任意の局面 $P \in \mathcal{P}$ に対し, $P_1 + P$ と $P_2 + P$ はともに先手必勝形であるか, ともに後手必勝形であるかのいずれかである

ときに, **識別不能**といい, $P_1 \sim P_2$ と記す.

次の補題は, 定義からただちに証明できます.

補題 12.8　識別不能性は $\mathcal{P}$ の同値関係を定める．すなわち，

(1)　$P \sim P$．

(2)　$P_1 \sim P_2$ ならば $P_2 \sim P_1$．

(3)　$P_1 \sim P_2, P_2 \sim P_3$ ならば $P_1 \sim P_3$．

が成り立つ．さらに，

(4)　$P_1 \sim P_2$ ならば，任意の $P \in \mathcal{P}$ に対し $P_1 + P \sim P_2 + P$．

も成り立つ．

定義　ゲームの局面のなす閉半群 $\mathcal{P}$ に対し，識別不能性 $\sim$ による商集合 $\mathcal{P}/\sim$ を $\mathcal{Q}_\mathcal{P}$ とおき，$\mathcal{P}$ から $\mathcal{Q}_\mathcal{P}$ への標準全射を $\phi_\mathcal{P} : \mathcal{P} \longrightarrow \mathcal{Q}_\mathcal{P}$ と記す．$\mathcal{Q}_\mathcal{P}$ を $\mathcal{P}$ の**逆形商**という．

定理 12.9　(1) 逆形商 $\mathcal{Q}_\mathcal{P}$ の 2 元 x, y の積を $x = \phi_\mathcal{P}(P_1), y = \phi_\mathcal{P}(P_2)$ となる $P_1, P_2 \in \mathcal{P}$ をとり，$xy := \phi_\mathcal{P}(P_1 + P_2)$ と定義すると，xy は P_1, P_2 の選び方によらずに定まり，$\mathcal{Q}_\mathcal{P}$ は半群となる．

(2)　終了局面 $E \in \mathcal{E}$ に対し，$\phi_\mathcal{P}(E)$ は $\mathcal{Q}_\mathcal{P}$ の単位元であり，とくに，E によらずに定まる．$1 = \phi_\mathcal{P}(E)$ とおく．

(3)　標準全射 $\phi_\mathcal{P} : \mathcal{P} \longrightarrow \mathcal{Q}_\mathcal{P}$ は必勝形保存準同型であり，任意の必勝形保存全射準同型 $\phi : \mathcal{P} \longrightarrow \mathcal{Q}$ に対し，半群の準同型写像 $\phi' : \mathcal{Q} \longrightarrow \mathcal{Q}_\mathcal{P}$ で $\phi_\mathcal{P} = \phi' \circ \phi$ を満たすものが一意的に存在する．

この定理の (3) により，逆形商 $\mathcal{Q}_\mathcal{P}$ は，必勝形保存という条件と準同型性とを両立させたもっとも簡単な半群だということが分かります．したがって，$\mathcal{P}$ に属す逆形ゲームの必勝判定は，逆形商 $\mathcal{Q}_\mathcal{P}$ の決定が目標となります．また，$\phi_\mathcal{P}(P)$ が P のグランディ数の代わりを務めるものです．

証明　(1) $P_1 \sim P_1', P_2 \sim P_2'$ のとき，補題 12.8 (4) により，$P_1 + P_2 \sim P_1' + P_2 \sim P_1' + P_2'$ となるから，$\mathcal{Q}_\mathcal{P}$ における積の定義は P_1, P_2 の選び方によらず定まる．

(2)　$P + E \sim P$ から明らかである．

(3)　半群の準同型写像 $\mathcal{P} \longrightarrow \mathcal{Q}$ が必勝形保存写像だとする．このとき，$\phi(P_1) = \phi(P_2)$ ならば，準同型性により

$$\phi(P_1 + P) = \phi(P_1)\phi(P) = \phi(P_2)\phi(P) = \phi(P_2 + P) \quad (P \in \mathcal{P})$$

が成り立つ. したがって, 必勝形保存の性質により, $P_1 + P$ と $P_2 + P$ はともに先手必勝形であるか, ともに後手必勝形であるかのいずれかである. すなわち, $\phi(P_1) = \phi(P_2)$ ならば, $P_1 \sim P_2$ である. これより, $\phi' : \mathcal{Q} \longrightarrow \mathcal{Q}_\mathcal{P}$ を, $x \in \mathcal{Q}$ に対し $\phi(P) = x$ となる $P \in \mathcal{P}$ をとって $\phi'(x) = \phi_\mathcal{P}(P)$ と定義すると, $\phi'(x)$ は P の選び方によらず, 写像 ϕ' が定義される. $\phi_\mathcal{P} = \phi' \circ \phi$ となることは, ϕ' の定義から明らかである. 逆に $\phi_\mathcal{P} = \phi' \circ \phi$ となる ϕ' はこのように定義する以外にはないから, 一意性も従う. □

次に, $\phi : \mathcal{P} \longrightarrow \mathcal{Q}$ が必勝形保存全射準同型だとしたとき, $\mathcal{Q}$ が逆形商 $\mathcal{Q}_\mathcal{P}$ と (同型に) なる条件を調べましょう.

定義 $\mathcal{Q}$ を半群, $\mathcal{H}$ を $\mathcal{Q}$ の部分集合とする. 任意の $x_1, x_2 \in \mathcal{Q}$ について, 2 条件

(1) $x_1 y \in \mathcal{H} \iff x_2 y \in \mathcal{H} \quad (y \in \mathcal{Q})$

(2) $x_1 = x_2$

が同値であるとき, $\mathcal{Q}$ は $\mathcal{H}$ に関して被約であるという. ((2) ⇒ (1) は明らかだから, (1) ⇒ (2) が実質的な条件である.)

$\mathcal{P}$ の逆形商 $\mathcal{Q}_\mathcal{P}$ の部分集合 $\mathcal{H}_\mathcal{P} := \phi_\mathcal{P}(\mathcal{G})$ を考える. このとき, $\mathcal{Q}_\mathcal{P}$ は $\mathcal{H}_\mathcal{P}$ に関して被約である. 実際, $x_1, x_2 \in \mathcal{Q}_\mathcal{P}$ が, 任意の $y \in \mathcal{Q}_\mathcal{P}$ について, $x_1 y \in \mathcal{H}_\mathcal{P} \Leftrightarrow x_2 y \in \mathcal{H}_\mathcal{P}$ を満たしていたとする. このとき, $x_1 = \phi_\mathcal{P}(P_1)$, $x_2 = \phi_\mathcal{P}(P_2)$, $y = \phi_\mathcal{P}(P)$ となる $P_1, P_2, P \in \mathcal{P}$ をとると,

$$P_1 + P \in \mathcal{G} \iff x_1 y \in \mathcal{H}_\mathcal{P} \iff x_2 y \in \mathcal{H}_\mathcal{P} \iff P_2 + P \in \mathcal{G}$$

である. すなわち, P_1, P_2 は識別不能であり, $x_1 = \phi_\mathcal{P}(P_1) = \phi_\mathcal{P}(P_2) = x_2$ となる.

定理 12.10 $\phi : \mathcal{P} \longrightarrow \mathcal{Q}$ を必勝形保存全射準同型とし, $\mathcal{H} = \phi(\mathcal{G})$ とする. このとき, $\mathcal{Q}$ が $\mathcal{H}$ に関して被約であるならば, $\mathcal{Q}$ は逆形商 $\mathcal{Q}_\mathcal{P}$ と同型となる.

証明 定理 12.9 により, 半群の準同型 $\phi' : \mathcal{Q} \to \mathcal{Q}_\mathcal{P}$ で $\phi_\mathcal{P} = \phi' \circ \phi$ となるものがある. ϕ' は全射であるから, 単射でもあることを示せばよい. $x_1, x_2 \in \mathcal{Q}$ に対し, $\phi'(x_1) = \phi'(x_2)$ だとする. $x_1 = \phi(P_1)$, $x_2 = \phi(P_2)$ となる $P_1, P_2 \in \mathcal{P}$ をとる. このとき,

$$\phi_\mathcal{P}(P_1) = \phi(\phi'(P_1)) = \phi'(x_1) = \phi'(x_2) = \phi(\phi'(P_2)) = \phi_\mathcal{P}(P_2)$$

だから, 逆形商の定義により, $P_1 \sim P_2$ である. したがって, 任意の $P \in \mathcal{P}$ に対し, $P_1 + P \in \mathcal{G}$ であることと $P_2 + P \in \mathcal{G}$ であることは同値である. よって, 任意の $y \in \mathcal{Q}$ に対し, $y = \phi(P)$ となる $P \in \mathcal{P}$ をとれば,

$$x_1 y \in \mathcal{H} \iff \phi(P_1 + P) \in \mathcal{H} \iff P_1 + P \in \mathcal{G}$$
$$\iff P_2 + P \in \mathcal{G} \iff x_2 y \in \mathcal{H}$$

である. $\mathcal{Q}$ は $\mathcal{H}$ に関して被約であると仮定しているから, $x_1 = x_2$ となる. これは, ϕ' が単射であることを示す. □

● ニムの逆形商

逆形のニムについては, すでに調べてありますが, 逆形商の視点から見てみましょう. m 個の石からなる山を $[m]$ と表すことにします. このとき, $m_1, \ldots, m_r$ のサイズの山のある局面は $[m_1] + \cdots + [m_r]$ と表せます. また, サイズ m の山が n 個ある局面は $n[m]$ のように表します. $r = 0$ のときは, 山がない, すなわち, すべての石が取り去られた終了局面 $[0]$ と考えます. $n[0] = [0]$ です. このとき,

$$\mathcal{P} = \{[m_1] + \cdots + [m_r] \mid r \geq 0.\ m_1, \ldots, m_r \geq 1\}$$

とすると, $\mathcal{P}$ はニムのあらゆる局面の集合であり, 局面の和に関して閉半群となります.

ニムの逆形商は, 無限個の生成元 $a_0, a_1, a_2, \ldots$ と基本関係式 $a_0^2 = 1$, $a_i^3 = a_i$ $(i \geq 1)$, $a_1^2 = a_2^2 = \cdots$ で定義される半群

$$\mathcal{T}_\infty := \langle a_0, a_1, a_2, \ldots \mid a_0^2 = 1,\ a_i^3 = a_i\ (i \geq 1),\ a_1^2 = a_2^2 = \cdots \rangle$$

によって与えられます. ここで, 右辺 $\langle *** \mid \circ \circ \circ \rangle$ は, 生成元 $***$, 基本関係式 $\circ \circ \circ$ で定まる半群を表す記号です. 具体的には, $\mathcal{T}_\infty$ の元は, 生成元のベキ積

$a_{i_1}^{n_1} \cdots a_{i_r}^{n_r}$ $(n_1, \ldots, n_r \geq 0, \ 0 \leq i_1 < \cdots < i_r)$ であり，これを基本関係式 (とそれから導かれる関係式) によって，簡易化したものと考えることができます．例えば，$z := a_1^2 = a_2^2 = \cdots$ とおくと，

$$z^2 = a_1^4 = a_1^3 a_1 = a_1^2 = z, \quad a_1 z = a_1^3 = a_1$$

などと簡易化されます．これらの関係式を用いると，$\mathcal{T}_\infty$ の元は，

$$1, \ a_0, \ z, \ a_0 z, \ a_{i_1} \cdots a_{i_r} \quad (0 \leq i_1 < \cdots < i_r, \ i_r \geq 1)$$

と表されることが分かります．これらを $\mathcal{T}_\infty$ の元の簡約表示とよびましょう．

定理 12.11 ニムの局面の集合 $\mathcal{P}$ から $\mathcal{T}_\infty$ への準同型写像 ϕ を

$$\phi([m]) = a_{i_1} \cdots a_{i_r}, \quad m = \sum_{k=1}^{r} 2^{i_k} \ (m \text{ の 2 進展開})$$

で定める．このとき，ϕ は必勝形保存準同型となり，$\mathcal{H} = \{a_0, z\} \ (\subset \mathcal{T}_\infty)$ とおくと，$\mathcal{G} := \phi^{-1}(\mathcal{H})$ は逆形ニムの後手必勝局面の全体を与える．また，$\mathcal{T}_\infty$ は $\mathcal{H}$ に関して被約であり，したがって $\mathcal{P}$ の逆形商を与える．

証明 $\mathcal{T}_\infty$ からニム和による群 $(\mathbb{N}, \overset{*}{+})$ への準同型写像 $h : \mathcal{T}_\infty \longrightarrow \mathbb{N}$ を $h(a_i) = 2^i \ (i \geq 0)$ によって，定義することができる．このとき，$g = h \circ \phi : \mathcal{P} \overset{\phi}{\to} \mathcal{T}_\infty \overset{h}{\to} \mathbb{N}$ はグランディ数を与える写像に他ならない．ここで，$h(x) = 0, 1$ となる $x \in \mathcal{T}_\infty$ は $\{1, a_0, z, a_0 z\}$ である．実際，$h(1) = h(z) = 0, h(a_0) = h(a_0 z) = 1$ であり，その他の元 (の簡約表示) は $a_{i_1} \cdots a_{i_r} \ (0 \leq i_1 < \cdots < i_r, \ i_r \geq 1)$ の形をしているので，

$$h(a_{i_1} \cdots a_{i_r}) = \sum_{k=1}^{r} {}^{*} 2^{i_k} = \sum_{k=1}^{r} 2^{i_k} \geq 2^{i_r} \geq 2$$

となるからである．これより，局面 $P \in \mathcal{P}$ について

$\quad P$ が逆形ニムの後手必勝局面

$\quad \iff g(P) = 0$ で，サイズが 2 以上の山を含む，

$\quad \quad$ または $g(P) = 1$ で，サイズが 2 以上の山を含まない

$\quad \iff \phi(P) = 1, z$ で，サイズが 2 以上の山を含む,

または $\phi(P) = a_0, a_0 z$ で, サイズが 2 以上の山を含まない

$\iff \phi(P) = a_0, z$

$\iff \phi(P) \in \mathcal{H}$

$\iff P \in \mathcal{G}$

である. また, これにより, P が先手必勝であるか後手必勝であるかは, $\phi(P)$ で定まるから, ϕ は必勝形保存準同型である. あとは, $\mathcal{T}_\infty$ が $\mathcal{H}$ に関して被約であることを確かめればよい. そのためには, x, x' が相異なる簡約表示のとき, $xy, x'y$ の一方が $\mathcal{H}$ に含まれ, もう一方が $\mathcal{H}$ に含まれないような $y \in \mathcal{T}_\infty$ が見つけられればよい. 例えば, $x = a_{i_1} \cdots a_{i_r}, x' = a_{j_1} \cdots a_{j_s}$ ($i_r, j_s \geq 1$) の場合には, $y = x$ とすればよい. その他の場合も, 簡単に見出せる. □

では, この逆形商 $\mathcal{T}_\infty$ を用いて, 必勝手順を求めてみましょう[1]. 例えば, $3, 7, 9$ 個の石を含む三山くずしを考えてみます. このとき,

$$\phi([3] + [7] + [9]) = \phi([1+2])\phi([1+2+2^2])\phi([1+2^3])$$
$$= (a_0 a_1) \cdot (a_0 a_1 a_2) \cdot (a_0 a_3)$$
$$= a_0^3 a_1^2 a_2 a_3 = a_0 z a_2 a_3 = a_0 a_2 a_3$$

であり, $\phi([3] + [7] + [9]) \notin \mathcal{H}$ ですから, この局面は先手必勝です. ここで手番のプレイヤーは後手必勝形になるように手を指さねばなりません. すなわち, ϕ の値が a_0 か z になるように指すのです. それには, a_3 が $a_0 a_2$ に置き換わるようにすればよいですから, $[9] \to [4]$ とします. このとき,

$$\phi([3] + [7] + [4]) = \phi([1+2])\phi([1+2+2^2])\phi([2^2])$$
$$= (a_0 a_1) \cdot (a_0 a_1 a_2) \cdot (a_2)$$
$$= a_0^2 a_1^2 a_2^2 = z^2 = z$$

となり, 確かに後手必勝形に移るような手となっています.

---

[1] 逆形ニムの指し方は正規形のグランディ数を用いて分かりますから, 実際的な意味はありませんが, 逆形商に慣れるためです.

● 制限ニムの逆形商

次に，除去可能数の集合 S が $S = \{1, 2, \ldots, k\}$ であるような制限ニムを調べてみましょう．正規形のゲームでは，第 3.2 節でみたように，グランディ数が法 $k + 1$ で周期的になっていました．逆形商でも，同様の周期性が成り立ちます．

制限ニムの局面の閉半群もニムの場合と同じ

$$\mathcal{P} = \{[m_1] + \cdots + [m_r] \mid r \geq 0,\ m_1, \ldots, m_r \geq 1\}$$

です．正整数 n に対し，$\mathcal{P}$ の部分閉半群 $\mathcal{P}(n)$ を

$$\mathcal{P}(n) = \{[m_1] + \cdots + [m_r] \mid r \geq 0,\ 1 \leq m_1, \ldots, m_r \leq n\}$$

と定義します．要するに，$\mathcal{P}(n)$ は山のサイズを n 以下に制限した制限ニムの局面です．

$\mathcal{T}_\infty$ の部分半群 $\mathcal{T}_{\ell+1}$ を

$$\mathcal{T}_{\ell+1} = \langle a_0, a_1, \ldots, a_\ell \mid a_0^2 = 1,\ a_i^3 = a_i\ (1 \leq i \leq \ell),\ a_1^2 = \cdots = a_\ell^2 \rangle$$

と定義します．また，$\mathcal{H}_{\ell+1} = \mathcal{T}_{\ell+1} \cap \mathcal{H}$ とします．$\mathcal{H}_1 = \{a_0\}$, $\mathcal{H}_{\ell+1} = \mathcal{H} = \{a_0, z\}$ ($\ell \geq 1$) です．

さて，$S = \{1, 2, \ldots, k\}$ のとき，$\mathcal{P}(k)$ に属す局面については，制限ニムも通常のニムも同じゲームです．そこで，ニムのときの標準全射 $\phi : \mathcal{P} \longrightarrow \mathcal{T}_\infty$ を部分半群 $\mathcal{P}(k)$ に制限すると，ℓ を $2^\ell \leq k < 2^{\ell+1}$ を満たす自然数とし，

$$\phi_k : \mathcal{P}(k) \longrightarrow \mathcal{T}_{\ell+1}$$

という必勝形保存写像が得られます．$\mathcal{T}_{\ell+1}$ が $\mathcal{H}_{\ell+1}$ に関して被約であることは，定理 12.11 のときとまったく同様に確かめられますから，$\mathcal{T}_{\ell+1}$ は $\mathcal{P}(k)$ の逆形商です．この ϕ_k を山のサイズに制限を付けない $\mathcal{P}$ に延長します．正規形のときと同様に，逆形制限ニムでも周期 $k + 1$ の周期性が成立すると予想すると，次の定理が成り立つのではないかと考えられます．

定理 12.12 $S = \{1, 2, \ldots, k\}$ を除外数の集合とする制限ニムの局面の集合 $\mathcal{P}$ から $\mathcal{T}_{\ell+1}$ への準同型写像 ϕ を

$$\phi([i(k+1) + r]) = \phi_k([r]) \quad (0 \leq i,\ 0 \leq r \leq k)$$

で定める.このとき,ϕ は必勝形保存準同型となり,$\mathcal{H} = \{a_0, z\}$ ($\subset \mathcal{T}_\infty$) とおくと,$\mathcal{G} := \phi^{-1}(\mathcal{H})$ はこの逆形制限ニムの後手必勝局面の全体を与える.また,$\mathcal{T}_{\ell+1}$ は $\mathcal{H}$ に関して被約であり,したがって $\mathcal{P}$ の逆形商を与える.

このように,制限ニムや分割型の制限ニムでは,山のサイズの小さいところで逆形商を求め,周期性などの予測等も手掛かりとして山のサイズが一般の場合についての逆形商を求めることができると,便利です.次に,そのような方法を開発しておいて,その後に定理 12.12 の証明に戻りましょう.

● ゲームの閉半群の拡大と逆形商

$\mathcal{P}$ をゲームの局面の閉半群とし,A を $\mathcal{P}$ には含まれないが,A の後続局面はすべて $\mathcal{P}$ に含まれている,すなわち,$N(A) \subset \mathcal{P}$ となる局面とします.このとき,

$$\langle \mathcal{P}, A \rangle = \{nA + P \mid n \geq 0, P \in \mathcal{P}\}$$

も閉半群となります.上で見た山のサイズを制限して得られた閉半群 $\mathcal{P}(n)$ についてみてみると,$\mathcal{P}(n+1) = \langle \mathcal{P}(n), [n+1] \rangle$ となっています.

さて,A によって拡大したゲームの閉半群 $\langle \mathcal{P}, A \rangle$ の逆形商は $\mathcal{P}$ の逆形商 $\mathcal{Q}$ よりも一般には大きくなりますが,逆形商が拡大されない場合も起こります.ここでは,逆形商の拡大が起こらないための条件を調べます.

定理 12.13 $\mathcal{P}$ をゲームの局面の閉半群とし,$\mathcal{G}$ を $\mathcal{P}$ に含まれる後手必勝局面の全体とする.$\phi : \mathcal{P} \longrightarrow \mathcal{Q}$ を半群 $\mathcal{Q}$ への必勝形保存全射準同型とし,$\mathcal{H} = \phi(\mathcal{G})$ とおく.A を $A \notin \mathcal{P}$,$N(A) \subset \mathcal{P}$ となる局面とする.$x \in \mathcal{Q}$ をとり,ϕ を $\tilde{\phi} : \langle \mathcal{P}, A \rangle \longrightarrow \mathcal{Q}$ へと

$$\tilde{\phi}(nA + P) = x^n \phi(P) \quad (n \geq 0, P \in \mathcal{P})$$

によって延長する.このとき,$\tilde{\phi}$ が必勝形保存準同型となるための必要十分条件は,次の (1), (2) が成り立つことである.

(1) $\phi(N(A)) \subset \mathcal{M}_x$.

(2) 任意の $(y, Y) \in T_\phi$ と $x^n y \notin \mathcal{H}$ となるような $n \geq 1$ に対し,

- ある $y' \in Y$ に対し $x^n y' \in \mathcal{H}$,または,

- ある $x' \in \phi(N(A))$ に対し, $x^{n-1}x'y \in \mathcal{H}$

となる.

とくに, $\mathcal{Q}$ が $\mathcal{P}$ の逆形商で (1), (2) が成り立てば, $\mathcal{Q}$ は $\langle \mathcal{P}, A \rangle$ の逆形商でもある.

証明 まず, 補題 12.6 によって, $\tilde{\phi}$ が必勝形保存準同型となるための条件を与えよう. 推移半群の定義により,

$$T_{\tilde{\phi}} = T_\phi \cup \{(x^n y, x^n Y \cup x^{n-1}\phi(N(A))y) \mid n \geq 1,\ (y,Y) \in T_\phi\}$$

である. T_ϕ の元について, 補題 12.6 の条件 (2) が成り立つことは仮定に含まれているから, 任意の $n \geq 1$ に対して

(a) $x^n y \in \mathcal{H}$ ならば $(x^n Y \cup x^{n-1}\phi(N(A))y) \cap \mathcal{H} = \varnothing$,

(b) $x^n y \notin \mathcal{H}$ ならば $(x^n Y \cup x^{n-1}\phi(N(A))y) \cap \mathcal{H} \neq \varnothing$,

という 2 条件が成り立つことが, $\tilde{\phi}$ が必勝形保存準同型となるための必要十分条件である. この条件 (b) は補題の条件 (2) に他ならない. そこで, 条件 (b) の下で, 条件 (a) と補題の条件 (1) とが同値であることを示そう.

まず, 条件 (a), (b) が成り立つ, したがって, $\tilde{\phi}$ が必勝形保存ならば補題 12.7 により (1) が成り立つ. 逆に, (1) が成り立つとする. もし, (a) が成り立たないとすると, $x^n y \in \mathcal{H}$ に加えて, $x^n y' \in \mathcal{H}$ となる $y' \in Y$ が存在するか, $x^{n-1}x'y \in \mathcal{H}$ となる $x' \in \phi(N(A))$ が存在する. 前者の場合, $x = \phi(P_1)$, $y = \phi(P_2)$ となる $P_1, P_2 \in \mathcal{P}$ をとると, P_2 のある後続局面 P_2' に対して, $nP_1 + P_2$ と $nP_1 + P_2'$ がともに後手必勝形となるが, $nP_1 + P_2'$ は $nP_1 + P_2$ の後続局面だから, これは矛盾である. 後者の場合, $x' \in \mathcal{M}_x$ を意味するから, これは (1) に反しやはり矛盾である. $\mathcal{Q}$ は $\mathcal{P}$ の逆形商ならば, $\mathcal{H}$ に関して被約である. したがって, このとき, (1), (2) が成り立ち $\tilde{\phi}$ が必勝形保存準同型となるならば, $\langle \mathcal{P}, A \rangle$ の逆形商になる. $\square$

上の定理から, 次の使いやすい定理が得られます.

定理 12.14 $\mathcal{P}$ をゲームの局面の閉半群とし,$\mathcal{G}$ を $\mathcal{P}$ に含まれる後手必勝局面の全体とする.$\phi : \mathcal{P} \longrightarrow \mathcal{Q}$ を半群 $\mathcal{Q}$ への必勝形保存全射準同型とし,$\mathcal{H} = \phi(\mathcal{G})$ とおく.A を $A \notin \mathcal{P}$, $N(A) \subset \mathcal{P}$ となる局面とする.ある局面 $P_0 \in \mathcal{P}$ で,

$$\phi(N(P_0)) \subset \phi(N(A)) \subset \mathcal{M}_x, \quad x = \phi(P_0)$$

を満たすものが存在すれば,

$$\tilde{\phi}(nA + P) = x^n \phi(P) \quad (n \geq 0,\ P \in \mathcal{P})$$

で定まる準同型 $\tilde{\phi} : \langle \mathcal{P}, A \rangle \longrightarrow \mathcal{Q}$ は必勝形保存準同型である.とくに,$\mathcal{Q}$ が $\mathcal{P}$ の逆形商ならば,$\mathcal{Q}$ は $\langle \mathcal{P}, A \rangle$ の逆形商でもある.

証明 定理 12.13 の条件 (1) は仮定に含まれている.ここで,条件 (2) は A の代わりに P_0 として成り立っている.仮定より,$\phi(N(P_0)) \subset \phi(N(A))$ だから,条件 (2) は A に対しても成り立っている.よって,定理は示された. □

系 12.15 $\mathcal{P}$ をゲームの局面の閉半群とし,$\mathcal{G}$ を $\mathcal{P}$ に含まれる後手必勝局面の全体とする.$\phi : \mathcal{P} \longrightarrow \mathcal{Q}$ を半群 $\mathcal{Q}$ への必勝形保存全射準同型とし,$\mathcal{H} = \phi(\mathcal{G})$ とおく.A を $A \notin \mathcal{P}$, $N(A) \subset \mathcal{P}$ となる局面とする.このとき,2 条件

(1) ある $x \in \mathcal{Q}$ に対し $\phi(N(A)) = \mathcal{M}_x$,

(2) ある $P_0 \in \mathcal{P}$ に対し $\phi(N(A)) = \phi(N(P_0))$,

のいずれかが成り立てば,

$$\tilde{\phi}(nA + P) = x^n \phi(P) \quad (n \geq 0,\ P \in \mathcal{P})$$

で定まる準同型 $\tilde{\phi} : \langle \mathcal{P}, A \rangle \longrightarrow \mathcal{Q}$ は必勝形保存準同型である.とくに,$\mathcal{Q}$ が $\mathcal{P}$ の逆形商ならば,$\mathcal{Q}$ は $\langle \mathcal{P}, A \rangle$ の逆形商でもある.

証明 $x = \phi(P_0)$ となる $P_0 \in \mathcal{P}$ をとると,補題 12.7 により,(1) が成り立つならば,$\phi(N(P_0)) \subset \phi(N(A)) = \mathcal{M}_x$ となり,(2) が成り立つならば,$\phi(N(P_0)) = \phi(N(A)) \subset \mathcal{M}_x$ となり,どちらの場合も定理 12.14 の条件が満たされる. □

● **制限ニムの逆形商 (続き)**

では,定理 12.14 を用いて,制限ニムの逆形商を与える定理 12.12 を証明しよう.

定理 12.12 の証明 $n = i(k+1) + r\ (0 \leq r \leq k,\ i \geq 1)$ とする. このとき,

$$\phi(N([n])) = \{\phi([i(k+1)+r-j]) \mid 1 \leq j \leq k\}$$
$$= \{\phi([j]) \mid 0 \leq j \leq k,\ j \neq r\}$$
$$\supset \{\phi([0]), \ldots, \phi([r-1])\} = \phi(N([r]))$$

である. また, $0 \leq j, r \leq k,\ j \neq r$ のとき, $\phi([j]) \in \mathcal{M}_{\phi([r])}$ である. もしそうでなかったとすると, $\phi([r])z \in \mathcal{H}$ かつ $\phi([j])z \in \mathcal{H}$ となる z がとれる. ここで, $z = \phi(P)$ となる $P \in \mathcal{P}(k)$ をとると, $[r]+P$ と $[j]+P$ はどちらかがもう一方の後続局面になっているから, これはあり得ない. よって, $\phi(N([n])) \subset \mathcal{M}_{\phi([r])}$ である. したがって, $\phi([n]) = \phi([r])$ とおけば, $\mathcal{P}(k)$ から出発し, $[k+1], [k+2], \ldots$ で順次拡大し, 拡大の各ステップごとに定理 12.14 を用いればよい. □

● 逆形商の周期性定理

有限の長さのコードネームをもつ分割型制限ニム (詳しくは第 6 章を復習して下さい) について, 正規形ではグランディ数の周期性定理 (定理 6.1) が成り立ちましたが, 逆形商についても類似の定理を証明することができます. 局面のなす閉半群 $\mathcal{P}$ や, 山のサイズを n 以下に制限した局面のなす閉半群 $\mathcal{P}(n)$ は, 制限ニムの逆形商の場合と同じ意味だとします.

定理 12.16 (Plambeck の周期性定理) 有限の長さのコードネーム $\mathbf{a}_0 \cdot \mathbf{a}_1 \mathbf{a}_2 \cdots \mathbf{a}_r$ を持つ分割型制限ニムについて, 正整数 ℓ を $\mathbf{a}_0, \mathbf{a}_1, \ldots, \mathbf{a}_r < 2^{\ell+1}$ を満たすようにとっておく. このとき, ある自然数 n_0, p について, 必勝形保存準同型

$$\phi : \mathcal{P}(m_0 + p) \longrightarrow \mathcal{Q}, \quad m_0 = \ell n_0 + (\ell-1)p + r - 1$$

があって,

$$\phi([n+p]) = \phi([n]) \quad (n_0 \leq n \leq m_0) \tag{12.1}$$

が成り立つならば,

$$\tilde{\phi} : \mathcal{P} \longrightarrow \mathcal{Q}, \quad \tilde{\phi}([n+p]) = \phi([n])\ (n > m_0)$$

によって, ϕ を $\mathcal{P}$ に延長すると, $\tilde{\phi}$ は必勝形保存準同型である. とくに, $\mathcal{Q}$ が $\mathcal{P}(m_0 + p)$ の逆形商ならば, $\mathcal{Q}$ は $\mathcal{P}$ の逆形商でもある.

証明 $m \geq m_0$ として, $\phi : \mathcal{P}(m+p) \longrightarrow \mathcal{Q}$ が必勝形保存準同型で, (12.1) が $n_0 \leq n \leq m$ で成り立っているとき, $\phi([m+p+1])$ を $\phi([m+p+1]) = \phi([m+1])$ として定義すれば, ϕ の延長 $\mathcal{P}(m+p+1) = \langle P(m+p), [m+p+1] \rangle \longrightarrow \mathcal{Q}$ も必勝形保存準同型であることを示せばよい (数学的帰納法). $[m+1] \longrightarrow [n_1] + \cdots + [n_\ell]$ $(n_1 \geq \cdots \geq n_\ell \geq 0)$ が許された指し手だとする. このとき, $n_1 + \cdots + n_\ell \geq m + 1 - r \geq \ell n_0 + (\ell - 1)p$ だから, $m \geq n_1 > n_0$ である. よって,

$$\phi([n_1] + \cdots + [n_\ell]) = \phi([n_1])\phi([n_2]) \cdots \phi([n_\ell])$$
$$= \phi([n_1 + p])\phi([n_2]) \cdots \phi([n_\ell])$$

であり, $[m+1] \longrightarrow [n_1 + p] + [n_2] \cdots + [n_\ell]$ も許された指し手である. これは, $\phi(N([m+1])) \subset \phi(N([m+p+1]))$ を示す. 逆に, $[m+p+1]$ から移行できる指し手から出発すると, 同様にして $\phi(N([m+1])) \supset \phi(N([m+p+1]))$ が示される. したがって, $\phi(N([m+1])) = \phi(N([m+p+1]))$ となり, 系 12.15 の条件 (2) が満たされるから, ϕ の延長 $\mathcal{P}(m+p+1) = \langle P(m+p), [m+p+1] \rangle \longrightarrow \mathcal{Q}$ も必勝形保存準同型である. □

● 逆形商の例：逆形ゲーム $0 \cdot 75$

逆形商の例として, $0 \cdot 75$ というコードネームをもつ分割型制限ニムを取り上げます. コードネームからゲームのルールを読み取るやり方は, 第 6.2 節を参照してもらうこととして, 結果のみを述べると, ゲーム $0 \cdot 75$ のルールは,

- 1つの山から石を1個取り, 残りを2山に分割してもよい (分割してもしなくてもよい),
- 2個の石からなる山 [2] から石を2個取って山をなくしてよい,
- 4個以上の石からなる山 $[n]$ $(n \geq 4)$ から石を2個取って残りを2山に分割する (分割しなければならない),

となります.

正規形のグランディ数は, きわめて簡単です.

n	0	1	2	3	4	5	6	7	8	9	10
$g(n)$	0	1	2	1	2	1	2	1	2	1	$\cdots$

定理 6.1 により, ここまでのデータから, グランディ数列はこの後も周期 2 で続いていくことが分かります. 逆形ではこれほど単純ではありません.

このゲームの逆形商は

$$\mathcal{Q} = \langle a, b, c | a^2 = 1,\ b^3 = b,\ bc = ab,\ c^2 = b^2 \rangle = \{1, a, b, ab, b^2, ab^2, c, ac\}$$

という位数 8 の半群で, 逆形での後手必勝形に対応する $\mathcal{Q}$ の部分集合 $\mathcal{H}$ は

$$\mathcal{H} = \{a, b^2\}$$

で与えられます. $\mathcal{Q}$ の積表を書いてみると,

	1	$\boxed{a}$	b	ab	$\boxed{b^2}$	ab^2	c	ac
1	1	$\boxed{a}$	b	ab	$\boxed{b^2}$	ab^2	c	ac
$\boxed{a}$	$\boxed{a}$	1	ab	b	ab^2	$\boxed{b^2}$	ac	c
b	b	ab	$\boxed{b^2}$	ab^2	b	ab	b
ab	ab	b	ab^2	$\boxed{b^2}$	ab	b	b	ab
$\boxed{b^2}$	$\boxed{b^2}$	ab^2	b	ab	$\boxed{b^2}$	ab^2	ab^2	$\boxed{b^2}$
ab^2	ab^2	$\boxed{b^2}$	ab	b	ab^2	$\boxed{b^2}$	$\boxed{b^2}$	ab^2
c	c	ac	ab	b	ab^2	$\boxed{b^2}$	$\boxed{b^2}$	ab^2
ac	ac	c	b	ab	$\boxed{b^2}$	ab^2	ab^2	$\boxed{b^2}$

となっています. ここで枠で囲まれているのは, $\mathcal{H}$ に含まれる元です. ここで, 各行ごとに見ていくと, $\mathcal{H}$ の元の位置が一致するような 2 つの行はありません. これが, $\mathcal{Q}$ が $\mathcal{H}$ に関して被約であることを意味しています.

このゲームの局面のなす閉半群 $\mathcal{P}$ から $\mathcal{Q}$ への必勝形保存準同型 $\phi : \mathcal{P} \longrightarrow \mathcal{Q}$ は

n	0	1	2	3	4	5	6	7	8	9	10	11	12	13	14
$\phi([n])$	1	a	b	a	b	c	b	c	b	ab^2	b	ab^2	b	ab^2	$\cdots$

となります. $n \geq 14$ 以降は周期 2 で b, ab^2 が繰り返します. Plambeck の周期性定理 (定理 12.16) の記号を用いると,

$$n_0 = 8,\ \ell = 2,\ r = 2,\ p = 2$$

となりますから, $m_0 = 2n_0 + p + r - 1 = 19$ で, $\phi : \mathcal{P}(21) \longrightarrow \mathcal{Q}$ が必勝形を保存することが示されれば, この $\mathcal{Q}$ が逆形商を与えることが確定します.

このようなゲームでも逆形商の計算はかなり大変で, 詳細は省略して要点のみを説明しましょう. $n = 1, 2, \ldots$ と順番に $\mathcal{P}(n)$ の逆形商を求めていきます. まず, $\mathcal{P}(2)$ に対しては, 通常のニムとまったく同じルールになりますから, その逆形商は $\mathcal{T}_2$ となります (ただし, $a_0 = a$, $a_1 = b$ とおきました). このとき,

$$\phi(N([1])) \subset \phi(N([3])) \subset \mathcal{M}_a, \ \phi(N([2])) \subset \phi(N([4])) \subset \mathcal{M}_b$$

が分かるので, 定理 12.14 から $\mathcal{P}(4)$ までは逆形商は拡大せず, $\mathcal{T}_2$ であることが分かります. $\mathcal{P}(5)$ で事情は変わります. $\phi(N([5]))$ はどの $\mathcal{M}_x$ $(x \in \mathcal{T}_2)$ にも含まれず, ここで $\mathcal{T}_2$ より逆形商は大きくなります. そこで, $\phi([5]) = c$ と新しい元を導入し, 基本関係式を求めます. 正規形では $g \overset{*}{+} g = 0$ の関係がありましたが, 逆形ではこの関係が $c^{k+2} = c^k$ の形の関係に置き換えられることがしばしばあり, ここでも $c^4 = c^2$ の関係を導入すると, 必勝形保存準同型が得られることが分かります. しかし, これでは, まだ被約にはならないので, 被約になるまで関係式を増やしてやると, 上の $\mathcal{Q}$ に到達します. 次に $\mathcal{P}(6)$ では逆形商の拡大はおきません. この確認は多少面倒で, 定理 12.13 を利用します. 以下, $n = 21$ までは, 定理 12.14 が適用でき, 逆形商が求まります.

このくらいだとは面倒ではあるものの, 手計算でもなんとか対応できますが, 逆形商の決定はコンピュータに任せた方がよいでしょう. Aaron Siegel は逆形商を計算するプログラム Misère Solver を開発し, いくつもの分割型制限ニムに対して逆形商を計算していますが, まだ多くの発展の余地が残っているように思われます. さらに進んで調べてみたい方には, 逆形ゲームに関する情報やソフトウェアが集められているウェブページ [36] が役に立つでしょう.

参考文献

　石取りゲームの数理に関する文献を紹介しましょう. 日本語では, [2], [3], [4], [5] があります. [2] が定番の名著ですが, なんといっても出版以来 45 年もたってしまいましたので, 本書はそのアップデートを意図しました. [4], [5] は数学的にはそれほど深くは踏み込んでいない入門書といってよいでしょう. しかし, [4] には, 簡単な石取りゲームに禁じ手を加えて新しいゲームへと変形していって研究する試みが解説されており, 単なる入門書を超えた面白さがあります. [3], [4], [5] は, 本書で扱った有限型の不偏ゲームに限らず, より広い範囲のゲームを論じています. [3] は (不偏ゲームの範囲では) 逆形のゲームについての著者自身の研究が紹介されていることが特徴ですが, 残念ながら絶版のため, その要点を第 12 章の前半で解説しました.

　さて, ゲームの数理を深く学ぶには, [21], [22] がバイブルというべき書物です. [21] は, 本格的な数学書である上に, 著者 Conway のウィットや言葉遊びに富んだ英語と付き合わなければいけないのでやさしい本とは言えませんが, 努力に値する書物です. [22] は, ゲームの解法大百科といった趣のある大作です. 図も楽しく素敵な本ですが, 必勝法の数学的証明は与えられていなかったり, 簡略であったりする場合も多く, 証明も補いながら数学的に厳密に読もうとすると結構つらいのではないかと思います. 本書では, (その中で不偏ゲームに関する部分に限ってですが) [21], [22] を読めるだけの数学的基礎体力をつけることを目標としました. この本で興味をもたれた方は, ぜひ, [21], [22] へと歩みを進めてください. じつは, [21], [22] では, 不偏でない, すなわち, 2 人のプレイヤーの指してよい手が同じでないような組合せゲームが中心に論じられています. この方面の入門書として, [1] があります. また, この分野のアクティブな研究者である Aaron Siegel による本格的な教科書 [30] が最近出版されました. 包括的な内容で, 今後は, おそらく標準的な文献の一つになるのではないかと思われます.

ゲームの研究は数学的大道具をそれほど必要としない場合も多く，入門から研究の最先端までの距離が比較的遠くないことも特徴です．ゲームについての最新の研究に触れたい方は，[35] の 3 冊をおすすめします．[35] には，膨大な文献リストに加えて未解決問題のリストものっていますので，意欲ある方はぜひ挑戦してみてください．また，(入門からの距離が近いとは言えませんが) 最先端の興味深い研究の例として，川中宣明氏の [12], [13] をあげておきます．

本書で必要な代数学の予備知識は，代数学の標準的な教科書ならどれでも書かれている程度に限られています．必要なら書店で自分に合いそうなものを探してみて頂ければよいと思いますが，一冊だけということで，[11] をあげておきます．

[1] M.H.Albert, R.J.Nowakowski, D.Wolfe (川辺治之訳)『組合せゲーム入門 –勝利の方程式–』，共立出版，2011.

[2] 一松信『石取りゲームの数理』，森北出版，1968 (オンデマンド版 2004).

[3] 山﨑洋平『組み合わせゲームの裏表』，シュプリンガー・フェアラーク，1989.

[4] 秋山仁・中村義作『ゲームにひそむ数理』，森北出版，1998.

[5] J.D. ビースリー (中村義作訳)『ゲームと競技の数学』，サイエンス社，1992.

[6] 佐藤幹夫 (上野健爾記), あるゲームについて, 第 12 回代数分科会シンポジウム報告集, 1968, pp.123–136.

[7] 榎本彦衛, Maya Game について (佐藤幹夫氏講義の記録), 『数学の歩み』15-1, pp.73–84.

[8] 榎本彦衛, マヤゲームの数学的理論 (佐藤幹夫氏講演), 『計算機によるゲームとパズルの諸問題』, 数理解析研究所講究録 98, 1970, pp.105–135.

[9] 佐藤幹夫『佐藤幹夫講義録 (1984/85)』(梅田亨記), 数理解析レクチャーノート刊行会, 1989.

[10] 木村達雄編『佐藤幹夫の数学』, 日本評論社, 2007.

[11] 津村博文『代数学』, 数学書房, 2013.

[12] 川中宣明, 佐藤のゲームの魅力・ディンキン図形の魔力,『数学の楽しみ』No.23, 日本評論社, pp.45–58.

[13] 川中宣明, フック構造を持つゲームとアルゴリズム,『数学』No.63-4, 日本数学会, pp.421–441.

[14] 斎藤秀司『整数論』, 共立出版, 1997.

[15] 寺田至『ヤング図形のはなし』日本評論社, 2002.

[16] G.E. アンドリュース・K. エリクソン (佐藤文広訳)『整数の分割』, 数学書房, 2006.

[17] J.P. セール (彌永健一訳)『数論講義』, 岩波書店, 1979.

[18] 山田裕史『組合せ論プロムナード』, 日本評論社, 2009.

[19] H. ヴァルサー (蟹江幸博訳)『黄金分割』, 日本評論社, 2002.

[20] C. L. Bouton, Nim, a game with a complete mathmatical theory, *Ann. of Math.* **3**(1902), 35–39.

[21] J.H.Conway, "On Numbers and Games", 2nd Edition, AK Peters, 2001.

[22] E.R.Berlekamp, J.H.Conway, R.K. Guy, "Winning Ways for Your Mathematical Plays: Vol. 1-4", AK Peters, 2001-2004.

[23] A.Flammenkamp のホームページ,
http://wwwhomes.uni-bielefeld.de/cgi-bin/cgiwrap/achim/index.cgi

[24] S. Howse and R. J. Nowakowski, Periodicity and arithmetic-periodicity in hexadecimal games, Theoretical Computer Science **313**(2004) 463–472.

[25] P. M. Grundy, Mathematics and Games, *Eureka* **2**(1939), 6–8.

[26] R. K. Guy and C. A. B. Smith, The *G*-values of various games, *Proc. Camb. Phil. Soc.* **52**(1956), 514–526.

[27] J. H. W. Lenstra, Nim multiplication, Séminaire de Théorie des Nombres No. 11, Université de Bordeaux, France, 1977/78.

[28] T.E.Plambeck, Advances in losing, "Games of no chance 3", MSRI Publications No.56, 2009, pp.57–89, Cambridge University Press.

[29] T.E.Plambeck and A.N.Siegel, Misère Quotients for Impatial Games, Journal of combinatorial theory, Series A, **115**(2008). 593–622.

[30] A. N. Siegel, *Combinatorial game theory*, American Mathematical Society, 2013.

[31] A. Siegel, Finite excluded subtraction sets and infinite modular Nim, Master Thesis, Dalhousie University, 2006.

[32] R. Sprague, Über Mathematische Kampfspiele, *Tôhoku Math. J.* **41**(1935-36), 438–444.

[33] R. Sprague, Bemerkungen über eine spezielle Abelsche Gruppe, *Math. Z.* **51**(1949), 82–84.

[34] C. P. Welter, The advancing operation in a special abelian group, *Indagationes Math.* **14**(1952), 304–314; The theory of a class of games on a sequence of squares, in terms of the advancing operation in a special abelian group, *Indagationes Math.* **16**(1954), 194–200.

[35] R. J. Nowakowski (ed.), "Games of no chance", MSRI Publications No.29, 1997; "More games of no chance", MSRI Publications No.42, 2003; "Games of no chance 3", MSRI Publications No.56, 2009, Cambridge University Press.

[36] 逆形ゲームについての情報を集めたホームページ
http://miseregames.org/

おわりに

　最後までお付き合いいただいてありがとうございました．ゲームの数理の奥深さを少しでも感じていただけたとすれば幸いです．最後に本書の成り立ちについて一言．

　ゲームの数理の専門家でない筆者は，高校生を対象にしたオープンキャンパスでの話題作りにとこの勉強を始めたのですが，グランディ数というシンプルなアイディアから豊かな数学が生み出されていくところにとても感動しました．また，ゲームという分かりやすい対象を通じて，数学を手作りしていく感覚が味わえるところにも大きな魅力を感じました．

　この感動・魅力を分かち合うことができればと思い，2008 年の前期に立教大学理学部数学科で石取りゲームを含む内容で講義をしました．学期末のレポートでは，それぞれの学生の皆さんが考え出した新しいいろいろなゲームが考察されていて，読んでいて楽しいものでした．その講義ノートが，『数学セミナー』での連載「数理で読み解く石取りゲーム」(2009 年 4 月号〜2010 年 3 月号) に発展しました．本書は，『数学セミナー』の連載記事に加筆したものです．連載原稿を読んで誤記などを発見してくれた同僚の青木昇さんと当時大学院生だった櫻井智弥君に，そして，連載の過程でお世話になった日本評論社の西川雅祐さん，大賀雅美さんのお二人にも感謝します．

　石取りゲームについて長い間定番の書物であった一松信先生の [2] も立教大学理学部数学科での講義から始まったものだそうです．ちょっとした縁を感じます．

2013 年 8 月, 著者

索 引

あ 行

n 山くずし　→ ニム
黄金比　137
置き換え原理　192
重さ　194

か 行

加法的周期性　66
　　チャヌシッチの—　142
逆形　1, 23
逆形商　218
　　制限ニムの—　224
　　ニムの—　220
組合せゲーム　22
グランディ数　34
　　枝分かれしたターニング・タートルズの—　125
　　n 山くずし (ニム) の—　41
　　木の—　195
　　逆形ニムの—　55
　　逆形のゲームの—　54
　　ケイルズの—　77, 79
　　ゲームの積の—　126
　　里山の—　198
　　制限 n 山くずし (制限ニム) の—　41
　　制限一山くずしの—　37
　　正方配列ターニング・タートルズの—　124
　　一山くずしの—　36
　　ポセット上の $\mathcal{T}$-ゲームの—　120
　　マヤゲームの—　155
　　ルーラーの—　122
グランディ数列　58
　　—の周期　60
ケイルズ　73, 75
　　—のグランディ数　77, 79
ゲームの積　126
　　ターニング・タートルズとルーラーの—　127
　　—のグランディ数　126
ゲームの和　40
　　射影的—　212
ゲームの和定理　40
ゲーム列　23
コイン裏返しゲーム　25
コインずらしゲーム　25
後続局面　22
コードネーム　74
後手必勝形　3
コプリム　72

さ 行

最小除外数 (mex)　35
最小除外数の原理　8
里山　197
識別不能性　217

射影的ゲーム　209
周期
　　グランディ数列の——　60
周期性定理
　　逆形分割型制限ニムの——　227
　　分割型制限ニムの——　78
終了局面　23
除去可能数　57
シルバーダラー　50
推移半群　216
ストレス　194
正規形　1, 23
制限 n 山くずし　→ 制限ニム
制限ニム (＝制限 n 山くずし)　24
　　——の逆形商　224
　　逆形の——　210
　　——のグランディ数　41
素数ニム　65

た 行

ターニング・タートルズ　26, 46, 117
　　枝分かれした——　118, 125
　　正方配列——　115, 118, 124
　　2 次元——　98
チャヌシッチ　132
　　逆形の——　211
長方形切り取りゲーム　96
特異局面　208

な 行

長さ
　　局面の——　23
2 べきニム　65
ニム (＝ n 山くずし)　20

石を増やせる——　49
　　簡易化された——　46
　　——の逆形商　220
　　逆形の——　53, 209
　　——のグランディ数　41
　　——の必勝判定　27
ニム積　92
ニム和　10
　　——の mex による定義　38
荷物　194
ノースコットのゲーム　52

は 行

ハッケンブッシュ　187
8 進ゲーム　76
必勝形保存準同型　216
必勝判定の基本原理　6, 27
　　逆形ゲームの——　53
ファーガソンの定理　59
不偏ゲーム　22
　　有限型の——　22
分割型制限ニム　74
閉半群　214
ポセット　115
ポセット上の $\mathcal{T}$-ゲーム　117
　　——のグランディ数　120

ま 行

マヤ距離　154, 201
マヤゲーム　25, 146
　　逆形の——　210
マヤトライアングル　178
　　拡大——　180
マヤノルム　163, 194
三山くずし　1

―の必勝判定　11

や　行

山道　197
ヤング図形　149
融合原理　202

ら　行

ラスカーのニム　73, 75, 80

ルーラー　113, 118
　2次元―　126
　―のグランディ数　122

わ　行

ワイトホフの2山くずし　132
輪作りゲーム　89

佐藤 文広
さとう・ふみひろ

略 歴
1973 年 東京大学理学部数学科卒業
現　 在 立教大学名誉教授

主な著訳書　『数学ビギナーズマニュアル第 2 版』(日本評論社)
　　　　　　『整数の分割』(訳書，数学書房)

石取(いしと)りゲームの数学(すうがく) ── ゲームと代数の不思議な関係

2014 年 3 月 10 日　第 1 版第 1 刷発行
2022 年 11 月 20 日　第 1 版第 2 刷発行

著者　　佐藤文広
発行者　横山 伸
発行　　有限会社　数学書房
　　　　〒 101-0051　東京都千代田区神田神保町 1-32-2
　　　　TEL 03-5281-1777
　　　　FAX 03-5281-1778
　　　　mathmath@sugakushobo.co.jp
　　　　振替口座　00100-0-372475

印刷
製本　　モリモト印刷
組版　　アベリー
装幀　　岩崎寿文

©Fumihiro Sato 2014, Printed in Japan
ISBN 978-903342-76-4

数学書房

整数の分割
G.アンドリュース、K.エリクソン 共著　佐藤文広 訳

オイラー、ルジャンドル、ラマヌジャン、セルバーグなどが研究発展してきた分野。少ない予備知識でこれほど深い数学が楽しめる話題は他にない。本邦初の入門書。
2,800円+税／A5判／978-4-903342-61-0

テキスト理系の数学 10
代数学
津村博文 著

群、環、体という代数系の基本的抽象概念を紹介し、その基礎理論への入門を果たす。ガロア理論も解説。大学理系2、3年生向けの教科書・参考書。
2,300円+税／A5判／978-4-903342-40-5

数学書房選書 1
力学と微分方程式
山本義隆 著

解析学と微分方程式を力学にそくして語り、同時に、力学を、必要とされる解析学と微分方程式の説明をまじえて展開した。これから学ぼう、また学び直そうというかたに。
2,300円+税／A5判／978-4-903342-21-4

数学書房選書 2
背理法
桂 利行・栗原将人・堤 誉志雄・深谷賢治 著

背理法ってなに？背理法でどんなことができるの？というかたのために。その魅力と威力をお届けします。
1,900円+税／A5判／978-4-903342-22-1

数学書房選書 3
実験・発見・数学体験
小池正夫 著

手を動かして整数と式の計算。数学の研究を体験しよう。データを集めて、観察をして、規則性を探す、という実験数学に挑戦しよう。
2,400円+税／A5判／978-4-903342-23-8

この定理が美しい
数学書房編集部 編

「数学は美しい」と感じたことがありますか？数学者の目に映る美しい定理とはなにか。熱い思いを20名が語る。
2,300円+税／A5判／978-4-903342-10-8

この数学書がおもしろい 増補新版
数学書房編集部 編

おもしろい本、お薦めの書、思い出の1冊を、数学者・物理学者・工学者など51名が紹介。
2,000円+税／A5判／978-4-903342-64-1